KB124274

공생, 생명은 서로 돕는다

인간과 자연, 생명의 아름다운 공존

공생, 생명은 서로 돕는다

지은이 · 요제프 H. 라이히홀프
그린이 · 요한 브란트슈테터
옮긴이 · 박병화

Symbiosen
Das erstaunliche Miteinander in der Natur

자비네 브란트슈테터와

미키 사카모토-라이히홀프에게

바칩니다

차
례

책머리에

공생은 생명의 원칙이다

그림은 천 마디 말보다 전달력이 강하다. 더욱이 이 책에서 예술가가 묘사하고 배치하는 그림의 표현 방식은 독자로 하여금 저 자연 속에서는 거의 인식하지 못하는 것에 대해 깊은 인상을 받게 만든다. 우리가 '자연'이라고 말하는 것은 아주 다양한 모습이라 그 관계의 네트워크를 들여다보기가 매우 어렵지만, 이 책에서 묘사하고 적절한 장에 배치한 그림 덕분에 우리는 자연 속에서는 거의 인식하지 못했던 다양한 공생(Symbiose)의 여러 가지 예를 접할 수 있다.

모든 고등생물의 기본 토대는 공생이다. '쌍방에 이익을 주는 서로 다른 유기체의 공동생활'이라고 할 이 원칙은 인간에 이르기까지 전 생명체에 해당된다. 우리는 복합적인 생명 공동체를 이루고 살지만, 그 속에서 고유한 의미로 '인간'이라고 주장하는 우리 자신은 살아 있는 세포로서 결코 가장 큰 몫을 주장하지는 못한다. 인간의 몸속과 표면에는 우리의 인체 세포보다 더 많은 미생물이 존재한다. 그리고 인간에게는 이 미생물이 필요하다. 인간의 장 속에 사는 박테리아가 없다면, 우리는 굶어 죽거나 지속적으로 링거를 꽂고 살아야 할 것이다. 인간의 피부와 입, 인두, 그 밖의 개구부에서 인간을 보호해 주는 미생물의 '식물군'이 없다면, 우리는 단기간에 위험한 병원균과 번창하는 균류의 희생자가 될 것이다. 일상생활의 전제가 되는, 우리가 당연한 듯 분업이라고 부르는 것이 없다면, 인간 사이의 삶은 작동하지 않을 것이다.

그 어느 곳에선가는 그 누군가가 우리가 일용할 양식을 만들어 내고, 우리가 기껏해야 유해물질로부터 안전한지 비판적으로 살피며 '단순하게 사들이는' 것을 생산한다. 우리는 다른 사람이 만들어 놓은 자전거나 자동차를 타고 다니며, 다양한 원천에서 나온 정보를 이용하고, 이제는 숨 쉬는 공기나 콘센트에 꽂으면 흐르는 전기처럼 당연히 있어야 하는 것으로 인식하는 인터넷을 사용한다.

인간의 전반적인 삶은 우리가 사회라고 부르는, 오랫동안 거의 전 인류를 에워싸고 있는 고도로 다양한 조직에 의존하고 있다. 멀리 떨어진 섬에서 혼자 사는 로빈슨 크루소는 아름다운 이야기를 제공하지만 그 생활 자체도 프라이데이라는 하인과 결합되어 있다. 실생활에서는 아무도 섬에서 혼자 살지 않는다. 대규모 사회가 나머지 세계와 등지고 살면 몰락할 수밖에 없다. 설사 독재자가 나머지 인류와 맞서가며 자신은 그렇게 하도록 강요할 수 있다고 주장한다 해도 그 사실에는 변함이 없다.

자연과 차단되는 삶은 더더욱 생각할 수 없다. 자연은 인간 생존의 토대이며 이것은 앞으로도 변함없다. 인간은 생명의 네트워크와 불가분의 관계를 맺고 있으며 포괄적인 공생 구조에 의존하고 있다. 이 책에서 나는 이 공생 구조가 어떻게 생겨났고 어느 정도의 다양한 강도로 공생이 존재하는지, 그리고 공생의 이점이 어디에 있는지를 밝히려고 한다. 이 책에 실린 각 부분의 그림이 생명의 공생의 형태를 보여 줄 것이다. 그것은 끝없는 공생 관계의 한 단면을 제시한다. 우리는 그림을 통해 자연의 독특하고 중요한 공생을 보게 될 것이며, 그 관계는 아름답고 인상적일 것이다. 공생의 예는 일반적인 노선을 따르지 않는다. 고도로 세분화된 생명의 조직에 일반적이라는 특징은 존재하지 않기 때문이다. 대신 이 공생의 예는 관계의 다양한 농도만 존재하는 것이 아니라 기생 형태처럼 일방적인 이용 구조로 쉽게 변할 수 있는 관계도 있다는 것을 보여 줄 것이다. 공생은 태초부터 있었고 대개는 다양한 관심 속에서 상대와 좋은 관계를 유지한다. 하지만 언제나 매끄럽게 작동하는 것은 아니다. 공생은 어떤 면에서 인간적으로 보인다. 이상적인 관계는, 설사 그런 것이 있다고 해도 드물다. 그리고 완벽한 장점만 있을 수도 없고 장기적으로 성공적이기만 할 수도 없다. 공생이란 모두 그렇다.

공생이란 무엇인가?

공생(Symbiose)은 서로 다른 생명체의 공동생활을 말한다. '함께 산다'라는 'Sym-Biose'라는 단어의 구성 형태에서 보듯 이 개념은 그리스어의 단어 조합으로 정확하게 표현된다. 하지만 보이는 것처럼 이 공동생활은 그리 간단하지 않다. 인간을 보면 알 수 있다. 인간 사회에서는 매우 빈번하게 불협화음과 불화, 갈등, 단절이 일어나지 않는가. 그러면 자연에서는 공생이 더 잘 지속되는가? 공생은 어떤 형태의 공동생활을 가리키는 말인가?

책에 삽입된 그림은 공생을 예시한 것이라고 할 수 있다. 그중에는 기능이 아주 긴밀하고 원활한 것이 많다. 또 어떤 것은 공생이 느슨하다. 어쩌면 서로 다른 종의 지속적이고 안정적인 결합이라기보다 그것을 바라보는 인간의 소망이 투영된 것인지도 모른다. 일부는 상호이익이 분명해 보이기 때문에 쉽게 이해할 수 있다. 그리고 언제나 이익에 대한 문제가 중요하다. 상호간에 긴밀한 결합은 당사자가 그 관계로부터 이점을 만들어 낼 때 작동한다. 이때의 이점이 반드시 똑같은 크기이거나 같은 비중일 필요는 없다. 한쪽 파트너에게 이점이 많다면 상대편 파트너에게는 이점이 적기 마련이다. 하지만 더 적더라도 하나도 없는 것보다는 낫지 않은가? 그렇다면 자연도 그렇게 객관적으로 저울질을 할 수 있을까? 인간은 장단점을 계산할 수 있다. 다만 그것이 불충분하거나 때로 완전히 틀리는 것은, 객관적으로 보거나 국외자의 시각으로 볼 때, 어떤 거래가 전혀 좋지 않은데도 불구하고 당사자는 그것을 좋게 느끼는 경우가 있기 때문이다. 어떻게 수지 균형을 맞추어야 하는지가 거래에서는 늘 분명하지는 않다. 어떻게 해서 결산이 그토록 쉽게 틀리는 것인지 모르겠지만, 소소한 일상생활에서보다 큰 틀에서 틀리는 경우가 더 많다.

따라서 '자연'을 경제적인 관점으로 바라볼 때는 주의가 필요가 있다. 인간 특유의 경제적 관점으로 본다면 어떤 결합은 도저히 이해할 수 없다. 이것은 대부분의 현실 생활에서 자연을 연구하는 생물학자

들이 이상주의자이기 때문이기도 하다. 일시적인 것이나 덧없는 것을 이상주의자들은 아주 간단히 지속적인 것으로 간주한다. 또 그것을 정치적, 경제적 삶을 통해 알고 있지만 대부분 인정하려 하지 않는다. 그에 요구되는 회의적인 시각을 통해 아름다운 상상이 망상으로 폭로될 수도 있기 때문이다. 또 한편으로는 어느 정도 좋은 상태에 도달하기 위해서는 이상적인 것을 추구하고 유익한 것을 자신의 지배하에 두는 게 불가피할 때가 있다. 이런 상태에서 인간의 공동생활이 작동하고 경제와 사회가 온갖 역경을 딛고 일어서며 단점을 감수하는 것은 결국 장점이 두드러지기 때문이다. 이런 중장기적인 저울질을 통해 직접적인 평가를 넘어서는 결산이 이루어지는 경우가 많으므로 공생을 지나치게 기술적으로 이해하지는 않았으면 한다. 결국 생명과 생존의 문제이기 때문이다. 그러므로 우리는 가능하면 편견에 사로잡히지 않고 공생 관계에 접근해야 한다.

자연 속에서는 조류와 곤충이 함께 살아간다. 새가 곤충을 포획한다면, 이것은 공생이 아니다. 또 새가 식물의 씨앗이나 새싹을 먹는 것도 공생이 아니다. 물론 곤충의 존재와 출현 빈도가 그것을 먹고 사는 조류에게 생존의 토대를 제공하기는 하지만, 필수적인 영양의 단순한 결과는 공생과 관계가 없다. 공생은 모든 참여자에게 이점을 주는 관계여야 한다. 공생은 복잡한 생태계를 우회하지 않는 직접적인 관계를 말한다. 장기적으로는 곤충이 조류에게 잡아먹힘으로써 새의 부리보다 훨씬 더 대량으로 곤충을 죽이는 질병의 발생을 막아준다는 점에서 곤충도 그 관계에서 '뭔가를 얻는 것'으로 볼 수 있지만 이것은 공생이 아니다. 그러므로 일단 그런 상호작용은 논외로 한다. 익히 알려진 대로, 죽음도 삶의 일부이고 죽음을 통해 결국 세대를 넘어 이어지는 지속적인 삶이 가능하며 진화 속에서 지속적인 발전이 가능해진다는 생각은 떨쳐버리자. 개체의 삶과 생존을 둘러싼 인간과 동물, 식물에게서 중요한 것은 현재 이대로 상태에서의 문제다. 여러 가지 점에서, 이것은 19세기 초반에 허버트 스펜서가 표현하고 찰스 다윈이 받아들인 대로 '생존경쟁'이다. 하지만 이때의 경쟁은 '싸움(Fight)'이 아니라 역경을 헤쳐 나간다는 의미의 '분투(Struggle)'가 맞다. 그리고 목표를 성취하기 위해서, 가능한 많은 생명의 위험을 극복하기 위해서는 대개 분투보다는 적절한 협력 관계나 협동이 도움이 될 때가 많다. 공생은 바로 이런 협동을 말한다.

이런 협동을 언제나 분명하고 쉽게 알아볼 수 있는 것은 아니다. 큰 장점을 지닌 많은 공생은 감춰진 상태에서 발전하거나 지나치게 긴밀하게 결합되어 있기 때문에 쌍방의 협력자는 밖으로는 단일 생명체처럼 보이기도 한다. 이에 대해 가장 잘 알려진 예가 이끼 속의 균류와 조류 사이의 공생이다. 이 형태는 너무도 긴밀한 결합이라 식물에 속하는 이끼가 독립된 생명체처럼 보인다. 균류와 조류의 협력 관계는 현미경으로 자세하게 관찰할 때야 비로소 알아볼 수 있다.

더 긴밀한 협력 관계도 있다. 협력 공동체는 너무도 광범위하게 발달하여 먼 옛날 한때 독립적으로 생존한 박테리아였던 엽록소 알갱이가 지금은 식물 속에서 지극히 성공적인 단일체를 형성하게 되었다는 것을 거의 믿을 수 없을 정도다. 공동체로 발전한 과정을 좀 더 단순한 경우로 살펴보면 우리는 궁극적으로 공생을 그 자체로 인식하고 이해할 수 있다. 이를 위해서는 공생을 유기체의 관계라는 스펙트럼으로 좀 더 정확하게 분류할 필요가 있다. 대부분의 공생 형태는 인간 세계의 예를 통해 친숙한 것들이다.

가능한 많은 생명의 위험을 극복하기 위해서는 대개 분투보다 적절한 협력 관계나 협동이 도움이 될 때가 많다. 공생은 바로 이런 협동을 말한다. 하지만 이런 협동을 언제나 분명하고 쉽게 알아볼 수 있는 것은 아니다.

인간이 단기적인 이익에 집착해 공생에 대해 간섭할 때, 어떤 불리한 결과가 나올 수 있는지를 보여 주는 예도 많다. 공생의 또 다른 예는 나쁜 것 속에 얼마든지 좋은 것이 숨어 있을 수 있다는 것을 보여 줄 것이다. 그리고 단기적으로는 좋아 보이지만 중장기적으로 봤을 때는 더 나쁜 것으로 드러나는 것이 많다. 결국 우리는 생물학적 연구에서 얻은 인식을 토대로 생명 자체에 대한 생각을 혁명적으로 바꿔 준 공생을 발견하게 될 것이다. 이것이 공생의 가장 높고 가장 강렬한 단계라고 할 수 있다.

단순하지만, 단순하지 않은 상호관계

동부 아프리카 국립공원에서 사자들이 영양 한 마리를 막 잡아서 먹기 시작한다. 그때 사바나 어딘가에서 자칼 두 마리가 나타나 커다란 맹수들 가까이 살금살금 다가가더니 잽싼 동작으로 고기 몇 조각을 떼어가려고 한다. 이들은 '식객'으로서 공생을 행하는 것이다. 자칼은 사자에 비하면 몸집이 조그맣고 보잘 것 없다. 그들은 체중이 겨우 5~10킬로그램으로, 사자의 20분의 1도 채 되지 않는다. 이 장면을 목격한 사람은 커다란 사자의 사냥이 자칼을 위한 것이기도 하다는 인상을 받는다. 사자들에게는 이 소형 개과동물이 훔쳐가는 고기 조각이 아까울 것이 없다. 자칼이 가져가는 몫이 너무 적기 때문에 사냥감의 손실로 받아들이지 않는 것이다. 하지만 이렇게 낚아챈 고기가 자칼의 생존에는 충분한 양이 된다. 그리고 유난히 매력적인 것은 코끼리 똥에서 발견되는 단단한 껍질을 한 쇠똥구리와 달리, '순전히 살코기'이기 때문이다. 자칼은 그 작은 몸으로는 자신보다 10배 혹은 100배는 더 무거운 동물을 약탈할 수가 없다. 대신 고기 조각을 낚아챌 때는 화가 난 사자에게 앞발로 가격당할 위험을 감수해야 한다. 물론 동작이 빠른 자칼을 사자가 맞추는 일은 드물다. 사자가 성가신 식객을 쫓아내려고 할 때 소비하는 에너지의 양은 아마 그때 발생할 이익보다 더 클 것이다. 그러므로 사자는 자칼의 건방진 행동에 대해 어느 정도 자제를 시킬 뿐 그 이상의 반응은 보이지 않는다. 이익의 양에서 반응의 차이가 나오는 것이다.

자칼은 어떻게 다양한 파트너들 사이에서 공생이 이루어지는지, 그리고 어떻게 공생이 이루어지지 않는지, 관찰하기에 적합한 대상이다. 관찰하는 제3자로서 우리는 자칼이 힘센 사자의 먹이를 덮칠 때의 건방진 행동을 애교로 느낀다. 그들은 걸인처럼 행동하지 않으며 동정으로 풍성한 먹이에서 한 조각 얻어먹는 비굴한 태도를 보이지 않는다. 그보다는 절도 행각을 숨길 필요가 없을 만큼 동작이 빠른 좀도둑 같은 인상을 준다. 만일 다만 얼마라도 자칼이 사자를 위해 조그만 반대급부를 준다면, 그들에게 더 많은 기회가 생길까? 가령 사냥감 전체를 놓고 사자와 다투게 될 하이에나 떼가 몰려드는 것에 대하여 자칼이 경보를 울리는 행동을 생각할 수 있다. 적절한 경고의 울음은 자칼에게는 거의 '비용'이 들지 않는 것이지만 사자가 임박한 위험에 대비하는 데는 충분히 도움이 될 수 있을 것이다.

아프리카 사바나에서는 서로 다른 동물 간에 이와 비슷한 일이 심심치 않게 벌어진다. 부리가 화려한 조류로서 찌르레기 크기의 '소등쪼기새(Madenhacker)'는 사자나 사람이 다가오는 등 위험이 임박했을 때 날아오름으로써 경보를 울려준다. 이 새는 딱따구리의 동작을 연상시키듯 대형 포유류의 등에 올라 이리저리 돌아다닌다(4장 그림 참조). 그러다가 갑자기 공중으로 날아오르는데 이것이 경보 신호 역할을 한다. 기린이나 물소, 영양, 가젤, 나아가 코끼리까지도 진드기로부터 벗어나는 것은 확실히 이점이라고 할 수 있다. 소등쪼기새는 동물의 몸통에 앉아 진드기를 찾아내기 때문에 큰 포유류는 그 새를 묵인하는 것이며 몸을 흔들어 쫓아내지 않는다. 물론 간혹 몸에 난 상처까지 쪼아대며 살점을 뜯어낼 때도 있지만 큰 동물은 이 새가 오는 것을 막지 않는다.

소등쪼기새에게 동물의 몸통은 단순히 먹이를 찾기에 적합한 장소일 뿐이다. 소등쪼기새가 진드기를 등에서 쪼아 먹도록 하기 위해 물소 같은 동물이 그 새를 반긴다는 말은 아니다. 지속적으로 진드기로부터 벗어날 수 있다면, 아마 동물들은 진드기나 다른 외부 기생동물들을 기꺼이 넘겨줄 것이다. 인간도 마찬가지다. 이런 상호관계는 비록 장점이 눈에 뻔히 보인다고 해도 절대 겉으로 보듯 그렇게 뚜렷하다고는 할 수 없다. 어쩌면 조류가 갑자기 날아오르는 것도 공격하는 사자가 이미 가까이 와 있는 상태에서 소등쪼기새가 눈치 챈 것이라면 별 의미가 없을 수도 있다.

이보다는 노루와 기러기의 경우가 확실히 쌍방에 이점을 줄 수 있을 것이다(2장 그림 참조). 한쪽은 잘 발달한 시력 덕분에 바람과 무관하게 멀리서도 위험이 다가오는 것을 알 수 있고, 다른 한쪽은 시력이 나쁜 대신 뛰어난 청각과 후각으로 이점을 줄 수 있기 때문이다. 하지만 이런 쌍방의 이점에도 불구하고 노루와 기러기는 서로 의존하지 않는다. 이들은 연중 대부분의 기간을 거의 서식지 어디서나 혼자서 해결한다. 이와 반대로 소등쪼기새의 생존 방식은 대형 동물과 거기 붙어 기생하는 진드기, 혹은 가시덤불 같은 데서 생긴 피부의 상처 같은 것에 전적으로 의존한다. 따라서 소등쪼기새와 사바나 동물의 관계가 일방적으로 조류에게 유리하게 형성되어 있다면, 이 새는 진드기를 대대적으로 제거하지 않을 것이다. 실제로 관찰자의 눈에 띄듯이, 경보 기능이 중요하다고 해도, 그것은 피를 빨아먹는 진드기를 대량으로 죽이는 것보다는 덜 중요할 것이다.

혹시 우리가 착각한 것이 아닐까? 물소나 영양, 가젤이 볼 때, 진드기 때문에 발생한 피의 손실이 전혀 중요하지 않고, 나무 기둥에 피부를 문질러서 진드기 소굴을 없앤다면 소등쪼기새는 포기할 수도 있는 상대이기 때문이다. 또 소등쪼기새는 아시아와 아메리카의 대형 동물에게는 없고 아프리카의 사하라 사막 이남에만 있다. 어쩌면 인간만이 진드기가 너무 성가시고 병원체의 매개동물로서 그 위험성을 알고 있기 때문에 진드기의 존재를 중요하게 생각하는 것인지도 모른다. 아프리카의 대형 동물은 이미 오래전에 진드기가 옮기는 병원체에 면역이 되어 있을 수도 있다. 마찬가지로 피를 빨아먹는 체체파리가 옮기는 트리파노소마(Trypanosomen)에도 면역이 되었는데 이것은 사람의 경우 수면병을 일으키고 아프리카 밖의 소와 말에게는 나가나[1] 전염병을 일으키는 동물성 편모충강이다. 어차피 진드기에게 빨리는 피의 손실은 큰 의미가 없다. 이 흡혈 기생동물의 크기가 손실을 논하기에는 너무 미미하기 때문이다. 문제는 소등쪼기새의 경우, 아프리카의 사하라 이남에만 있지만 진드기는 거의 전 세계적으로 분포한다는 것이다. 왜 유럽에는 노루나 진드기에게 엄청 시달리는 고슴도치에게 소등쪼기새처럼 진드기의 공격에서 벗어나게 해주는 구원자가 없을까? 이런 새가 존재한다면 보는 것처럼 중요한 의미가 있지 않을까?

아프리카 사바나 야외에서 전혀 다른 두 협력자 쌍방에 이익이 되는 아름답고 확실한 공생의 예 -조류와 유제동물(발굽이 있는 포유동물)의- 를 관찰할 때는 의문과 동시에 의혹이 제기된다. 소등쪼기새는 아프리카의 동물 몸에 기생하는 진드기를 먹이 자원으로 이용하는 기회를 누리는 것일 뿐, 본격적인 공생의 범위에서 이 행위를 하는 것

이 아닐 수도 있다. 그렇다면 새들이 날아오를 때, 이것이 다가오는 위험에 대한 경고라는 의미는 전혀 중요하지 않을지도 모른다. 인간만이 거기에 중요한 의미를 부여한 것일 수도 있다. 그렇다면 진드기와는 무슨 관계가 있을까? 진드기의 정체를 아는 동물들은 분명히 거기서 뭔가 생기는 보상이 있을 것이고 소등쪼기새의 경우도 당연히 마찬가지다. 이런 상호관계가 공생의 핵심을 이룬다. 여기서 우리는 작은 이점만 있어도 이미 공생의 실현이 가능해진다는 추론을 할 수 있다. 처음부터 양자 택일은 중요치 않다. 또 산호초 안에서 이루어지는 매혹적인 청소 공생의 경우에도(26장 참조) '오로지' 중요한 것은 기생생물의 제거다. 그것으로 충분한 것이다.

소등쪼기새와 진드기를 다른 방법으로 관찰해 보자. 가령 "정말 소등쪼기새는 진드기를 잘 찾아내는가?"라는 질문으로 시작하는 것이다. 그 말이 맞다면 진드기는 시간이 가면서 줄어들 것이다. 너무 소수만 남아서 결국 소등쪼기새도 더 이상 찾아오지 않을 정도가 될 것이다. 생물학의 해충 구제도 이런 가정에서 출발한다. 천적이 해충의 출현 빈도를 크게 낮추기 때문에 해충이 더 이상 해를 끼치지 않는다는 것이다. 해충이 너무 적어서 소수의 천적만으로도 해충이 아주 낮은 수준에서 별로 해를 끼치지 못하도록 억제할 수 있다면 가장 좋을 것이다. 아프리카에서 소등쪼기새가 이런 상태에 도달하는 데는 수십만 세대가 걸렸다. 너무 오랫동안 존재한 것이다. 현명한 소등쪼기새라면 이들에게는 사실상 지속적으로 풍부한 영양 공급원을 확보할 정도의 유리한 수준으로 진드기의 출현 빈도를 유지하는 것이 바람직할 것이다. 이때 공생으로서 그들의 행위가 갖는 의미는 반대로 변할 것이다. 그렇다면 소등쪼기새는 차라리 기생동물로 불러야 할 것이고 진드기의 공격을 받는 동물에게는 이점을 제공하는 공생 파트너와 전혀 다른 존재일 것이다. 흡사 의도적인 자제로 보이는 이런 행동 가능성을 우리는 불합리하다는 이유로 배제해서는 안 된다. 소등쪼기새도 경제적인 압박을 받기 때문이다. 그들 자신의 영양이 부족할 때, 공생 관계만 고집한다면 그들은 살아남지 못할 것이다. 물소와 영양의 몸에 소수의 진드기만 서식한다면 거기서 진드기를 찾으려고 애쓰는 것은 보람이 없다. 진드기가 득실거리는 대형 동물이라야 성과가 있는 것이다. 그밖에 동물의 피부에 상처가 있는 경우, 비록 구더기가 꼬이지 않는다 해도 소등쪼기새에게 필요한 것을 분명히 제공한다. 지금까지 본 대로, 공생은 복잡하게 뒤얽히고 불안정한 상황이라고 할 수 있고 이용과 착취 구조는 상대적일 때가 많으며 흔히 드러나듯이 기생적인 모습일 때도 많다.

야생의 늑대는 어떻게 개가 되었나

그런 의미에서 야생의 위험한 늑대가 어떻게 개가 될 수 있었는지에 대한 물음에 조심스럽게 접근해 보자. 여기서 나타나는 관계가 순수한 공생이라는 것에는 의심할 여지가 없다. 인간과 개라는 쌍방의 당사자가 이 관계에서 큰 이점을 얻기 때문이다. 이때의 이점은 수치로 나타낼 수도 있다. 전 세계적으로 개의 개체수는 5억 마리가 훨씬 넘는데 – 축견세(畜犬稅)를 받는 나라만 헤아린 숫자로, 실제는 더 많을 것이다.– 이것은 야생의 조상이라고 할 늑대보다 1만 배나 많다.

개는 사람과 공생하며 엄청난 이익을 얻었다. 번식률에서 늑대는 결코 개에게 미치지 못할 것이다. 마지막 빙하기 수만 년이 진행되던 초기에 개는 이미 오랫동안 승자였고 늑대는 반대로 패자였다. 그 형태마저 치명적이었다. 개는 파트너인 인간과 여러 가지로 협동하며 그들의 조상인 늑대에 맞섰기 때문이다. 인간 쪽에서 보더라도 개가 커다란 이점을 가져다준 것은 분명하다. 개는 다양한 방법으로 생존공간에 투입되었기 때문에 그 유용성에는 의문의 여지가 없었다. 인간과 개의 공생은 맹도견의 출현으로 그 효과가 절정에 이른다. 이 개는 때로 사람이 도와주는 것보다 더 믿음직스럽게 맹인을 안내한다. 그들에게 중요한 것을 개가 섬세하게 포착하기 때문이다. 아주 특별한 공생의 한 예가 우리 옆에 믿음직한 형태로 있는 셈이다. 그럼에도 불구하고 그 실현 과정을 둘러싸고 유난히 논란도 많다.

개의 유래를 생각하는 사람이라면 대부분, 늑대가 개로 변한 것을 인간의 작품이라고 믿는다. 인간이 의도적으로 훈련을 시켜서 가축으로 길들였다는 것이다. 늑대가 개로 변한 것에 대한 이런 생각은 인간의 자만심을 충족시켜 준다. 하지만 개에 대한 전문가가 점점 늘어나면서, 특히 독립된 생활을 하는 잡종견(Pariahs)을 집중적으로 연구하면서, 그런 생각에 의문을 품고 개로 변한 것을 늑대 자체의 적응 과정으로 돌리는 사람이 많아졌다. 늑대는 인간이 마지막 빙하기 기간에 유럽과 아시아 일대에서 수렵과 채취 생활을 하는 동안, 차츰 인간을 따라다니며 광범위하게 길이 든 나머지 마침내 늑대-개에서 다양한 종과 용도로 발전했고 거기서 순수한 개로 길들여졌을 가능성이 있다고 보는 것이다. 이 과정은 인간이 정착 생활을 한 뒤에 전개되었다. 이런 공생 과정을 더 정확하게 들여다볼 필요가 있다. 이때의 공생이 매우 유익한 것으로 입증되기 때문이다.

협력 파트너는 어떻게 만나는가

모든 공생이 그렇듯이, 늑대가 개로 변하는 과정에서 중요한 것은 그 동기다. 왜 빙하기의 매머드 초원에서 가장 노련한 사냥꾼인 야생의 늑대가 빙하기 동안에 투창과 활, 화살로 사냥을 하는 인간 집단과 한패가 된 것일까? 더욱이 인간은 대형 야생동물을 놓고 경쟁을 벌이는 집단이 분명했을 텐데 말이다. 늑대와 인간이 긴밀하게 결속된 집단으로 공동생활을 하며 대형 동물을 사냥하는 것은 처음부터 갈등의 소지를 안고 있었을 것이다. 인간의 입장에서 늑대의 위험성은 끝없이 과장되었다. 하지만 현실에서는 집 안에서 기르는 개가 길들여지지 않은 야생의 동족이라고 할 늑대보다 훨씬 더 위험하다. 그런데도 인간이 개에게 물려 죽는 사고는 묵인되고 있으며 해마다 독일에서만 수만 건에 이르는 개로 인한 부상 사고는 당연한 것으로 간주되고 있다. 이렇게 '나쁜 늑대'는 '인간의 가장 좋은 친구'로 지칭되는 '좋은 개'와 대조된다. 이것을 양방향의 태도로 표현하는 것은 인간이 보는 늑대와 인간이 보는 개의 관계를 마치 흑백 그림처럼 단순하게, 또 실제보다 과소평가하는 느낌을 불러일으킨다. 오래전부터 늑대가 살지 않는 사회에 그들이 다시 돌아온다면 그 옛날의 공포가 되살아날 것이다. 이것을 사

냥꾼들은 경고하며 그 맹수로부터 지켜주겠다고 한다. 사살 면허를 지닌 사냥꾼만이 이렇게 할 수 있다.

개를 사육하는 과정에서 독특한 문명의 성과를 찾으려는 태도는 이상할 것이 없다. 야생의 늑대를 인간에게 복종하도록 길들이고 다룰 수 있게 만들었기 때문이다. 그 동기가 어디서 비롯되었는지, 왜 훨씬 더 강한 사자를 길들임의 목표로 삼지 않았는지, 이런 의문을 늑대를 보는 현대의 시각에서 추정할 수는 없다. 석기 시대의 인간이, 늑대를 길들이면 언젠가는 유용한 개로 변할 수 있다는 것을 어디서 알았는지, 적어도 어디서 예감할 수 있었는지는 더욱 불확실하다. 바로 여기서 특별한 공생과 전반적인 진화의 과정을 해석할 때의 핵심 문제가 모습을 드러낸다. 바로 '하기 위해서'라는 문제다. 그 결과가 미래에 아주 불확실한 채로 있다면, 어떻게 그것을 목표로 삼을 수 있었을까? 석기 시대의 인간이 개에 대해 아무것도 몰랐다면, 무엇 때문에 위험한 늑대와 관계를 맺어가며 수천 년 후에 인간의 최고의 친구가 되도록 했을까? 우리가 공생의 실현 과정을 이해하기 위해서는 '하기 위해서'라는 설명과는 다른 동기가 필요하다.

공생의 이유는 간단하다. 처음에 적어도 어느 한쪽 당사자에게 이점이 분명히 있었을 것이다. 나머지 한쪽에게는 조그만 단점이 있었을지도 모른다. 사자와 그들의 작은 식객이라고 할 자칼의 관계처럼 말이다. 자칼이 조금 성가시다는 것은 사실 커다란 사자에게는 별 문제가 아니다. 하지만 사자의 몫에서 조금 떼어가도 몸집이 작은 자칼에게는 충분한 먹이가 된다. 그래서 자칼은 가능한 몫을 떼어가는 시도를 한다. 그것을 막으려고 해봤자 귀찮기만 한 사자는 그 정도의 손실을 관용한다. 우리는 이런 관점에서 빙하기의 사냥꾼인 인간과 늑대를 바라볼 수 있다. 사냥의 효율성에서 인간과 늑대는 빙하기의 사자나 하이에나, 곰, 호랑이 등 빙하기 대륙의 모든 대형 동물을 훨씬 능가했다. 다른 맹수들에게는 늑대 무리나 사냥하는 인간 집단이 보여 주는 고도의 협동 능력이 부족했다. 우리는 지금도 생존하는 이 대표적인 맹수들의 몰락에서 그 능력의 결핍을 읽어 낼 수 있다. 이들 맹수들은 살아남았다고 해도 모두 개체수가 줄어들었기 때문이다.

사냥한 것을 떼어먹기 위해 자칼이 다가갈 때의 사자를 빙하기의 인간으로 대체해서 본다면, 그리고 자칼도 늑대로 바꿔놓고 생각한다면 그럴듯한 시나리오를 얻을 수 있다. 인간이 거대한 사냥감인 매머드나 대형 사슴을 잡았다고 치자. 늑대는 그 사냥감의 일부를 떼어

가려는 시도를 한다. 늑대의 입장에서는 저항 능력이 있는 대형 사냥감을 사냥하는 것보다 노획물에 대한 권리를 주장하며 그것을 지키는 인간이 분명히 덜 위험할 것이다. 어차피 인간 집단은 사냥한 모든 것을 다 처치하지도 못한다. 갑자기 너무 많은 것이 생겼기 때문이다. 아마 때로는 늑대가 잡아놓은 사슴 중에 적잖은 부분을 인간이 빼앗는 경우도 있을 것이다.

사냥하기가 힘든 대형 동물이 사는 빙하기 세계에서 늑대는 물론이고 인간도 풍성한 사냥감을 포획하는 기회가 흔하지 않았다. 먹이가 부족한 시기에는 생존에 필요한 최소한의 수준으로 한계가 정해

졌다. 겨울이나 건기에는 사냥감이 부족했다. 대형 포유류는 대개 1년 동안에 드넓은 지역을 계속 돌아다녀야 했다. 사자와 곰, 하이에나는 끝없이 사냥감을 쫓아다니기에는 보행 능력이 충분치 않았다. 유목민처럼 이동하며 사냥을 하는 인간 집단과 늑대 무리는 이런 능력이 있었다. 이 두 집단은 가족 공동체를 이루며 살았다. 이들은 또 집단 내에서 노획물을 분배하며 외부 세력에 대해 공격적인 태도를 취했다. 사냥의 계획과 예측이라는 능력에서 인간은 분명히 늑대를 능가했다. 또 노획물의 분배와 빈도를 둘러싼 지식의 획득과 교환에서도 인간은 늑대보다 우월했다. 인간의 이 우월한 능력이 늑대에게는 매력적으로 보였다. 인간이 사냥한 노획물 중에 늑대에게 떨어지는 몫이 계속해서 충분할 때, 늑대 무리는 인간과 가까운 거리를 유지했고 점차 인간 집단과 한패가 되어 갔다. 그리고 늑대 나름의 방법에 따라 다른 늑대 무리로부터 그들 자신의 (사냥)구역으로서 '그들의 인간'을 지켰다. 더 집중적으로 인간을 지킬수록 늑대에게는 그만큼 더 좋았다. 인간이 사냥에 성공할 때, 그만큼 더 안전하게 분배를 받을 수 있었기 때문이다. 사회적이고 학습 능력이 있는 늑대는 인간의 행동을 이해하고 거기에 적응하는 법을 배웠다. 이들은 시끄럽게 우는 그들의 소리보다 인간의 목소리에 더 많은 의미를 부여했다. 그리고 인간이 드러내는 신체의 언어를 그들 자신의 표현 방식과 비슷하게 해석하기 시작했다.

이런 상태로 인간이 접근을 막지 않는 가운데 늑대는 수천 년 동안 인간의 근처에서 생활할 수 있었다. 늑대가 가까이 지내는 것을 인간이 눈감아 준 이유는 늑대가 부근에 있는 것이 다른 위험을 막아 주는 기능을 했기 때문이다. 늑대가 먹는 것은 인간의 시각으로 볼 때, 대개 쓰레기이거나 일시적으로 넘치는 고기여서 장기적으로는 어차피 보관할 수 없는 것이기 때문에 그렇게 눈감아 주는 태도는 더 확대되었고 어쩌면 확실하게 굴종적인 태도를 보이며 다가오는 늑대에게 먹이를 던져 주는 것이 인간에게는 매력적으로 보이기까지 했을 것이다. 먹이를 주는 행동은 신뢰를 낳았고 더 긴밀한 관계를 만들었다. 빙하기의 늑대가 인간과 함께 먹는 구조가 시작되면서 분명히 아주 오래 걸렸을 처음의 '공생' 관계가 개로 변하는 길을 열었다. 인간에 접근해서 인간과 함께 지내며 생존 방식을 발전시켜 온 늑대는 멀리 떨어진 '야생의' 동족보다 더 좋은 조건에서 살아남았다. 생태학적으로 표현한다면, 자립하기 위해 야생의 형식과 확연하게 구분되는 '에코 형식'을 발전시켰다고 말할 수 있다. 약 1만 년 전에 빙하기 이후의 인간이 정착 생활을 하고 나서부터 이런 종속 관계는 더 강화되었다. 개-늑대로 변한 이들은 농사를 짓고 가축을 기르는 새로운 환경에 적응하지 않을 수 없었기 때문이다. 정착 생활이 시작되면서 의도적인 사육을 위한 전제 조건이 갖추어졌다. 이제 새끼들이나 발정기의 암캐들을 가두어 놓고 자유롭게 돌아다니는 동족들과 떼어 놓을 수 있었기 때문이다. 이것이 결정적인 사육의 조건이 된 것이다.

늑대가 개로 변한 과정을 초기의 자발적인 길들임으로 본다면 어떻게 그 관계가 공생으로 발전할 수 있었는지 상상할 수 있다. 이 협력 관계는 처음부터 이점을 가져다주었을 것이다. 양쪽 모두에게 이익이 된다면 더 바랄 나위가 없었을 것이고 적어도 어느 한쪽에는 좋았을 것이다. 공생이 단순하게 원하는 대로 실현될 수 없다는 것도 분명하다. 인간과 늑대의 동반자 관계가 개로 훈련되는 방식에서 비롯되었을 수는 없다. 분명히 그 관계는 야생의 늑대로부터 시작되었을 것이다. 빙하기의 인간은 사냥 노획물의 찌꺼기를 먹고 사는 늑대가 장차 무엇이 될지 미리 알 수는 없었을 것이다. 늑대가 개로 변하는 과정에 미리 목표가 주어진 것은 아니었다. 하지만 수천 년 지속된 긴 역사의 어느 시점에서는 발전하는 동반자 관계가 분명히 입증되었을 것이다. 충분하게 복종하지 않는 늑대는 쫓아내거나 죽여 버렸다. 지금도 그렇듯이, 사육 목표에서 벗어나는 새끼들은 '내쳐졌다'. 야생의 동족들과 기꺼이 관계를 맺는 늑대들도 다를 것이 없었다. 이들도 개로 변하는 과정에 보탬이 되지 않았기 때문이다. 이상의 추론은 얼마나 설득력이 있을까? 기껏해야 자체의 논리를 따르는 또 하나의 가설에 불과한 것은 아닐까? 아니면 증명된 것과 다름없이 뒷받침할 수 있는 근거가 있는가? 이런 근거는 무엇보다 파리아개로부터 찾을 수 있다. 이 견종은 인도의 최하층에 속하는 천민(Pariah)을 따라 이름을 붙인 개로서 곳곳에서 자유롭게 돌아다니는 잡종 개를 말한다. 파리아개는 모든 개 중에서 가장 흔한 종으로 간주된다. 파리아개는 인간의 통제를 받지 않고 방해도 받지 않는 그들 특유의 번식 능력을 간직해 왔다. 인간과 맺는 느슨한 사회화만으로도 파리아개의 무리에겐 충분하다. 이 떠돌이 개는 인간으로부터 생기는 이익이 있다. 물론 인간은 이 개로부터 종속이라는 대가를 받지 못한다.

먹이를 주는 행동은 신뢰를 낳았고 더 긴밀한 관계를 만들었다. 빙하기의 늑대가 이렇게 함께 먹는 구조, 분명히 아주 오래 걸렸을 처음의 이 '공생' 관계가 개로 변하는 길을 열었다.

집고양이도 인간에 대한 완전 종속보다는 이 같은 중간 상태에 더 잘 적응한다. 중부 유럽에는 수백만 마리의 집고양이가 자유롭게 돌아다니며 인간 곁에서 살고 있다. 이들은 광범위한 보호 조치로 인해 개체수가 다시 늘어나는 들고양이와는 매우 제한된 범위에서만 교배를 한다. 유전학 연구에 따르면 들고양이와 집고양이와의 혼혈종은 약 1퍼센트밖에 나오지 않는다고 한다. 집고양이와 들고양이는 강요하지 않아도 서로 떨어져 지내기 때문에, 집고양이가 야성화 되는 일도 없고 들고양이가 야성의 본능을 잃는 일도 없다. 따라서 우리는 수천 년간의 빙하기에 늑대와 '개-늑대' 사이에서도 이와 유사한 분리 상태가 벌어졌을 것으로 추정할 수 있다. 개-늑대가 인간과 한패가 될수록 그만큼 더 그들은 야생의 동족과 더 멀어졌을 것이다.

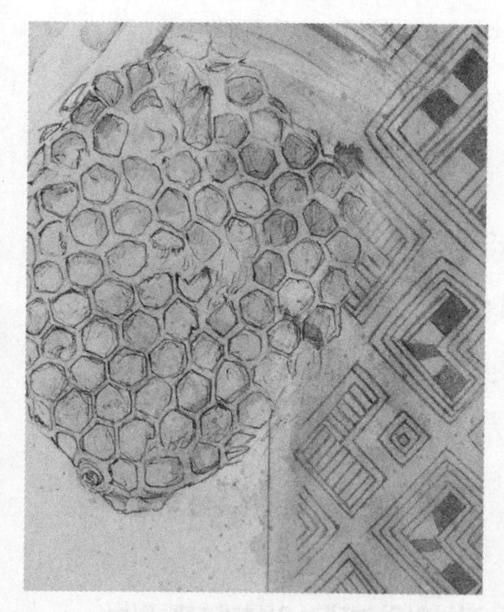

개가 인간과 한패가 되었다는 것은 공생에 '대가'가 따른다는 것을 분명히 보여 준다. 작업견 사육이라는 의도적인 목표가 생겼을 때, 길들여진 개는 전반적으로 독자적인 번식을 중단했다. 사육견은 인간에게 종속되었다. 그러나 파리아개는 독자성을 유지했다. 이들은 인간 세계에 속하면서도, 멀리 떨어진 야생의 동족인 늑대와 거리를 두며 더 힘들게 생존했고, 번식할 때는 인간의 통제를 벗어났다. 이렇게 해서 파리아개는 생존을 위해 싸우는 늑대와 완전히 종속적인 집 개 사이의 중간 상태를 유지했다. 숫자로 볼 때, 승자는 파리아개다. 이런 공생의 예를 통해 분명히 알 수 있는 것은, 한쪽 파트너인 인간은 다른 쪽 파트너인 개를 얼마든지 포기할 수 있는 반면에, 길들여진 종으로서 개는 인간 없이는 생존할 수 없다는 것이다. 기껏해야 늑대와의 유사성을 충분히 간직한 개 정도가 파리아개 속에 섞여 살 수 있을 것이다. 긴밀한 공생이라면 독자성을 전반적으로 포기하는 결과가 다소간에 뒤따른다. 그러므로 수많은 공생 중에서 우리는 협력 관계가 느슨하거나 구속력이 없는 경우를 자주 발견하게 된다. 그렇지 않고 관계가 긴밀하다면 양쪽 협력자는 서로 의존한다.

뿌리혹박테리아와 콩과식물의 긴밀한 공생

북미산 아까시나무는 대조적인 관점으로 바라볼 수 있는 나무다. 이 나무는 토질이 좋지 않은 곳에서도 빨리 자라며 우거진 숲을 형성한다. 하지만 이 나무는 유럽 토종이 아니라 북아메리카가 원산지이기 때문에 자연보호주의자들로부터 '침입 외래종'이라고 낙인찍히고 비판적인 감시를 받고 있다. 특히 이 나무는 가지를 잘라 주면 근계(根系)가 다시 급속하게 자라나기 때문에 확산을 막기가 힘들다. 여기서 무엇이 '토종'이고 '올바른' 나무며 무엇이 '외래종'이라 반기지 않는 나무인지는 논하지 않겠다. 그런 심리에는 거의 숨길 수 없는 외국 적대감에 이르기까지 수많은 선입견이 숨어 있기 마련이다. 그보다 더 중요한 의문은, 왜 별로 크지도 굵지도 않은 이 나무가 그토록 번창해서 위험한 침입종으로 간주되느냐는 것이다.

달콤한 향기를 풍기는 이 나무의 길게 늘어뜨린 꽃차례를 보면 같은 과에 속하는 나비 모양의 꽃이 달린 콩과식물을 연상할 수 있다.

다시 말해 콩과 완두, 클로버, 대두 같은 것과 한 속이라는 것이다. 그래서 어떻다는 것인가? 꽃의 구조와 동족 관계는 무엇을 말해 주는가? 여기서는 이 식물의 뿌리와 다양하게 사실상 전 세계적으로 널리 퍼진 친족을 바라보는 시각이 드러날 것이다. 이 뿌리에서는 나무의 혹처럼 작고 불규칙한 형태의 구근을 볼 수 있다. 그리고 이 뿌리에는 독특한 유형의 박테리아가 들어 있다. '뿌리혹박테리아'라고 불리는 이 세균은 공기 중에서 질소를 직접 받아들이고 화학적으로 결합하는 능력이 있다. 이것은 흔히 보는 일반적인 토양에서는 아주 희귀한 질소화합물이다. 이것이 물에 잘 녹고(질산염, 아질산염), 빗물이 스며들면 넘쳐흐르며 기체처럼 흩어지면서(암모니아, 아산화질소), 나무 뿌리를 빠져나가기 때문이다. 질소화합물은 성장에 필수적인 성분이다. 농업에서는 무기질비료 혹은 거름의 형태로 이것을 공급하는데 예전에는 외양간 거름을 주로 사용했다. 농업이 이것을 공급하지 못한다면 토양의 생산력이나 수확고는 급격히 줄어들 것이다.

무진장한 공중 질소의 보고를 우려낼 수 있다는 것은 식물에는 엄청난 이점이며 바로 이것을 뿌리혹박테리아가 할 수 있다. 염증이나 작은 종양을 연상시키는 뿌리의 혹이 번창하게 되면 공생을 하는 식물에게는 커다란 이익을 가져다준다. 그리고 뿌리혹박테리아는 뿌리 부분이 담당하는 주 임무의 하나로서 충분한 질소화합물을 받아들이는 데 도움을 준다. 식물에는 인산 및 칼륨화합물 등의 성분도 필요하다. 100여 년 전 농업용으로 개발된 고전적인 비료에는 이 세 가지 주성분이 들어 있고 '니트로포스카(Nitrophoska)에서 '니트로'는 질소, '포스'는 인산, '카'는 칼륨이라는 뜻이다.[2] 식물 성장을 위해서는 인산에 비해 약 20배의 질소가 필요하기 때문에 이 박테리아와의 공생은, 물론 이것이 모든 영양 문제를 해결해 주는 것은 아니지만 아주 큰 이점을 가져다준다. 이 박테리아도 비교적인 측면에서 이익을 본다. 이 박테리아는 광합성 작용으로 식물이 만들어 내는 성분을 뿌리에서 받아들일 수 있기 때문이다. 식물의 뿌리가 없다면 땅속에서 극히 미세한 양밖에 처리하지 못할 당분과 그 밖의 탄화물이 바로 그것이다. 뿌리의 상처나 혹처럼 보이는 것이 특히 효율적인 공생을 보여 준다. 콩과식물은 이를 통해 아주 성공적인 번식을 한다.

자연현상이 늘 그렇듯이 절대적인 장점은 존재하지 않는다. 콩과식물이 빨리 자라면 그 뿌리 근처의 토양에는 인산 및 칼륨화합물 혹은 철분이나 마그네슘, 그리고 이른바 미량원소처럼 비교적 적은 양을 필요로 하는 다른 무기질이 고갈된다. 사람도 마찬가지여서 우리의 영양 상태로 알 수 있다. 우리가 어느 한 가지를 너무 많이 섭취하면(당분/탄수화물이나 단백질도) 급속히 한쪽으로 기울기 마련이다. 이상적인 것은 균형식이다. 이것은 사람이나 동물, 식물에 똑같이 적용된다.

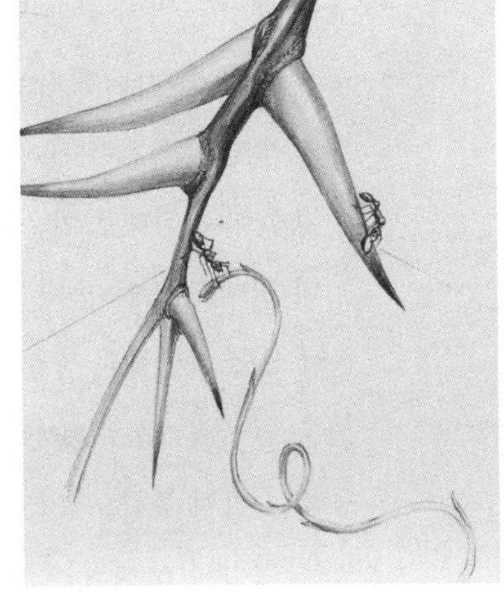

인간이 충분한 물을 마셔야 하듯이 동물과 식물에게도 물이 필요하다. 물은 식물의 신진대사를 위해서 필요할 뿐 아니라 용해된 양분을 뿌리에서 새싹의 꼭대기와 나무 꼭대기까지 보내는 데, 그리고 물의 기화를 통한 냉각을 위해서도(수분 증발작용) 필요하다. 따라서 콩과식물은 뿌리혹박테리아와 독특한 공생을 하는데도 하늘을 향해 자라지 않는다. 이 식물은 수분 스트레스에 걸리기 쉬우며 그 밖의 무기질 결핍에 빠지기도 한다. 콩과식물은 특히 물이 풍부할 때, 규칙적으로 비가 많이 오든 지하수를 이용하든 뿌리에 물을 충분히 공급할 때 유난히 잘 자란다. 북미산 아까시나무가 성공적으로 번성하는 이유가 바로 여기에 있다. 뿌리혹박테리아를 통해 성장한 덕분에 근계를 아주 깊이 내리며 다른 식물은 접근하지 못하는 지하수까지 뻗어나간다. 그러므로 북미산 아까시나무는 너도밤나무 숲이나 가문비나무 숲에서는 번성하지 못하고 경계를 이루는 생울타리에서 볼 때 시야가 트인 평지 가장자리 또는 강우량이 적은 초원 지대에서 번성한다. 그곳에서 꽤 깊은 땅속에 있는 지하수에 뿌리가 닿아 땅 위에서는 다른 나무와 경쟁을 벌일 필요가 없기 때문이다. 북미산 아까시나무와 친족 관계에 있는 많은 종들이 햇빛을 많이 받는 모서리 구역에서 발견된다. 이런 곳에서 피는 꽃은 색깔과 형태, 향기로 곤충들을 유혹한다. 여기에 속하는 종들은 콩처럼 덩굴을 뻗어 기어오른다. 이렇게 할 수 있는 것은 공생 덕분에 이 종들이 지지대로 이용하는 식물들보다 더 빨리 자라기 때문이다.

이 밖에도 많은 콩과식물에 좋은 것이 또 있다. 이들은 신진대사 중에 질소화합물과 충분한 상호작용을 하기 때문에 유달리 농도가 높은 단백질(모든 단백질에는 질소가 들어 있다)을 만들어 낼 뿐 아니라 동물이 먹지 못하도록 질소화합물을 만들어 내기도 한다. 즉 독성이 높은 청산이 생성되는 '시안화합물'이다. 식물을 먹고 사는 동물들은 고단백의 콩과식물이 매력적이라 해도 시안화합물 때문에 보통 이것을 먹지 않는다. 전문가들은 콩과식물의 신진대사에서 특별한 조절 과정을 거침으로써 이 독성을 극복한다. 그 결과 인간들은 독성이 없거나 적게 함유된 변종을 재배하게 되었다. 특히 가축이 잘 먹는 클로버종이 -클로버도 뿌리에서 뿌리혹박테리아와 공생을 하는 콩아과(Schmetterlingsblütler)에 속한다- 일찍이 단백질이 풍부한 녹색 사료로서 대대적으로 재배되었다. 이런 점에서 전혀 문제가 없을 뿐만 아니라 손쉽게 사료로 가공할 수 있는 옥수수 때문에 이제 클로버 재배는 완전히 밀려났다.

뿌리혹박테리아와 콩과식물은 뿌리혹박테리아 같은 미생물과 식물이 긴밀하게 상호작용을 하는 공생의 전형적인 예라고 할 수 있다. 이와 유사한 경우는 수도 없이 많다. 하지만 이런 것들은 전체적으로 뿌리혹박테리아의 의미에는 훨씬 못 미친다. 그중 한 예가 구근 형태의 뿌리혹을 만드는 방사상균 공생이다. 이것은 오리나무로 하여금 하안 부지의 침수 지역에서 들쑥날쑥한 지하수 상태와 무관하게, 자라서 숲을 이루게 해준다. 방선균이라고도 하는 '방사선균(Strahlenpilz)'은 뿌리혹박테리아에 가까운 미생물은 아니지만, 뿌리혹박테리아와 마찬가지로 공중질소를 만들어 낸다. 열대 및 아열대의 하천에 떠다니며 자라는 '물개구리밥' 속에 속하는 아졸라(Azolla)과 식물도 이런 능력이 있다. 다만 공생 상대인 미생물이 다를 뿐인데, 이것은 시아노박테리아로서 뒤에서 더 자세하게 언급할 것이다. 이와 유사한 그 밖의 공생이 최근에 발견되

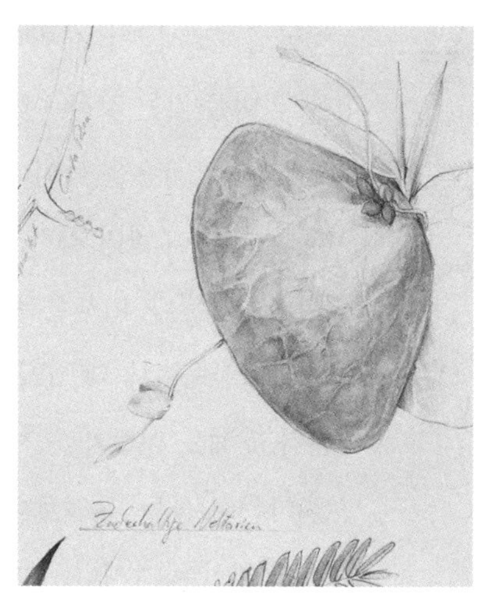

었다. 이들의 공통점은 식물이 무진장한 공중질소의 보고로 연결해 주는 미생물과 긴밀한 협동을 한다는 것이다. 이런 식물은 그동안 인위적으로 배양 용기나 수경재배를 통해 단백질을 얻을 목적으로 재배되었다. '미생물단백(Mikrobeneiweiß)'은 이제 공상 과학물의 얘기가 아니라 실용화된 현실이다.

유난히 의미심장한 공생

공생자로서 뿌리혹박테리아와 방사선균, 시아노박테리아가 '중요한' 의미를 갖는 것은, 이것들이 식물의 생산성을 개선해 주기 때문이다. 그 상호작용을 들여다보면 쌍방의 이점이 있다는 것이 분명해진다. 식물이 더 빨리 자라고, 작은 도우미 덕에 뿌리 안팎에 더 많은 양분이 형성된다. 미생물은 반대로 그들 스스로는 만들지 못하는 유기적 탄화물을 얻는다. 그럼에도 불구하고 또 이 공생이 아무리 이점이 많다고 해도 식물계를 지배하는 것은 콩과식물이 아니다. 수없이 많은 다른 식물들, 무엇보다 나무가 이들보다 우월하다는 것은 분명하다. 북미산 아까시나무는 어느 정도 자연스럽게 형성된 숲으로 마구 침입해 들어가는 대신 주로 산 울타리에서 볼 때 가장자리 구역에서, 그리고 건조한 지대에서 자란다. 숲이 북미산 아까시나무나 그 밖의 콩과식물뿐 아니라 춥거나 서늘한 지역에서는 주로 침엽수, 그리고 온대나 열대 지역에서는 여러 활엽수에 이르기까지 지극히 다양한 종으로 구성된 데에는 결정적인 이유가 있다. 여기서도 공생이 작용을 하지만 훨씬 더 포괄적이어서 알아보기가 힘들다. 주요 파트너는 버섯류인 '균근균'이다. 이것들은 아마 태고 시대부터 나무나 수많은 다른 식물과 협력해 온 것으로 보인다. 또 공생이라고 해도 얼마든지 감염 혹은 기생으로 간주할 수도 있을 것이다. 버섯이 뿌리를 '덮치고' 그 속으로 파고들기 때문이다. 많은 종은 심지어 뿌리 세포까지 들어가 활동하며 또 일부 종은 세포간극[3]에서 살거나 뿌리를 섬세한 솜털처럼 감싼다. 균근 공생을 연구하는 전문 학자들은 이에 대해 발음하기가 어려운 전문 개념을 개발해 냈다. 여기서 이것은 언급하지 않기로 한다. 전문 개념을 사용하지 않고 서술하는 것이 기본 원칙이기 때문이다. 어쨌든 그 솜털 같은 균사는 가장 섬세한 뿌리보다 훨씬 더 가늘다. 때로는 강도가 가는 뿌리의 10분의 1밖에 안 될 때도 있다. 그렇기 때문에 균사는 미세한 사이공간이나 땅속의 틈새, 특히 무기질 토양을 파고 들어가며 그 100배는 될 흙 표면에서 큰 영향을 주는 수분과 온갖 영양 염류를 섭취할 수 있다. 단지 뿌리혹박테리아처럼 공기에서 질소를 흡수하지 못할 뿐이다. 이렇게 무기질과 모세관의 토양 수분을 더 포괄적으로 이용하는 것이 균근 공생을 우월하게 만들어 주는 것은 분명하다. 그런 의미에서 '균근(Mykorrhiza, Wurzel-Pilze)'[4]이라는 전문 용어가 빠져서는 안 되겠다.

콩과식물과 뿌리혹박테리아의 공생에서처럼, 나무와 다른 식물의 균근, 즉 다른 식물과의 공생은 광합성의 결과다(무엇보다 당분). 균근은 반대로 식물이 필요로 하는 무기질과 수분을 대대적으로 공급한다. 이런 포괄적인 공생이 없다면, 지구 최대의 삼림을 형성하며 러시아식 표현으로는 '타이가'라고 불리는 북방의 침엽수림도 없을 것이고 최대의 식물종인 '난초과식물(Orchideen)'도 존재하지 않을 것이다. 이것들은 척박한 토양에서 뻗어나가는 삼림을 구성할 뿐 아니라 난초과식물의 경우에서처럼 극단적인 조건하에서도 성공적인 생존을 가능하게 해주는 균근과의 긴밀한 공동체 관계에 의존하고 있다. 난초과식물은 나무나 맨 바위 위에 자리를 잡으며 땅속에 뿌리를 내리지 못한 상태에서 비와 안개, 바람이 가져다주는 극소량의 영양소로 견뎌야 한다. 이렇게 균류는 공기에서 나오는 아주 미세한 무기질과 습기를 받아들이는 믿을 수 없는 자체의 능력을 통해 '공기에 의존하는 삶'을 가능케 해준다.

균근의 공생은 지상에서의 생존이라는 특징을 보여 준다. 그것은 현재의 생태학을 위해 중요할 뿐만 아니라 진화의 일부이기 때문이다. 하지만 이 협력 파트너들은 여전히 명확하게 떨어져 있기 때문에 균근 공생에서 무엇이 나무에 속하고 무엇이 균류에 속하는지는 현미경으로 들여다봐야 분명히 알 수 있다. 많은 균근성 균류의 자실체(子實體)를 우리는 세간에 통용되는 의미로 흔히 버섯으로 알고 있다. 버섯은 주로 늦여름과 가을에 솟아나온다. 이 시기에 나무의 주 성장은 끝나고 이듬해를 위해 여분은 저장된다. 여기서 균근을 위해 특히 많은 양분이 확보된다. 버섯 중에는 아주 독특한 맛을 내는 것이 많기 때문에 영양가가 적거나 거의 없는데도 불구하고 사람들은 즐겨 버섯 채취를 하고 요리를 한다. 유감스럽게도 1986년 이후 우리는 나무를 위한 좋은 파트너로 균근을 만들어 주고, 고도로 분산된 무기질을 모으는 이런 능력이 체르노빌 원전 참사 이후에 위험한 방사능 물질(세슘)의 농축으로 이어지기

균근의 공생은 지상에서의 생존이라는 특징을 보여 준다. 그것은 현재의 생태학을 위해 중요할 뿐만 아니라 진화의 일부이기 때문이다.

도 한다는 사실을 깨달아야 했다. 그 이후 4반세기가 지났지만 지금도 여전히 많은 버섯과 이 버섯을 먹는 멧돼지 고기에 높은 농도의 방사능이 함유되어 있다.

더 긴밀한 공생은 최근의 연구를 통해 알려졌다. 그중 하나가 널리 알려진, 균류와 조류(藻類)의 이중적인 특징을 지닌 '이끼'다. 균류와 조류 쌍방의 결합이 너무도 긴밀해서 그 생김새는 식물을 닮기는 했지만, 사실 식물과는 아무 관계도 없다(이런 점에서 우리는 철저히 '식물'이기도 한 조류라는 표현 대신 이른바 '고등식물'이라고 부르는데, 그 이유는 곧 밝혀진다). 이 책의 28장으로 가면 이끼와 그 특성에 대하여 더 많은 것을 알 수 있다. 이끼가 균류와 조류의 공생에서 형성된다는 것에 대해서는 오래전부터 의심할 여지가 없었다. 또 그동안에 조류와 균류의 어떤 집단이 이끼라는 새로운 생명체로 연합하는 것인지도 확인이 되었다. 이 문제를 더 자세하게 설명하는 것은 이 책의 범위를 벗어나는 일일 것이다. 이 책의 주제와 관련해 중요한 것은, 광합성이 조류 파트너에 기여를 해서 어떤 식으로든 이끼를 (순수한) 식물 가까이 끌어다 놓는다는 것이다. 그 때문에 이끼는 생존을 위한 빛이 필요하다. 물론 이끼를 식물로 볼 수도 있겠지만 그렇게 간단하지는 않다. 광합성을 가능하게 해주는 것은 세포 속의 구성요소로 이른바 '소기관(Organelle)'이라고 하는 것이다. 이 단세포 생물의 소기관은 우리 인체의 기관 같은 기능을 한다. 이것은 너무도 미세하기 때문에 현미경을 이용해 적당한 크기로 확대해야 비로소 그 알갱이 형태를 알아볼 수 있는데, 이때 그것을 자연스러운 세포의 구성요소로 생각하게 되었다. 소기관의 비밀은 녹색의 색소인 '엽록소(Chlorophyll)'라는 색다른 형태에 들어 있다. 엽록소란 무엇일까?

엽록체의 성질이 알려지기까지는 오랜 시간이 걸렸다. 그 사이에 우리는 엽록체가 한때 독립적으로 살아가던 시아노박테리아였다는 사실을 확신할 수 있게 되었다. 이것은 전에 -그리고 지금도 잘못으로- '남조류(藍藻類)'라고 불렸다. 하지만 이것은 전혀 조류에 속하지 않는다. 시아노박테리아는 아득히 먼 옛날, 지구상에 고등생물이 태동하던 50여 만 년 전에 녹색식물의 조상 세포로 수용되었다가 이 세포와 통합하게 된 것이다. 이 과정이 단순하게 진행되지 않은 것은 분명하다. 아마 녹색의 광합성 능력이 있는 시아노박테리아가 인체의 장내 세포가 음식물을 섭취할 때와 아주 유사한 식으로 조류 세포에 의해 수용되었을 것이다.

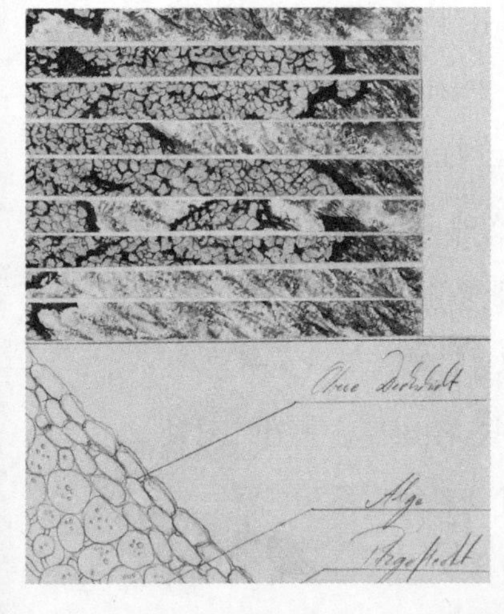

하지만 모두 즉시 소화되지는 않았다. 그중 많은 것은 살아남았고 세포의 내부 환경에서 계속 분열했다. 속도는 느렸지만, 오랜 시간이 흐른 뒤 어느 시점에 일종의 균형 상태 혹은 '비김수(Patt)'가 발생할 때까지 존속할 만큼은 빨랐다. 그리고 이 상태에서 공생이 나타났다. 모든 녹색식물은, 상추든 나무든, 풀이든 꽃이든, 가리지 않고 세포 속에 '엽록체(Chloroplast)'라는 작은 녹색의 알갱이를 가지고 있다. 그리고 이제 우리가 알듯이, 이 미립자에는 수요에 따라 분열을 통해 증식할 수 있게 해주는 극소량의 유전자가 들어 있다. 이것을 보면 식물세포는 명백하게 공생, 즉 시아노박테리아에서 유래하는 엽록체와의 공동체라고 할 수 있다. 그리고 이 공동체적인 공생을 거쳐서 식물은 식물이 된 것이다. 거의 모든 동물 세포와 마찬가지로 인체 세포에는 녹색의 미립자가 없다. 이 때문에 인간은 누구나 녹색의 식물과 식물 유기체의 생산물, 이른바 식물의 1차 생산에 의존하게 된 것이다. 식물 세포에는 엽록체와의 협동을 통해 생성된 셀룰로오스로 된 특별한 세포벽이 들어 있다. 이것도 공생의 산물이다.

여기까지는 생물학자들 사이의 견해가 일치한다. 더 큰 어려움은 그 밖의 세포 구성요소에서 나오는데, 이 역시 공생을 통해서 추가될 수 있다. 가령 모든 동물 및 식물 세포에는 '미토콘드리아'라고 불리는 미세한 부분이 있다. 그 능력과 미세구조에서 독자적인 활동을 하는 박테리아와 매우 유사한 특징을 보이는 미토콘드리아는 중요한 역할을 한다. 세포의 미니 발전소 기능을 하기 때문이다. 미토콘드리아 속에서는 세포의 기능을 보장해 주는 에너지 전환 과정이 펼쳐진다. 많은 연구진의 견해와 증거를 종합해 볼 때, 미토콘드리아가 한때 자유롭게 활동하던 박테리아였다는 사실이 점점 확실해지고 있다. 단순하게 구성된 수많은 세포와 함께, 미토콘드리아는 이끼가 형성되기 오래 전에 이미 공생을 시작한 것이다. 이 과정에서 미토콘드리아는 이른바 '고등 생존(Das höhere Leben)'의 도약을 이끌었다. 미토콘드리아가 없는 세포도 물론 생존할 수 있겠지만, 처리할 수 있는 집중된 에너지가 너무 적어서 이런 것들은 아주 조그만 상태로 남아 있을 수밖에 없을 것이다. 우리는 또 독특한 형태의 에너지 운반체가 중요하다는 것도 알고 있다. '인산화합물(정확하게 말하면 아데노신 3인산, 줄여서 ATP)'이 그것이다.

뿌리혹박테리아와 비료를 떠올려 보자. 왜 식물에 질소화합물을 풍부하게 공급하는 것으로는 충분치 않을까? 세포는 에너지가 풍부한 인산화합물, 즉 ATP를 넉넉하게 확보하고 적절하게 미토콘드리아가 번창할 때만 기능이 작동한다. 모든 동물과 식물, 버섯과 마찬가지로 사람도 그런 것들이 필요하다. 미토콘드리아 박테리아와의 공생은 오래되었다. 앞에서 강조한 것처럼, 그것은 복합 세포 내의 생명 초기까지 거슬러 올라간다. 공생을 통해서 복합 세포가 생성된 다음에야 비로소 박테리아만 존재했던 수십억 년 간 이어진 단세포 생명의 시대는 끝났다. 공생을 통해서 비로소 본격적인 식물과 동물, 그리고 인간까지 가능해진 것이다.

인간은 엽록소를 통해 에너지를 공급받는 '조그만 녹색인간'으로 존재할 필요가 없었다. 훨씬 더 뛰어난 경쟁력을 제공해 주는 미토콘드리아를 지녔기 때문이다. 어쩌면 많은 생물학자가 주장하듯이, 공생의 진화에 집중적으로 매달려서 그 이상의 공생을 성취했기 때문에 인간이 될 수 있었던 것인지도 모른다. 남자의 정액 세포에 추진력을 주면서 모체의 난세포로 몰고 가는 움직이는 꼬리도 한때 박테리아, 즉 '편모(鞭毛) 박테리아'였을 것이다. 이것은 동물과 식물의 복합 세포로 직접 들어가는 대신 다양하게 활성화되는 유전자 프로그램으로 작용했다. 남자의 고환이나 몇몇 다른 기관 및 조직에서 정액 세포가 형성될 때가 그렇다. 여기서 더 자세하게 언급하는 것 역시 이 책의 범위를 벗어나는 일일 것이다. 하지만 인간의 생명을 유지시켜주는 생명의 불꽃, 체내의 에너지 대사가 박테리아의 활동이고 편모 박테리아가 정액 세포의 충동을 발산하게 해주는 기회를 제공한다는 것은 인간과 관계되는 내용일 것이다.

인간은 소화 과정에서 직접 박테리아를 먹고 산다. 그리고 인간의 게놈 속에 수많은 바이러스의 유전질을 보유하고 있다는 것이 분명해지고 있다. 인간은 뛰어나고 감탄스러운 다양한 생명 형태의 공동체로서 공생 자체다. 이 공생이 거의 언제나 올바로 작동하는 것을 보면 그저 놀라울 따름이다. 이것이 당연한 것이 아님은 보통 우리가 병들었을 때야 비로소 깨닫는다. 설사는 장내 박테리아와의 공생이 원활하지 못하다는 증거다. 인후염이나 폐렴의 경우에는 낯선 박테리아가 인체를 보호하는 좋은 박테리아를 압도하는 것이다. 그리고 다양한 미생물이 모여 있는 피부도 끊임없이 조정이 필요한 장애에 시달리고 있다. 그러므로 인간이 환경의 유해물질에 취약한 것은 어쩔 수 없는 일이며 인간의 환경과 지상에서의 삶을 반드시 공생의 상호관계를 파괴(방해)하지 않는 상태로 유지해야 한다. 현재 세계적인 상호관계, 모든 생명체의 포괄적인 공생 상태를 볼 때 별로 낙관적이지 못하다. 인간이 너무도 심하게 너무도 빨리 변하고 있기 때문이다.

인류와 환경 - 최후의 공생

다른 생명체와의 상호관계 및 상호 종속성을 인정하기를 힘들어하는 사람이 많다. 이들은 자연을 자신의 주인이나 지배자로 여기며 매우 고상하게 자연을 생각한다. 하지만 사람이 다른 사람 없이 계속 혼자 살 수 없듯이, 인류 혼자 스스로의 힘으로 존재할 수는 없다. 자연은 인간에게는 모든 생명의 토대가 된다. 지난 수십 년간 환경에 대한 인식이 발전한 덕분에 우리는 그런 경고를 자주 듣고 읽게 되었다.

1992년에 리우데자네이루에서 열린 유엔 환경회의를 통해 지구상의 국가는 공식적으로 생물다양성의 유지에 대한 의무를 지게 되었다.

하지만 그 이후로 실천이 된 것은 거의 하나도 없다. 생명 말살 행위가 아무 제지 없이 계속되고 있다. 동물과 식물, 자연친화적이거나 자연이 살아 있는 풍경은 부자나라에서나 감당하는 사치품 정도로 간주되는 실정이다. 자연을 오로지 야생의 위험한 상태에서만 경험하려는 사람이 많기 때문이다.

이런 사람들은 인류의 먼 조상이 수렵과 채취 생활을 하고 돌아다니면서 자연의 위력 앞에 무기력하게 노출되어 있던 '과거의 한때'를 정글에서 체험한다. 자연보호구역은 차라리 노천 박물관으로 간주된다. 실제로 많은 구역은 -중부 유럽의 경우 현재 상태로 보아 대부분의 보호구역이- 과거 시대의 폐허를 닮았다. 로마의 콜로세움이나 이집트의 피라미드, 캄보디아의 앙코르와트처럼 과거의 유적으로서 더 이상 파괴되지 않도록 그것을 유지하는 데 많은 비용을 들인다. 자연보호구역으로 지정하는 것은 파괴를 막아 주고, 시간의 화살과 더불어 불가피하게 진행될, 그리고 각 세대와 더불어 '새로운 시대'를 만들어 줄 변화를 막는 것이 아닐까? 누구보다 많은 자연보호주의자들이 유전공학에 반발하고 그것을 저지하려고 노력하지만, 디지털 시대에는 유용식물 및 동물에 대한 의도적인 변화가 현실이 된 지 오래다. 인위적인 공생이 이미 유용식물의 질병을 막아 주는 박테리아의 특성을 투입하는 방법으로 이루어졌다. 이런 실정에 있는 우리 시대에 자연 공생을 바라는 시각은, 미래에 보다 나은 인간과 자연의 상호관계를 위한 프로그램이라기보다 과거에 대한 향수에 지나지 않을 수도 있다. 이런 우려는 정당한 것일 뿐 아니라 자연보호가 계속 발전하고 있는 인류세(人類世)[5]의 시대에 충분히 자연이 유지되도록 관심을 쏟을 것이라는 기만적이며 대개는 완전히 잘못된 판단에 따른 안일한 낙관을 막는 데 반드시 필요한 것이다. 그러므로 이제 다른 시각으로 실상을 바라보자.

늑대가 개로 변한 예는, 지나치게 인간의 시각에서 다른 유기체와의 공동생활에 대하여 판단하는 것을 막아 주는 길을 열었다. 이미 강조한 대로, (석기 시대의) 인간이 결코 처음부터 늑대를 길들여서 개로 사육하려는 의도를 가졌던 것이 아니라는 증거는 많다. 현재 세계에 서식하는 절대 다수의 개는 인간의 통제나 일정한 방향의 사육을 받지 않고 스스로 번식하는 파리아개로서 자유롭게 살아간다. 서구의 문화나 몇몇 다른 문화에서 개를 대대적으로 이용하고 인간의 생각에 따라 사육을 통해 변형한 방식은 처음 수천 년간 진행된 협력 파트너 관계의 특징이 아니다.

개를 착취하는 것은 인간이 유용동물과 식물을 다루는 특징이다. 이런 동물은 노예화되었고 사육을 통해 페키니즈나 퍼그, 그 밖에 극단적으로 길들여진 개처럼 자연 속에서는 생존력이 없는 것이나 다름없이 변해 버렸다. 대량 사육되는 소와 돼지, 닭도 살아 있기는 하지만 그들의 자연스러운 삶의 표현을 빼앗긴 채 동물 제품을 만들어 내는 기계가 되어 협력 파트너로서의 기능을 상실했다. 밀이나 옥수

수, 감자, 쌀 같은 유용식물도 자연조건하에서는 더 이상 지속적으로 자라지 못한 지 오래되었다. 부자연스럽게 식물영양소(비료)를 지나치게 공급하는 재배 형태는 지나치게 의존적이어서 식물을 병과 해충에 취약하게 만들었다. 인간은 이제 동물과 식물을 훌륭한 공생의 모습이 아니라 갈수록 기생의 방식에 따라 이용한다.

유용동물과 식물에 남아 있는 유일한 이점이라면, 이들이 계속 존속하도록 인간이 돌본다는 것이다. 국제적으로 통용되는 영어로 '펫스(Pets, 'pet'는 쓰다듬다, 귀여워하다의 뜻)'라고 불리는 수백만 마리의 애완동물은 엄청난 관심을 받고 있다. 적어도 사람이 이들에게 애정을 베풀기 때문이다. 기니피그나 토끼, 그 밖의 포유류에게 아주 중요한 감정이입을 하는 것이다. 또 정원에는 온갖 종류와 혈통의 꽃이 있다. 사람이 주변을 장식하는 데 이용하는 이런 의도적인 생명의 다양성은 다른 생명이 인간에게 의미가 있다는 표현이다. 그것은 세계적으로 모든 문화에서 표현되고 있다. 이 시대에 아주 유명한 생물학자의 한 사람인 미국의 에드워드 윌슨(Edward O. Wilson)은 이런 성향을 '바이오필리아(biophilia)'라고 부른다.

바이오필리아는 인간이 다른 생명체와 '인간적'으로 교류하는 것을, 즉 직접적인 이익이 생기지 않더라도 살아 있는 것을 존중하도록 그 전제 조건을 만들어 준다. 이것은 가령 수천 년 전에 중앙아시아의 초원에서 기마 유목민과 말의 공동체가, 혹은 중동의 사막에서 낙타와 아랍인의 공동체가 발생한, 심화된 상호관계의 발전을 위한 토대였고 지금도 마찬가지다. 양떼를 돌보는 양치기, 마찬가지로 옛날 소떼를 몰고 다니던 목동은 공생을 형성하는 것이며 이때 동물은 협력 파트너로서 존중받는 것이지, 인간의 농업에서처럼 돈을 가져다주는 '생산물'로 평가되는 것이 아니다. 동물고기의 대량생산을 두고 '문화'라는 말을 사용하지 않은 지는 이미 오래되었다. 문화라는 말에는 비록 최종적으로는 식용이나 다른 용도로 이용한다고 하더라도 짐승을 돌보지 않으면 안 되는 농부의 고난이 숨어 있기 마련이다. 여름에 손수 풀을 베어 암소나 말이 겨울에 먹을 건초를 만들어야 하는 사람은 동물에 대해, 가능하면 단기간에 고기를 만들기 위해 돈을 주고 구입하거나 기계적으로 만든 사료를 말 그대로 가축 떼에 퍼 넣는 비육 축산업자와는 다른 -공생의- 관계를 발전시킨다.

현재 영향의 모든 측면에서 문제투성이가 되어 버린 농업은 약 1만 년 전에 생성된 공생의 기본 틀을 벗어났다. 농부와 자연은 식량생산으로 인간의 삶을 보장하고 세심하게 자연을 형성함으로써 거기서 지속적으로 이용 가능한 문화 경관을 만들어 내었던 생명공동체가 더 이상 아니다. 지속 가능성이라는 원칙은 1992년의 리우 정상회의에서 생물다양성의 유지와 긴밀하게 맞물렸다. 인류와 자연의 미래를 위해 지속 가능성은 필수불가결한 것이기 때문에 거기에는 충분한 근거가 있었다. 지속 가능성은 공생의 기본적인 기준이다. 공동생활은 지속성이 보장될 때만 계속해서 작동한다. 이것은, 다시 한 번 강조하자면, 공생의 양 당사자 모두 장기적으로 이익을 얻는 것을 의미한다. 일방적인 혜택은 기생으로 이어지기 마련이다. 우리는 바로 자연과 토양, 하천을 약탈하다시피 지나치게 이용하며 동시에 엄청난 보조금 지급을 통해 사회를 이용하는 현대 농업의 부문에서 이것을 경험하고 있다. 흔히 알려진 착취와 기생이라는 개념을 피해 고상하게 전문적인 표현을 하자면, 이런 식의 '이용 시스템'에는 미래가 없다. 생산자와 소비자는 양쪽이 충분히 서로에게 맞출 때만 유지될 수 있는, 삶과 운명을 함께 나누는 공동체라는 것이 일반 경제학에서는 오래전부터 잘 알려진 사실이다. 이런 상호 조율이 현대 유럽의 농업에서도 일어나야 한다. 이 문제는 농업이 세계적으로 '지구 생태계'를 위해 전례 없이 큰 부담이 되었기 때문에 그만큼 더 절실하다. 파란 행성[6]이 어떻게 될지는, 농업에서 결판날 것이다.

이 같은 전개 과정에서 점점 커지는 세계화에 대한 불안은 불쾌감을 드러낸다. 서구적 생활 방식의 국가, 그리고 점차 중국과 개발도상국들마저 19세기에 유럽 국가가 그들의 식민지를 약탈했듯이 세계의 나머지 지역을 착취하고 있다. 이것은 현재 세계화라는 이름으로 자행되는 식민 정책의 다른 형태이며 좋은 협력 파트너 관계와는 전혀 다른 것이다. 이에 대한 저항과 불안은 얼마든지 이해할 수 있으며, 설사 세계화 외에 다른 대안이 없다고 해도 충분히 이유가 있는 것이다. 인류는 세계로, 인류로 남아서 그 자체의 이해관계와 경제적 성과의 균형이 맞는 가운데 단결하는 법을 배워야 한다. 이 또한 일종의 공생이다. 각 참여자는 비록 인간으로서 동족의 소속이라고 하더라도 서로 다른 협력 파트너의 효과를 내는 것이다.

공생은 온갖 형태의 생명체가 빚어내는 삶의 원칙으로서 서로 실천하는 것이다. 열대의 말미잘 사이에 사는 다채로운 색깔의 나비고기나 등갑에 말미잘을 끌고 다니며 자신을 보호하고 자신의 노획물을 내어주는 게는 더 자세하게 살펴보면 공생의 특별한 경우로서 놀랍기는 하다. 하지만 보편적인 삶에서는 훨씬 더 포괄적인 일이 일어났고 지금도 일어나고 있다. 설명한 대로 모든 동물과 식물은 생명의 초창기에 형성된 공생을 통해 나타난 것이다.

모든 농업의 형태는, 균류를 재배하는 가위개미의 것이든, 우리 인간의 것이든, 공생을 보여 주고 있으며, 이런 농업은 공생의 형태를 유지하고 파괴적인 효과가 없어야 오래 지속된다. 또 사회에서의 삶은 광범위한 분업을 통해 복합적인 공생으로 발전해 왔다. 이런 공생은 우리에게 잘 알려져 있고 너무 당연시되어서 거의 이유를 묻지도 않는다. 우리의 일상생활이 잘 돌아가는 것은 오로지 수많은 다른 사람이 우리가 필요로 하는 것을 다양한 방법으로 만들어 내고 준비하고 팔기 때문이다. 인간 사이의 파트너 관계에도 참여자의 공생하는 태도가 전제된다. 그렇지 않으면 그 관계는 빠른 시간에 깨지고 만다.

한편으로 동물과 식물, 미생물 등 '순수한 자연'과 그 무생물의 환경을 이어 주고 다른 한편으로 경제 활동을 하는 인간과 서로 다른 문화를 이어 주는 연결 원칙이 존재하며 이 원칙이 다윈의 '생존경쟁'을 상대화시켜 준다는 것은 최근에 와서 알려진 사실이다. 이것이 협동이다. 삶은 경쟁만으로는 살 수 없고 협동을 통할 때 훨씬 순조로울 때가 많다. 물론 협동을 한다고 '생존경쟁'이 사라지는 것은 아니지만, 그 경쟁을 혼자서 아주 혹독하게 치를 필요가 없다는 것이다. 협동은 경쟁을 원만하게 해주고 동시에 새로운 것, 더 나은 것, 지속적인 것을 만들어 낸다. 이런 점에서 이 책에서 제시하는 예는 협동에 대해 생각할 수 있는 다양한 가능성의 스펙트럼을 제공할 것이다. 이런 예는 오직 호기심을 자극하는 경우가 더 많기는 해도 자연 속에서 이미 지극히 성공적인 협동의 형식을 위해 무엇이 실현되었는지를 보여 줄 것이다. 다만 미래의 유용한 설계를 위해 가장 훌륭하고 중요한 공생, 즉 인간과 인간, 인간과 자연의 공생을 실현하는 것은 인간의 책임이다.

참고 문헌

공생을 주제로 한 전문 서적은 헤아릴 수 없이 많다. 이 분야를 깊이 알고 싶은 사람은 이 책에 소개되는 예에 관한 모든 정보를 인터넷에서 찾아볼 수 있을 것이다. 덜 알려진 동식물의 경우, 학명으로 검색하면 도움이 된다. 본문에서 언급했듯이, 공생 중에는 상호작용의 범위와 이점을 둘러싸고 논란에 휩싸인 것이 많다. 따라서 검색 결과는 여기서 선택되고 조심스럽게 비판이 가해진 해석과 꼭 일치하지는 않을 것이다. 너무도 많은 전문 서적이 영어로 출판되었다. 또 이것들은 개별적인 주제 연구에서 나온 문헌들이다. 거의 모든 생태학은 공생의 주제에 속한다고 볼 수 있다. 모든 유기체는 다소간에 살아 있는 환경과 상호작용을 하는 공생 관계에 있기 때문이다. 토양미생물이 없이 수경재배로 자라는 식물조차 사실상 무기영양, 즉 자가 영양체가 아니라 식물의 몸속에서 한때 시아노박테리아였던 엽록체와 공생을 하며 사는 것이다. 전문 문헌을 개인적인 취향으로 선정했다는 인상을 피하기 위해, 여기서는 협동과 공생이라는 주제에서 성과가 매우 큰 독일어 문헌만 소수로 제한해 소개한다.

- David Bodanis, 『*Der geheimnisvolle Korper. Die Mikrowelt in uns*』, Dusseldorf, 1989.
- Steve Jones, 『*Darwins Garten. Leben und Entdeckungen des Naturforschers Charles Darwin und die moderne Biologie*』, Munchen, 2008.
- Kurt Kotrschal, 『*Hund und Mensch*』, Wien 2016.
- Lynn Margulis und Dorion Sagan, 『*Leben. Vom Ursprung zur Vielfalt*』, Heidelberg, 1999.
- Martin A. Nowak, 『*Kooperative Intelligenz. Das Erfolgsgeheimnis der Evolution*』, Munchen, 2013.
- Werner Schwemmler, 『*Symbiogenese als Motor der Evolution*』, Hamburg, 1991.
- Edward O. Wilson, 『*Die soziale Eroberung der Erde. Eine biologische Geschichte des Menschen*』, Munchen, 2013.

---

1 트리파노소마 종의 한 형태.

2 비료의 세 가지 요소인 질소, 인산, 칼리가 모두 들어 있는 인조 비료.

3 세포벽과 세포벽 사이의 작은 공간.

4 균류와 고등식물의 뿌리와의 공생체.

5 인류가 지구 환경에 큰 영향을 준 시기를 구분한 명칭으로 비공식적인 지질 시대 개념.

6 지구를 가리키는 말.

---

1. 꿀잡이새와 인간

- 인간 스스로 노동하게 만드는 새

Afrikanische Wildbiene · Apis mellifera scutellata

이 이야기는 너무 동화 같아서 천일야화에 나올 것처럼 들린다. 한 사냥꾼이 아프리카의 수풀을 헤치며 누구의 눈에 띄지나 않을까, 혹시 짐승이라도 한 마리 잡을 수 있지 않을까 하며 아주 조심스러운 태도를 취한다. 온 신경을 집중한 자세는 그 옛날 아프리카의 고향에서 사냥과 채집을 하며 살던 인류의 모습 그대로다. 그때 새 한 마리가 특이한 동작으로 날아와 이 사람 앞에서 초조하게 퍼덕거린다. 찌르레기만 한 이 새는 회갈색 등과 날개, 밝은 빛의 배에 목에는 검은 점이 나 있다. 나는 방식은 부근에 새끼가 있어서 인간을 꾀어내려고 하는 새들의 동작과는 다르다. 꾀병을 부리는 것도 아니다. 사람에게 따라오라고 신호를 보내는 것이다. 사람이 따라가면 새는 일정한 속도로 앞서가다가 안내를 받은 사람이 따라올 때까지 기다리기도 한다. 따라가는 길은 앞을 볼 수 없을 정도로 나무가 빽빽이 들어찬 숲이 아니라 사람이 새를 보고 따라갈 수 있는 곳이다. 마침내 목적지에 도착해 새가 그곳을 알려 주면 사람은 몹시 흥분하게 된다. 속이 빈 나무에 야생벌들이 사는 벌집이 있기 때문이다. 꿀벌은 그들의 알과 꿀 저장고에 가까이 접근하는 동물은 상대를 가리지 않고 공격한다. 새의 안내를 받고 가는 사바나의 주민들은 이것을 잘 안다. 꿀벌을 상대한 경험이 있는 사람들은 위험 지역에 들어가기 전에 불을 지펴 연기를 피운다.

꿀은 너무도 매혹적이다. 태고 시대부터 꿀은 입에 착 달라붙는 단맛으로 인해 인간에게 귀하게 취급되었다. 하지만 꿀벌은 꿀을 탈취하지 못하도록 방어를 한다. 벌들은 떼로 몰려 나와서 사람에게 달려든다. 연기를 피우면 벌들은 마비가 된다. 하지만 벌 전체를 마비시킬 수는 없는 노릇이다. 연기를 피한 벌에게 침으로 쏘이면 매우 고통스럽다. 열대 아프리카에서 꿀을 찾는 사람들은 두꺼운 옷을 입지도 않는다. 그들은 독일 양봉업자들처럼 얼굴 보호망을 쓰지도 않는다. 달콤한 꿀을 손에 넣는 것은 대개 수많은 침을 쏘이는 고통을 견뎌야만 가능한 일이다. 그러는 동안 새는 부근에 앉아서 그 과정을 흥미롭게 지켜본다. 꿀잡이새는 아주 잘 어울리는 이름이다. 학명으로는 'Indicator indicator'라고 한다. 이 새는 주로 아프리카에 서식하고 부분적으로 남아시아에도 분포하는 작은 조류 중에는 가장 잘 알려져 있다. 꿀잡이새는 17종이나 있지만 방금 묘사한 대로 행동하며 사람을 야생 꿀의 둥지로 안내하는 새는 2종밖에 없다.

믿을 수 없다고 하는 사람이 있을지 모른다. 어떻게 새가 탐스러운 꿀이 있는 곳으로 사람을 안내한단 말인가? 그렇게 해서 새는 무엇을 얻을 것인가? 이 장면을 계속 따라가 보자. 이 새는 무엇을 요구하듯 꼬리를 흔들고 유난스럽게 꽥꽥 울면서 길을 안내하는 식으로 독특하게 나는 법을 개발했다. 아프리카의 숲에서 야생 꿀의 둥지를 찾는 것은 쉬운 일이 아니다. 많은 곳에서 사람들은 적당한 크기의 속이 빈 나무 줄기에 꿀벌의 둥지를 지어 주고 있다. 큰 나무의 가지에서 비교적 쉽게 접근해 꿀을 얻으려고 하는 것이다. 하지만 꿀잡이새가 사람을 안내하는 것은 이미 철저히 양봉 방식에 맞춘 이런 설비가 아니라 자연 속에 순수한 야생 상태로 있는 벌집이다. 물론 새에게 이기적인 목적이 없는 것은 아니다. 꿀잡이새도 자신의 몫을 받는다는 말이다. 이 새의 목표는 꿀이 아니라 벌집의 밀랍이다.

이렇게 되면 이야기는 한층 더 이상해진다. 몸길이 20센티미터에 짧고 두툼한 부리를 가진 새가 밀랍으로 무엇을 할 수 있다는 것인가? 둥지를 짓는 데 쓰는가? 아니다. 밀랍을 먹는 것이다. 꿀잡이새에게는 밀랍의 이용이 가능하도록 소화를 돕는 박테리아가 있다. 이런 현상은 실제로는 드문 일이다. 밀랍은 우리가 촛불을 이용하는 데서 알 수 있듯 에너지가 풍부하기는 하지만, 그 화학구조 때문에 거의 소화가 안 되는 것이다. 그래서 식물이 방어 수단으로 밀랍을 분비하기도 한다. 박테리아 중에는 밀랍을 독특한 소화효소로 쪼개고 잘게 부숴서 소화를 시켜주는 것이 많다. 하지만 밀랍은 박테리아가 빗장을 풀어 준다고 해도, '연료'만을 공급하는 게 고작이다. 신진대사에서는 오로지 당분과 유사하게 이용될 뿐이다. 그런데 당분에서는 단백질이 합성되지 않는다. 이것은 인간이나 그 밖의 어떤 생물도 마찬가지이며 꿀잡이새에게도 다를 것이 없다. 단백질이 형성되려면 아미노산이 있어야 하고 또 질소화합물이 있어야 한다. 물론 밀랍이 소화되도록 돕는 박테리아가 꿀잡이새에게 단백(세균단백질)을 조금 공급하기는 하지만, 수요를 충당하기에는 충분치 않다. 특히 암컷이 알을 낳기에는 부족하다. 그래서 이 새는 끊임없이 곤충을 잡아먹어 필요한 단백질을 확보한다.

신체구조상 또 두툼한 부리 때문에 꿀잡이새는 곤충을 잡는 데 별로 재주가 없다. 그 능력으로는 비교적 큰 풍뎅이처럼 '두툼하고' 서툴게 나는 곤충만 잡을 수 있다. 이와 반대로 벌집 속에 있는 꿀벌의 애벌레는 쉽게 잡아먹을 수 있다. 벌집을 약탈함으로써 꿀잡이새는 에너지를 제공하는 밀랍과 단백을 제공하는 애벌레의 이상적인 조합에 이를 수 있다. 하지만 누군가 도와주지 않으면 꿀잡이새는 이 영양의 원천에 다가가지 못한다. 그러기에는 너무 약하고 벌은 방어 능력이 뛰어나기 때문이다. 그러므로 인간과의 협동은 꿀잡이새에게 이상적인 공생이 된다.

하지만 또 다른 공생도 있다. 꿀잡이새는 밀랍을 잘게 부숴서 소화를 할 수 있게 해주는 박테리아와 공생하며 산다. 그렇다면 사람은 꿀잡이새의 안내를 받아 벌집을 약탈하는 순간에 속수무책으로 맨몸에 벌침을 쏘여야 한단 말인가? 인간은 그런 나무를 찾아서 꿀을 얻는 데 더 유리한 시간을 선택할 만큼 영리하지 않은가. 인간과 새의 공생은 완전한 것이 아닐 수도 있다. 만일 새가 인간에게만 맡겨 놓는다면 이 공생이 전혀 실현되지 않을 수도 있다.

꿀잡이새에게 인간은 여러 선택 상대 중에 하나일 뿐이다. 가장 중요한 상대는 족제빗과에 속하는 동물인 '벌꿀오소리(Mellivora capensis)'다(50쪽 그림 왼쪽 동물). 크기는 유럽 오소리만 한데 색깔은 다르다. 이마부터 꼬리 부분까지 털 윗부분은 밝은 회색이며 옆구리 아래쪽은 어두운 커피색에서 흑갈색까지 짙은 빛이다. 피부는 두툼하고 단단하며 이상하리만큼 몸통에 느슨하게 달라붙은 듯 혈색이 돌지 않는다. 그래서 벌꿀오소리는 말벌이나 꿀벌 둥지를 열고 그 안에 있는 것을 먹을 때 벌침에 쏘여도 끄떡도 없다. 또 눈은 감은 것처럼 가늘게 뜨기 때문에 침에 쏘일 염려도 없다. 영어로 '라텔(Ratel)'이라고 부르는 벌꿀오소리는 무서운 상대다. 화가 날 때는 어떤 적이든 가리지 않고 공격하며 물소처럼 큰 동물이라고 해도 방해하면 무섭게 공격해서 물러나게 만든다. 게다가 이 녀석은 냄새가 아주 독한 분비물을 내뿜는 항문샘을 가지고 있다. 벌꿀오소리는 시력이 좋지 않아 잘 보지는 못하지만, 청각은 아주 뛰어나다. 그리고 꿀을 아주 좋아한다.

이런 특성은 벌꿀오소리가 꿀잡이새와 협동하기에 적합한 것들이다. 꿀잡이새는 꽥꽥거리는 울음소리와 함께 라텔 앞에서 낮게 날면서 자신이 발견한 벌집으로 라텔을 안내한다. 그러면 라텔은 코를 킁킁거리고 꿀꿀거리면서 새를 따라간다. 이어 목적지에 도착하면 벌집을 해체하고 위로 올라간다. 라텔이 이 협동 작업에 항상 성공하는 것은 아니다. 라텔은 독일 오소리처럼 비교적 몸이 굼뜨고 8~16킬로그램의 체중에 다리가 짧아서 민첩하게 나무를 기어오르지 못하기 때문이다. 그래도 꿀의 유혹에 약한 것은 사람과 다를 바가 없다. 라텔은 밀랍과 벌집에 들어 있는 많은 애벌레는 새를 위해 남겨 놓는다.

여러 정황으로 볼 때, 꿀잡이새와 벌꿀오소리의 공생은 인류가 아프리카 사바나에 출현해서 사냥과 채취를 하며 돌아다닐 때 이미 시작되었고 오랫동안 협동이 이루어져 왔다는 것을 알 수 있다. 꿀잡이새의 입장에서 볼 때, 이런 공생은 적절한 기회의 확대라고 할 수 있다. 벌꿀오소리는 사하라 이남의 아프리카 전역에 걸쳐 분포하지만, 어둑어둑해지는 저녁이나 밤에 활동하는 경우가 많기 때문이다. 사람은 이와 반대로 낮에 먹을 것을 찾는다. 또 사람의 경우, 일단 따라가는 데 관심을 보이면 안내하기도 쉽다. 사람은 두 다리로 직립보행을 하는 덕분에 꿀에 관심을 갖는 아프리카의 어떤 포유류보다 더 멀리 내다보기 때문이다. 그리고 벌꿀오소리보다 사람은 나무를 기어오르는 능력도 뛰어나다. 인간과의 공생은 원활하다. 아마 수천 년 전부터 협동이 이루어졌을 것이다. 하지만 인간과의 공생은 갈수록 줄어들고 있다. 현대의 인간은 기꺼이 벌침에 노출된 상태로 야생 꿀을 얻으려고 하지 않기 때문이다. 달콤한 것이 필요할 때는 문명으로부터 대용품을 얻어 사용한 지가 오래되었다. 꿀잡이새에게는 비비를 비롯해 그 밖에 흔히 보는 원숭이도 인간 대신 협동 상대로 삼기가 쉽지 않다. 게다가 인간들이 화전을 일구거나 불을 질러 사바나를 훼손하기 때문에 갈수록 야생 벌집도 줄어드는 실정이다. 꿀잡이새가 -진화론의 관점에서 볼 때- 막다른 길에 처하는 상황도 얼마든지 있을 수 있다. 과거나 현재나 밀랍의 특수한 용도가 문제다. 밀랍의 활용이 만연된 것을 보면 알 수 있다. 그것도 믿을 수 없을 만큼 이상한 형태로 이용되는 실정이다.

인간과의 협동은 이 새에게 이상적인 공생이다.

꿀잡이새는 뻐꾸기처럼 탁란[7]으로 자라는 새다. 암컷은 많을 때는 20개까지, 각각 오색조나 딱따구리, 벌잡이새가 낳은 알들이 있는 자리에 몰래 알을 낳는다. 오색조는 딱따구리목에 속하며 꿀잡이새와 가까운 종이다. 오색조 둥지에 알을 낳을 경우, 어린 꿀잡이새는 숙주 부모의 새끼들과 영양 섭취량이 비슷하다. 이들은 갓 부화했을 때 조그만 괴물 같은 인상을 준다. 그렇지 않아도 흉측한 꿀잡이새의 어린 새끼는 뾰족한 집게 같은 부리를 하고 있기 때문이다. 이 부리로 새끼 꿀잡이새는 둥지의 형제들이라고 할 숙주 부모의 새끼들을 죽인다.

이 새는 숙주 부모 새로부터 혼자 부양을 받아도 어두운 공동(空洞)의 둥지에서 잘 발각되지 않는데, 그것은 꿀잡이새가 기생하는 상대가 뻐꾸기와 달리 속이 어두운 공동 둥지의 조류이기 때문에 가능하다. 이런 부양 기생이 실현된 데는 주 영양 공급원인 밀랍이 중요한 역할을 한 것이 분명하다. 어린 새끼는 부화 직후의 기생 상태에서는 밀랍과 화학 분해생성물의 영양을 공급받지 못한다. 또한 어린 새는 빠른 성장을 위해 많은 단백이 필요하지만 '에너지'가 없어서 부화를 한 공동의 둥지에서 거의 꼼짝하지 않고 앉아 있다. 부모 꿀잡이새는 부리가 짤막하고 뭉툭한데다 신체구조상 자신의 새끼를 위해 필요한 양의 곤충을 조달하지 못한다. 특별한 밀랍 이용의 환경과 더불어 꿀잡이새는 번식할 때 숙주 새에게 의존하는 구조가 되어 버린 것이다.

우리는 꿀잡이새의 경우를 통해 한 새의 삶이 이보다 더 복잡할 수 없다는 것을 잘 확인할 수 있다. 숙주 새에게 번식을 의존하는 '아웃소싱', 특수한 박테리아와의 공생을 통한 밀랍 소화의 대가, 그리고 '엄청나게 무뚝뚝한' 아프리카 포유류인 벌꿀오소리와의 공생, 영양의 원천으로서 야생꿀벌 둥지를 이용할 때의 인간과의 합작. 그럼에도 이것은 천일야화의 이야기가 아니라 아프리카의 현실이다.

이 같은 공생이 어느 날 더 이상 존재하지 않는다면 정말 안타까운 일일 것이다. 이런 공생 속에서 협력 파트너 쌍방의 '존재비(Häufigkeitsverhältnisse)'[8]가 그들의 존속을 위해 얼마나 중요한지 드러나기 때문이다. 이런 공생에서 협력하는 것은 개별적인 벌꿀오소리나 인간, 꿀잡이새가 아니라 그때그때의 개체 총수가 참여하는 것이다. 우리가 여기서 얻는 이미지는 그림이나 이야기 묘사에서 단순하게 표현된다. 말하자면 아주 오랜 시간을 두고 영향을 미칠 이야기 속에 한 순간이 포착된 것이다. 우리는 개별적인 꿀잡이새의 운명, 인간 혹은 벌꿀오소리의 행위를 그때그때 따라가 볼 뿐이지만, 이들은 모두 그들의 출현 이후 생겨난 끝없는 고리의 일부에 불과하다. 이 고리가 단 한 번이라도 끊어질 때, 그것은 이 공생의 종말이 될 것이다. 인간은 이제까지 인간이 꿀잡이새와 그들의 번식을 위해 얼마나 중요한지(중요했는지) 모르고 있다. 하지만 인간 존재가 그들에게 중요한 의미가 있다는 것은 의심할 여지가 없다.

---

7 자기 스스로 둥지를 만들지 않고 다른 새의 둥지에 알을 낳아 새끼를 기르게 하는 것을 이른다.
8 특정 생태계의 종의 개체수와 관계된 것을 나타내는 생태학의 개념.

2. 넓은 들판의 노루와 기러기

- 적으로부터 공동전선을 구축하다

Kranich
Grus grus
Saatgans
Anser fabalis
Blässgans
Anser albifrons

기러기는 북서 아시아의 북극 툰드라에서 쐐기 형태로 열을 지어 날아온다. 전문가들은 그것이 큰기러기인지, 쇠기러기인지, 아니면 독일 북동부에서 흔히 보는 회색기러기인지 울음소리로 안다. 이들이 내려앉을 곳은 넓게 펼쳐진 농경지 곳곳에 널려 있다. 하지만 기러기들은 일정한 장소에 이끌리는 것처럼 보인다. 가령 이들은 노루가 떼를 지어 겨울 작물을 먹는 곳에 내려앉는다. 노루는 기러기가 시끄럽게 울며 가까이 날아와도 고개를 들지 않는다. 그러고 나서 조금 있으면 사방이 조용해진다. 기러기는 깃털을 흔들며 자리를 잡는다. 길고 아주 힘든 비행 끝이라 힘을 회복하기 위해서는 휴식이 필요하기 때문이다.

노루 중에 일부는 누워서 먹은 것을 조금씩 입안으로 역류시키고는 다시 꼭꼭 씹기 시작한다. 노루는 반추동물이다. 이들은 반추동물의 특징으로 여러 개의 방으로 이루어진 위를 가자고 있는데 혹위(Pansen)[9]가 그것이다. 처음에는 거의 씹지 않고 어느 정도는 바로 삼키다시피 한 음식이 혹위로 들어간다. 그러면 혹위의 미생물이 분해를 시작한다. 하지만 식물의 많은 성분은 그것을 감싸고 있는 물질에 의해 잘 보호된다. 이것들은 되씹을 때 속이 열리며 소화가 잘 되도록 부서진다. 이러면 양분의 이용률이 올라간다. 노루의 혹위는 작기 때문에 이들은 자주 휴식을 취하면서 되씹기를 해야 한다. 이 때문에 노루는 위험한 상황과 맞닥트렸을 때 빠르게 그리고 지속적으로 달아

날 수 있는 능력을 유지할 수 있다. 배가 부르면 잘 도망칠 수가 없다.

무리 중 일부는 계속 서 있는 자세를 취한다. 다른 노루들이 되씹기를 하고 소화를 시키는 동안 이들은 주변 일대를 지켜본다. 그들의 천적인 늑대가 나타나는 것을 제때에 발견할 수 있게 된다. 그리고 오래전부터 숲속에 있는 늑대와 스라소니보다 훨씬 더 위험한, 자연 외부의 적이라고 할 사냥꾼도 발견할 수 있다. 사냥꾼이 더 위험한 이유는 이들이 이빨과 발톱을 사용하지 않는데도 훨씬 더 치명적이기 때문이다. 늑대가 멀리 떨어져 있다면 크게 신경 쓰지 않아도 되지만 사냥꾼은 멀리 있어도 해를 끼칠 수 있다. 사냥꾼들로 인해 노루는 겁이 많아졌다. 또 겁이 많은 노루만 살아남는다. 혹은 사냥꾼과 위험하지 않은 산책객을 구분하는 법을 제때에 배우는 노루가 살아남는다. 사냥꾼은 종종 사냥개를 데리고 다닌다. 특별히 사냥 목적으로 훈련을 시킨 늑대의 후손이다. 사냥꾼과 사냥개가 함께 짝을 이루면 위험은 두 배가 된다. 그래서 산책객이 데리고 나온 위험하지 않은 개라도 밖에서 돌아다니면 야생동물은 반사적으로 도망치게 된다.

독일의 경우 가을과 초겨울은 사냥철이다. 이때는 토끼와 자고새는 물론, 보호기가 아닌 기러기도 사냥할 수 있으며 계획서를 제출하면 노루도 사냥할 수 있다. 거의 200년 전부터 생긴 이 새로운 상황에서 자연 속에서는 존재하지 않았던 협동 형식이 생겨났다. 인간 때문에 만들어진 것이다. 즉 협동의 양 당사자는 가까운 위치에 나란히 머물면서 그들의 특별한 능력을 결합시킨다. 기러기는 시력이 아주 좋다. 이들은 넓은 시야를 확보하기 위해 고개를 쳐든다. 수십 마리, 수백 마리씩 떼를 지어 다니며 이들 중 일부는 끊임없이 주변 일대의 수

상쩍은 움직임을 샅샅이 훑으면서 지평선까지 확인한다. 노루는 귀가 밝으며 '냄새 맡는 기능'이 뛰어나다. 멀리 펼쳐진 들판을 훑고 오는 바람은 사냥꾼과 사냥개의 냄새를 싣고 날아온다. 추수가 끝난 들판 위로 피어오르는 가을의 아지랑이 때문에 시야 확보가 힘들 때는 청각과 후각이 빈틈을 메워준다. 노루가 코로 수상한 냄새를 맡거나 귀로 이상한 소리를 듣고 달아날 때 기러기는 위험을 감지한다. 노루가 주변을 더 자세하게 살피며 동작을 멈추지 않으면 기러기 떼는 공중으로 날아오르며 그곳을 뜬다. 기러기가 먼저 이런 동작을 보이면 반대로 노루는 경보 신호로 알아듣는다. 두 동물은 서로에게 반응을 보이며 함께 그들의 조기경보 시스템을 개선했다고 할 수 있다. 이들은 근대에 들어와 이런 태도를 익혔다. 넓게 펼쳐진 들판에 영양이 풍부한 겨울 작물이나 유채 같은 것이 생긴 것은 100~200년밖에 되지 않았기 때문이다. 현대적인 협동 형태 중에는 50~60년밖에 안 된 것도 있다. 엽총이 널리 사용된 것도 마찬가지로 근대에 생긴 변화다.

노루와 기러기가 몇 세대 전부터 이런 상호경보 시스템을 이용했는지 정확하게 알 수는 없지만, 그것은 특정 계절에만 필요한 것이다. 아주 많은 세대를 거치지는 않았을 것이다. '야생 세계'에 대하여, 인간은 아주 오랜 옛날부터, 인간이 생물학적 종으로 존재하던 때부터 자연의 최대 적이었다. 예전에 인간의 활과 화살, 투창은 일정한 거리에서만 효과를 발휘했기 때문에 쫓기는 동물은 달아날 수 있었다. 그러나 총알과 산탄은 다르다. 엽총을 이용한 이후, 적의 이미지로서 인간은 재설정되었고 인간에게서 달아나야 할 도주 거리는 몇 배나 멀어졌다. 비록 인간으로부터 필사의 도주를 할 때면 엄청난 힘이 들고 경우에 따라서는 생존에 필요한 에너지까지 바닥날 때도 있지만, 기러기와 노루는 새로운 상황에 적응할 충분한 학습 능력이 있다. 적을 제때에 발견해서 죽을힘을 다해 도주하지 않아도 된다는 것은 서로 닮지 않은 양 협력 파트너에게는 확실한 장점이 된다. 장거리 비행으로 피곤에 지친 기러기에게 노루가 모여 있는 곳은, 방해물이 없는 안전한 쉼터라는 것을 의미한다. 어쩌면 기러기는 노루보다 더 이익을 볼지 모른다. 하지만 그것은 수시로 변하는 그때그때의 주변 여건에 달려 있다. 기러기가 더 빨리 배울까? 기러기는 어디까지나 '조류'일 뿐이다. 몸집에 비해 머리가 작고 뇌는 더 작다. 어쩌면 포유류로서 노루에게 믿음이 더 갈지도 모른다.

사실 기러기는 너무 '영리한' 동물이라 한두 마디로 능력을 설명할 수는 없다. 노벨상 수상자인 콘라트 로렌츠(Konrad Lorenz)와 그의 연구팀의 기러기 연구를 보면 이것을 알 수 있다. 하지만 이 밖에 흔히 관찰할 수 있는 단서로서 인간이 만들어 놓은 환경에 대한 기러기의 적응 능력도 있다. 그것은 도시에서 살아가는 기러기의 모습이다. 수십 년 전부터 도심의 하천이나 공원

구역에는 다양한 종의 기러기가 살고 있다. 종의 범위는 북아메리카의 큰 '캐나다기러기(Branta canadensis)'에서부터 집거위의 원종인 중부유럽 토종의 '회색기러기(Anser anser)'를 거쳐 자연 상태에서는 북극권의 툰드라에 둥지를 짓지만 뮌헨의 공원 구역이나 다른 대도시에

서도 잘 지내는, 작지만 아주 '용감하게' 행동하는 '흰뺨기러기(Branta leucopsis)'에 이르기까지 다양하다. 기러기는 위험한 인간이 다수가 모여 사는 도시에서 사냥을 당하지 않고 오히려 인간으로부터 먹이를 얻어먹을 수 있는 법을 빨리 배웠다. 또 밖에 나돌아 다니는 개도 목줄을 매고 있으면 그들에게 위험하지 않으며 목숨을 걸 만큼 힘들게 멀리 떨어진 겨울 서식지로 날아가는 것보다 도심 구역에서 겨울을 보내는 것이 궁극적으로 더 낫다는 것도 알게 되었다. 예컨대 철저히 계속 날고 싶은 철새 이동 시기에 이런 새들을 볼 수 있는데, 무엇보다 가을에 회색기러기에게서 이런 현상을 잘 보고 들을 수 있다. 이들은 도심 상공을 몇 바퀴 돌고 나서는 다시 도시로 돌아와 머문다.

엽총을 이용한 이후, 적의 이미지로서 인간은 재설정되지 않을 수 없었고 인간으로부터의 도주 거리도 몇 배나 멀어졌다. 기러기와 노루는 새로운 상황에 적응할 충분한 학습 능력을 가지고 있다.

그러면 노루는 어떨까? 이런 모습이 노루도 도심에 머물도록 이끌지 않을까? 그렇다. 많은 노루가 비교적 규모가 큰 도심 공원이나 도시 외곽에서 겨울나기를 시도한다. 하지만 노루의 겨울나기는 형편이 훨씬 더 나쁘며 대개는 예외적인 현상으로 은밀하게 이루어진다. 사냥 때문에 노루가 조심스럽게 행동한 지는 오래되었다. 노루는 대부분 행동을 늦은 밤에 의존하게 되었다. 그러나 노루에게 행동의 기준을 제공할 수 있는 기러기는 밤에 잠을 잔다. 이밖에 어려운 것은 노루가 반년 정도는 서식지 범위에서 여기저기 흩어져 살다가 (늦)가을이나 겨울이 되어야 비로소 무리를 지어 번식이 시작되는 봄까지 모여 지낸다는 것이다. 이 시기가 지나면 노루는 다시 흩어진다. 하지만 기러기는 조그만 둥지 영역만 있으면 부화를 한다. 이들은 새끼를 이리저리 데리고 다닌다. 이런 태도는 도시에 적합하다. 새끼 기러기는 이미 성장기에 인간이 대체로 위험하지 않을 뿐만 아니라 먹이를 주기까지 한다는 것을 배운다. 이와 반대로 노루는 사람을 신뢰하는 것이 몹시 힘들다. 사냥이 금지된 대규모 국립공원에서도 노루는 겁이 많아 용기를 내는 속도가 아주 느리다.

어쨌든 다양한 종의 (야생)동물들끼리 자연 속에서 자유롭게 협동이 실현되는가 여부는 종의 능력과 환경의 기본 조건에 크게 좌우된다. 조류는 놀라우리만치 유연하다. 이들은 종종 포유류보다 더 빨리 배우며 인간의 저장 식품이나 쓰레기, 오물을 먹고 사는 쥐나 생쥐 같은 문화 친근성 동물을 제외하면, 포유류보다 새로운 삶의 공간에 더 빨리 정착한다. 도시에 사는 다양한 조류가 이것을 말해 준다. 조류에 관한 한, 많은 도시는 종이 너무도 다양해 조류보호구역의 자격을 획득할 수 있을 정도다. 포유류도 물론 도시에 이끌리기는 하지만, 대부분의 종이 압도적으로 밤에 활동하는 동물이 많거나 오로지 야행성 동물들뿐이다. 포유류는 조류보다 냄새로 방향을 찾는 경향이 훨씬 강하기 때문에 이들에게는 아마 인간의 행동을 해석하는 것이 힘들 것이다. 코는 단지 인간의 냄새만 전달할 뿐이지 인간이 어떤 행동을 하는가는 말해 주지 않

기 때문이다. 이와 반대로 새는 어떤 일이 일어나는지를 본다. 따라서 본 것에 따라 더 신속하게 판단을 내리고 그 상황에 적응한다.

그런데도 갈수록 많은 야생의 포유류가 도시로 몰려온다. 멧돼지와 여우는 이미 낮에 도심에 출몰하고 있다. 이들이 서식하는 자연 속에는 고라니와 곰도 있다. 어쩌면 인간은 다른 종의 행동이나 그들의 단순한 존재를 해석하는 동물의 능력을 과소평가하는지도 모른다. 오로지 인간만이 그런 추론을 할 수 있을 것이라고 생각하기 때문일 것이다. 인간은 대형 포유류나 조류가 인간 세계로 진입하는 것을 사냥과 박해를 통해 막아 왔다. 하지만 넓게 트인 들판에 노루 떼가 있고 그 부근에 기러기 떼가 있는 모습이 적어도 그 순간만큼은 휴식과 안정을 의미한다는 것을 두루미가 알고 이들 곁에 내려앉듯이, 커다란 독수리도 사냥으로 쫓기지 않을 때는 도심에 둥지를 틀 수 있다. 황새가 지상의 안전을 알았듯이, 독수리도 도시 주민이 해를 끼치지 않는다는 것을 알게 된다.

현재 도심에 매가 늘어난 것은 효과적인 보호가 동물의 행동을 변화시키고 20~30년 전만해도 멸종 위기에 처했던 종이 도심의 새 생활을 통해 살아난다는 것에 대한 지극히 인상적인 예를 보여 주고 있다. 이를 통해 추정할 수 있는 것은, 지금까지 실현된 것보다 인간이 동물에게 훨씬 더 많은 공생을 제공할 수 있으리라는 것이다. 노루와 기러기가 훌륭한 본보기다. 물론 이들의 경우는 아주 느슨한 공생이기는 하다. 공생을 해도 가을과 초겨울, 주 사냥철의 위험한 몇 주간에 한정되었다는 말이다. 살아남은 모든 동물은 미래를 위해 가치가 있다. 최고의 기회는 자연친화적인 주민이 사는 도시에서 나온다. 종들 사이의 관계가 영구적으로 고정되는 것은 아니다. 그 관계는 유동적이며 인간이 허용한다면 계속 발전할 수도 있다.

9 반추동물의 제1위.

3. 인간과 개

- 개는 어떻게 인간의 가장 가까운 친구가 되었나?

개는 인간과 가장 가까운 친구라는 말들을 한다. 물론 모든 개와 모든 인간에게 해당하는 말은 아닐지라도, 이런 평가는 그 관계의 핵심을 표현하고 있다. 개는 천성적으로 함께 사는 인간을 신뢰한다. 또 인간이 잘못 다루면 개가 무슨 일을 저지를지 모른다. 따라서 아주 위험하다. 매년 독일에서만 수십 만 명의 사람이 개에게 물리는 사고가 발생하며 사망 사고도 끊이지 않는다. 이와 반대로 많은 개가 인간에게 학대를 받으며 조련 과정에서 혹사를 당하거나 죽음에 이를 정도로 고통을 당한다. 수천 마리의 개들이 사람 대신 의학 실험용으로 시달린다. 동물보호법이 있지만 개에게는 별 도움이 못된다. 수백만 마리의 새끼들은 사육 목적에 맞지 않거나 단순히 불필요하다는 이유로 죽임을 당한다. 원치 않는 새끼를 생산하지 않도록 혹은 수컷의 반항적인 태도를 막기 위하여 수컷이 거세되거나 암컷이 불임 시술을 받는다. 그리고 개는 도시의 주택에 갇힌 채 다른 개들로부터 고립된다.

요즘은 자녀 대신 개를 기르는 사람들이 많다. 개는 사회적으로 고립된 사람들에게 믿을 수 있고 활기 넘치는 파트너 역할을 하며 또 하나의 가족으로서 아이들과 함께 자란다. 개는 질책을 듣고 매를 맞으며 훈련을 받는다. 또 개는 사냥개, 수색견, 경찰견, 맹도견으로서 엄청난 능력을 발휘한다. 맹인을 안내하는 개의 능력은 놀랍다. 인간은 그야말로 눈먼 상태에서 개에게 의존하는데, 이때 개의 능력은 인간과 생물학적으로 더 가까운 유인원을 훨씬 능가할 정도로 우수하다. 도움이 필요하다는 것을 유인원은 깨닫지 못할 때, 맹도견은 정확히 판단한다. 물론 이런 기능은 대부분 교육과 다년간의 훈련에 따른 것이고 모든 개가 그렇게 까다로운 과제에 적합한 것은 아니라고 해도, 개가 훈련을 통과하는 것을 보면 전반적으로 인간에게 적응하는 개의 놀라운 능력이 입증된다. 많은 개가 주인의 기분을 주변 사람보다 더 빨리 파악한다는 말은 과장이 아니다. 개는 아주 조그만 미니어처 핀셔에서부터 고양이와 비슷한 페키니즈, 가는 다리의 이탈리안 그레이하운드와 불테리어에 이르기까지 크기와 생김새가 다양하다. 이들 모두가 늑대에서 나왔다는 설을 받아들이기가 힘들 정도다.

하지만 현대 유전학은 '개(Canis familiaris)'가 '회색늑대(Canis lupus)'의 후손이라는 오래 전부터 받아들여진 견해가 옳다고 확인해 주고 있다. 현재 인류는 5억 마리가 넘는 '늑대'와 함께 사는 셈이다. 유전적으로 볼 때, 개와 회색늑대 둘의 차이가 너무도 적어서 과연 위에 표기한 학명을 개에게 따로 붙여 주어도 되는 것인지 의심이 들 정도다. 동물분류학의 관례를 따르면, 개의 경우에는 인간과 비슷하게 복잡한 경계 설정의 문제가 따른다. 인간은 2종의 침팬지와 99퍼센트에 가까운 공통 유전자를 가지고 있는데, 그렇다면 우리는 제3의 침팬지인가? 인간의 경우, 서로 다른 유전자의 수가 아니라 유전자의 조합에서 유래한 새로운 질적 특징으로부터 인류가 나왔다고 확신한다. 그에 따르면, 개는 개일 뿐 단순히 유전적으로 뭔가 변한 늑대가 아니라는 가설에서 출발해도 된다.

인간과 개의 공동체가 공생이라는 것은 너무도 명백하다. 양 협력 파트너는 그 공생으로부터 이익을 이끌어 낸다. 적어도 압도적인 다수가 그렇다. 적지 않은 사람이 개 앞에서 협력과는 전혀 다른 태도를 취한다고 해도, 그것은 전형적인 태도라기보다는 단지 비인간적인 태도인 경우가 많다. 이 자리에서 윤리적인 측면을 더 깊이 다룰 필요는 없을 것이다. 그 분야에 대해서는 많은 책이 나왔고 뜨거운 논쟁이 있었다. 독일이나 다른 많은 국가에서는 동물보호법이 제정되어 허용할 수 있는 것과 없는 것에 대한 기준을 정하고 있다. 이것은 직접 개를 기르지 않더라도 개의 편에 서서 개에 대한 부당한 취급을 막아줄 수 있다는 점에서 주목할 만한 것이다.

이런 점에서 개만 홀로 특권이 있는 것은 아니지만, 동물보호법의 보호를 받는 가축 중에서 가장 큰 혜택을 보는 것이 개라는 것은 분명하다. 고양이에 대한 배려는 훨씬 부족하고 다른 유용동물, 예컨대 소나 돼지, 닭 등, 집단 사육을 하는 가축은 그보다도 못해서 살아 있는 기계로 전락한 실정이다. 이들이 우리의 영양을 위해 죽어야만 하는 상황에서 동물보호법에 남아 있는 마지막 권리로서 이들에게 인정되는 것은 이들에게 마땅히 돌아가야 할 종 특유의 생존과는 더 이상 관계가 없다. 그렇다면 야생동물은 야생동물 보호구역에서(야생동물의 육류생산을 위해) 지내는 것이 훨씬 더 좋다. 그 때문에 우리는 동물보호를 철저히 공생의 일부로, 동시에 개와 인간의 협력 관계를 바라보는 관점을 포함해 법적인 협정으로 생각해도 된다. 또 여기서는 공생이 아주 많은 인간에게 얼마나 중요한지, 정치적으로 볼 때, 절대

인간과 개의 공동체가 공생이라는 것은 너무도 명백하다. 양 협력 파트너는 그 공생으로부터 이익을 이끌어 낸다.

다수에게 얼마나 현실적인지가 드러난다.

인간과 개의 관계는 공생의 깊은 의미에서 두 가지 시각을 제공한다. 다른 경우에는 이 공생이 보이지 않거나 보여도 아주 애매할 수밖에 없다. 이것이 공생의 실현과 지속성에 따르는 의문이다. 앞장의 그림에서 묘사한 것은 현재의 인류에게는 아주 먼 과거에 대한 관찰이다. 인류의 먼 조상이 수렵과 채취 생활을 하며 농경이나 가축 사육은 하지 못한 시대로 돌아간 것이다. 당시는 빙하기였다. 빙하는 스칸디나비아에서 북부 독일까지 깊이 밀고 들어왔고 대부분의 북해를 덮었다. 그리고 얼음이 알프스 기슭의 구릉지까지 내려왔을 때였다. 대서양 서쪽에서 극동아시아까지 눈이 없는 곳에 살던 대형 동물은 여러 가지 면에서 현재까지도 아프리카의 사하라 이남에 있는 동물들을 닮았다. 거대한 빙하기의 사자와 하이에나는 아프리카에 있는 아종과 유난히 비슷했다. 평균적으로 볼 때 훨씬 크다는 차이밖에 없었다. 빙하기에 살던 유라시아의 대형 동물 중에서 가장 특이한 매머드와 털코뿔소, 큰사슴은 멸종되었다. 사향소와 순록, 큰곰 등, 그 밖의 툰드라 동물들은 빙하의 퇴조와 더불어 빙하를 따라 오늘날의 툰드라가 있는 북방으로 돌아갔다. 인간과 늑대는 빙하기의 대형 동물을 사냥하면서 전적으로 혹은 거의 그것들을 먹고살았다. 인간은 식물성 먹이를 채집하면서 수요를 보충했다. 물론 능률이라는 측면에서 늑대도 결코 뒤진 편은 아

니지만 인간이 빙하기의 대지에서 가장 우수한 사냥꾼이라는 것은 의심할 여지가 없었다. 인간과 늑대는 집단이나 무리를 이루면서 긴밀한 공동체 속에서 생활했고 집단 내에서 사냥한 노획물을 분배했다. 인간과 늑대는 최대의 경쟁자일 수밖에 없었을 것이다. 따라서 그만큼 더 놀라운 것은, 하필 여기서 독특한 공동체가 형성되었는데, 인간은 변함없이 인간으로 남고 늑대는 개로 변했다는 것이다.

개로 변한 것은 빙하기의 인간에 의해 늑대가 길이 든 것으로 설명이 된다. 정말 이런 판단이 맞을까? 그리고 이것은 다른 많은 공생이 실현된 것과 관련해 무엇을 말하는가? 산호는 함께 사는 해초를 길들이고 산호초 안에서 엄청나게 큰 유기체의 구조물을 형성한 것일까? 그럴 법하지 않다. 산호충에게 의도가 있다고 보이지 않기 때문이다.

빙하기의 인간은 그런 의도로 늑대를 길들인 것일까? 이런 과정에서 목표와 의도는 어떤 역할을 하는 것일까? 생활 방식과 환경으로 볼 때 빙하기의 인간이 지금의 우리와 아무리 멀다고 해도, 그들은 인간으로서 다른 어떤 생명체보다 우리와 가깝다. 여러 정황을 통해 인간이 늑대를 길들일 때, 그들의 머릿속에 무슨 일이 있었는지 추측해 볼 수 있다. 현재 개와 인간의 공생이 어떻게 작동하는지, 그 공생이 어떤 형태를 띠고 있으며, 이 상호관계 속에 어떤 어려움이 드러나는지에 대해서 우리는 훨씬 더 잘 판단할 수 있다. 또 여기서 개는 동물 간의 다른 어떤 공생보다, 나아가 식물이 관련된 공생과는 비교할 수도 없을 만큼 많은 것을 제공한다. 중요한 것은 대부분의 인간이 비록 직접 개를 기르지 않아도 개를 안다는 것이다. 거의 누구나 자신의 경험을 전문가의 소견 및 언급과 비교해 볼 수도 있다.

다시 처음의 문제, 즉 어떻게 늑대가 개로 변했는지(만들어졌는지)로 돌아가 보자. 한 가지 확실한 것은, 길들이는 초기 단계에서는 빙하기의 인간에게 개라는 '목표'가 있을 수 없었다는 것이다. 인간의 보금자리로 다가오거나 아니면 커다란 사냥 노획물 중에 찌꺼기를 얻으려고 기다리는 늑대는 분명히 불신의 눈초리를 받았을 것이다. 근처에 늑대 떼가 있다는 것은 인간에게 위험을 의미했다. 늑대가 너무 집요하게 달려들 때는 불을 이용해 막는 것이 인간에게 가장 편했을 것이다. 불타는 나뭇가지를 손에 들고 있으면 요즘도 맹수가 접근하지 못한다. 그렇기는 해도 인간은 맹수 앞에서 커다란 공포심을 품는다. 적어도 다수의 인간은 오래전부터 자연과 너무 소원해져서 자연의 위험을 과대평가하기 때문이다. 반대로 인간의 생활양식에서 나오는 위험은, 그 대다수가 사망 사건과 연관이 있는데도 과소평가되기 일쑤다. 이때 '유비무환'이란 말이 한 몫 한다. 이런 판단은 죽음을 부르는 이미지를 가진 자동차(자동차 제작사도)의 추방을 막아준다. 유럽에서만 지난 10년간 웬만한 대도시 인구에 해당하는 사람이 자동차사고로 희생되었는데도 그렇다. 이와 반대로 늑대가 사람을 죽이는 일은 지극히 드물고 개에게 물리는 사고는 훨씬 빈번히 일어난다. 도로교통의 야만성은 자연의 야만성과는 비교할 수도 없을 만큼 훨씬 더 위험하다.

사자나 호랑이, 표범, 재규어, 회색곰이 사는 지역의 사람들은 곰이 '나타나거나' 늑대가 돌아다닐 때, 가령 서부 및 남부 독일 주민들보다 겁을 덜 낸다. 이런 종류의 위험한 동물은 매스미디어가 공포심을 불러일으키며 지역의 정치인들에게는 그들의 작은 구역에 그런 괴수가 출몰하지 못하도록 엄격한 계획을 세우도록 만든다. 이곳의 인간 세계에서는 사형제도가 오래전에 사라지거나 폐지되었지만, 선천적으로 풀이나 빵을 소화시키지 못해 양을 잡아먹는 늑대에게는 사형 선고를 내리는 실정이다.

우리가 개를 길들이던 초기에 대한 연구를 할 때는, 이렇게 한쪽으로 기울어진 평가를 주목해야 한다. 길이 든다는 것은 통제를 받는다는 뜻이다. 아무튼 자유롭게 사는 것이 '야생'으로 간주된다. 그리고 야생은 길이 들거나 사육되는 것의 반대 개념이다. 이런 평가는 최근에 이르기까지 서구 문화 속의 사람들 생각에 '원주민'으로 살았던 사람들을 '야생 상태'로 보는 시각과 유사하다. 이런 상태에 있는 사람들은 길들여지거나 순치되지 않았고 동시에 적어도 그들이 보여 주는 행동의 기본 특징이 문명화되지도 않았다. 늑대에서 개를 만든 것은 '문명화된 사람'이 아니라 석기 시대에 수렵과 채집생활을 하며 돌아다닌 이른바 '미개인'이었다. 수만 년 전 당시, 야생동물이 야생의 인간을 만난 것이다. 그리고 오늘날 수백만의 인간이 그들의 삶에서 가장 중요한 구성요소 중 하나로 느끼는 협력 관계가 발전되었다.

이 관계의 열쇠는 아마 어미가 죽은 새끼 늑대를 잡는 것에서 찾지는 못할 것이다. 전체 늑대 무리가 새끼들을 보호했을 것이고 그러다가 인간에 의해 죽을 수밖에 없었을 것이기 때문이다. 새끼 늑대는 성숙해지면 인간의 길들임을 '견디지' 못할 뿐 아니라 제대로 길이 들지도 않았을 것이다. 그러다가 때가 되면 그곳을 떠나 야생의 동족이 있는 곳으로 서둘러 돌아갔을 것이다. 지금도 어리거나 부상을 당한 동물을 발견하고 데려다가 보호하고 키워 주면 대부분의 동물이 사람 곁을 떠나는 것과 같은 이치다.

길들이기라는 것은 의도적이고 통제가 된 지속적인 순치를 전제로 한다. 이것은 원하는 특성을 유지하고 가능하면 촉진하도록 해주지만, 야생성과 결합된 다른 특징은 억제하고 제거하려는 시도를 하기 마련이다. 공생의 일반적인 부분에서는 이 요소에 대해 더 상세한 논의가 있어 왔다. 거기서는 원칙이 문제되기 때문이다. 여기서는 처음부터 의도적으로 늑대를 길들였을 거라는 상상력의 한계를 지적하는 것으로 충분하다. 오히려 그 반대의 경우가 더 개연성이 있고 훨씬 더 현실적이다. 즉 늑대가 석기 시대의 인간 집단에 접근해서 인간의 사냥 노획물로부터 이익을 보았다는 말이다. 늑대는 자칼이 사자에게 하는 것과 비슷하게 '식객(공생자)'으로 행동한 것이다. 하지만 몸집이 작고 대체로 쌍을 이루고 사는 자칼과 달리 석기 시대의 늑대 집단은 컸고 이익을 보려고 하는 상대로서 '그들의' 인간을 다른 늑대 무리로부터 충분히 방어해 줄 만큼 강했다. 이 때문에 더 긴밀한 결합이 가능했다.

이 결합은 인간 집단에 유익했다. 그들을 따라온 늑대 무리는 늑대 본성에 따라 경비견처럼 반응했고 무엇보다 밤에 위협이 되는 위험 앞에서 인간에게 경보를 보냈기 때문이다. 이런 상황은 인간이 그들의 늑대에게 더 열심히 먹이를 주는 계기가 되었을 것이고 이로써 더 단단하게 결속되었다. 수만 년의 세월이 흐르는 사이에 이런 식으로 개-늑대라고 부를 수 있는 생태적인 유형의 늑대가 저절로 나타났다. 개-늑대는 그들 고유의 태도를 점점 더 인간의 행동에 맞추면서 인간의 행위를 이해하는 법을 배웠고 그에 걸맞은 반응을 보였다. 이것은 다시 상호간의 유대를 강화시켜 주었다. 그러므로 주도적인 노력은 인간보다 늑대로부터 나온 것이다. 늑대는 적어도 인간과 관련된 행동에 있어서는 스스로 길이 든 것이다. 그리고 늑대는 일정한 특성의 선택을 포함해 그들 나름대로, 한참 뒤에 가서 시작된 순치를 위한 준비가 되어 있었다. 사냥 노획물의 이익이라는, 늑대가 누리던 아주 일방적인 처음의 이점으로부터 시간이 가면서 상호관계라는 순수한 공생이 나타났다.

그럼에도 불구하고 그 공생에는 결국 서로 전혀 닮지 않은 협력자들 사이에서 나오는 온갖 문제점과 예측할 수 없는 것들이 들어 있었다. 개는 공격적이고 (인간의 생명에) 위협이 될 가능성이 있기 때문이다. 또 많은 개는 인간으로부터 매우 열악한 대우를 받는다. 예컨대 개를 혹사시키고 억압하고 학대하는 인간의 행동은 거의 기생적이라고 표현해야 할 것이다.

그렇기는 해도 전체적인 면에서 개와 인간에게는 큰 이점이 있다. 개체수와 생존 능력에서 세계적으로 우월한 것은 늑대가 아니라 개라는 것을 봐도 알 수 있다. 이런 사실은 고양이나 낙타, 소나 말, 돼지, 아니면 닭이나 오리를 막론하고 모든 가축에 적용된다. 길이 든 동물이 수적으로 야생에 사는 그들의 동족을 대폭 능가한다는 말이다. 오록스(Auerochse)[10]와 낙타의 원형은 완전히 멸종했다. 하지만 독립적으로 살아가는 파리아개가 보여 주듯이 '야생화된 동물'의 형편이 더 나은 반대의 추세도 있다. 수적으로 볼 때, 파리아개는 순수하게, 즉 직접 인간과 결합해 완벽하게 인간에게 의존하는 개보다 두드러지게 많다. 아마 두세 배는 될 것이다. 또 염소와 돼지, 나아가 순치를 통해 야생의 특징으로부터 한참 멀어진 말도 빠르게 야생화 되어 자연 속에서 심각한 문제를 일으킬 수 있다. 농업 문화 속으로 파고들어 온 멧돼지나 섬에서 야생화 된 염소가 주변을 온통 초토화시키는 것도 마찬가지다. 이로써 야생화는, 인간과의 공생 속에 숨겨진 길들이기가 대부분 생각하듯, 전혀 불변의 안정된 것이 아니라는 것을 보여 준다. 수많은 공생 속에서는 양 협력 파트너 사이에 존재하는 긴장을 엿볼 수 있다. 협력 관계를 지속하기 위해서는 이 긴장을 끊임없이 조화롭게 새로 조정해야 한다.

---

10 현재의 유럽 계통 소의 선조에 해당되는 종으로 17세기에 멸종함.

4. 소등쪼기새와 물소

- 경고의 울음소리를 들려주는 새

Rotschnabel-Madenhacker Buphagus erythrorhynchus

이런 새들이 물소나 영양, 기린의 몸을 타고 기어 다니는 것이 동물들에게는 성가시지 않을까? 새들은 기린의 긴 목을 아예 나무 줄기처럼 타고 오른다. 찌르레기만 한 새가 떼로 몰려올 때는 몸을 흔들어 털어내는 동물도 적지 않다. 이 조류를 소등쪼기새라고 부르는데 영어로는 'Oxpecker'라고 한다. 사하라 사막에서 남아프리카의 사바나에 이르기까지 야생동물이나 가축 떼가 있는 곳이면 이 새들이 보인다. 특히 대형 야생동물이 무리를 지어 다니는 세렝게티에서 흔히 볼 수 있다. 사파리를 여행하는 관광객 중에는 소등쪼기새가 갑자기 공중으로 날아오르며 물소에게 경고를 보내는 장면을 목격한 경우가 있을 것이다. 딱따구리가 나무 줄기를 기어오르는 것은 낯익은 장면이다. 하지만 딱따구리를 별로 닮지 않은 새가 이런 행동을 보인다면, 거기에는 특별한 이유가 있을 것이다. 물소나 영양 같은 동물이 그들 나름대로 보초를 세우는 것일까? 숲이나 사냥과 관련된 독일의 속담 중 '숲은 어치가 지킨다'는 말이 있는데 그와 같은 것일까?[11] 누군가 숲으로 들어가면, 어치가 큰 소리로 꽥꽥거리며 경고를 보내는 소리가 들린다. 사냥꾼이 나타날 때만 이런 행동을 하고 보통 산책객이 지나갈 때는 아무 반응도 보이지 않는 차별화된 행동을 한다면 어치의 지능이 높다는 확실한 증거가 될 것이다. 안타깝게도 어치는 그 자신의 전달 욕구에 따른 피해자일 때가 많다. 총에 맞아서 수만 마리씩 죽어나가기 때문이다. 어치는 무엇에 대해 경고하는 것일까? 대개 인간에 대한 경고를 보내는 것일까? 아니면 그들에게 해를 끼칠 수 없는 여우에 대해 경고하는 것일까? 재빠르게 다가와 사냥감을 급습하고 바이에른을 상징하는 어깨 부위의 예쁜 청백색을 띤 깃털 한 무더기만 남기는 매에 대해 경고하는 것일까? 건성으로 들어 넘길 수 없는 이들의 경고를 올바로 해석하기는 힘들다. 인간이 없는 원시 상태의 숲을 거의 상상할 수 없기 때문이다. 그러면 어치는 무엇을 경고하는 것일까? 왜 사람을 경계하는가? 그렇다고 해도 어치를 쏘지 않는 자연애호가는 숲으로 들어가기를 좋아한다. 이런 의문은 일단 기억 속에 간직하고 소등쪼기새의 행동을 더 자세하게 관찰해 보자.

소등쪼기새가 뭔가 유익한 일을 한다는 것은 분명하다. 이들은 동물의 피부에 있는 진드기를 쪼아 먹거나 동물이 가시덤불 숲에서 혹은 다른 수컷과의 싸움에서, 어쩌면 맹수의 공격으로부터 달아나다가 생긴 상처의 구더기를 먹는다. 해당 동물은 진드기와 구더기를 스스로는 처리하지 못한다. 해충이 일방적으로 동물을 덮친 것이기 때문에 그런 기생벌레로부터 벗어난다면 확실히 좋은 일이다.

이로써 모든 공생을 표현하는 기본 요구, 즉 쌍방의 이익이 충족된다. 소등쪼기새는 집요한 구석이 있다. 이들은 대형 동물의 피부에 생긴 온갖 주름과 틈새를 샅샅이 뒤지고 귀와 항문까지 찾아다닌다. 심지어 콧구멍을 뒤지기 위해 주둥이에 달라붙기도 한다. 잠시 공중으로 날아오르기는 해도 동물이 몸을 흔든다고 떠나지는 않는다. 소등쪼기새는 공중을 맴돌다가 마치 빈 공중은 그들에게 너무 위험하다는 듯이 다시 동물의 몸 위로 돌아온다. 어쨌든 소등쪼기새는 잘 날 수 있다는 인상은 보여 주지 않는다. 아마 맹금류가 가까이 있다면 물소의 몸에 있는 것이 이들에게는 더 나을 것이다. 아프리카에는 새 사냥을 하는 맹금류가 많다. 둥지를 틀기 위해 나무 구멍을 찾아다닐 때나 새끼를 키우며 정상적인 새 같은 행동을 보여야 할 때, 소등쪼기새에게는 얼마든지 위험이 닥칠 수 있다. 그렇다고 살아 있는 대형 동물의 등 위에 둥지를 틀 수는 없는 노릇이다. 어차피 밤을 보낼 때면 이들은 동물의 몸을 떠나 공동의 잠자리를 찾아 덤불숲으로 들어간다. 소등쪼기새는 찌르레기와 가까운 종인데, 이것이 적어도 왜 그들이 대형 동물과 긴밀한 관계를 맺는지 설명해 준다. 유럽의 찌르레기도 양이나 소 등에 앉아 털을 잡아 뜯으며 이들을 따라 목장을 찾아다닌다. 찌르레기나 소등쪼기새나 속셈은 똑같다. 가축이 풀을 뜯는 곳에서는 풀의 길이가 짧다. 그리고 풀이 짧으면 새의 부리가 지표면과 가까워져서 벌레를 잡아먹기가 쉽다.

수백만 년 전부터 대형 동물로 가득 찬 아프리카의 사바나에서는 유럽의 목초지에 비해 모든 것이 대규모로 자란다. 지구상의 어떤 곳도 천연 상태에서 그렇게 많은 대형 동물이 그렇게 넓게 퍼져 사는 곳은 없었다. 찌르레기류도 진화 과정을 거치며 아프리카에서 유난히 유리한 발전 조건을 누렸다. 이들의 종이 다양한 것은 아프리카에서 대형 방목 가축의 종이 다양한 것과 마찬가지로 오래되었다고 볼 수 있다. 종의 다양성은 빙하기 이전 시대인 (신)제3기(第三紀)[12]까지 거슬러 올라간다. 당시에 강우의 양이나 빈도가 부족해서 숲이 줄어든 반면에 열대 및 아열대 지역에서는 초지가 확대되었다. 고도로 전문화된 찌르레기가 아프리카 사바나의 대형 동물과 결합하는 두드러진 공생이 발달할 시간은 충분했다. 이들이 대형 동물로부터 큰 이익을 보는 상황에서 공중으로 날아오르는 경고 신호는 소등쪼기새가 가져다주는 최소한의 반대급부라고 할 수 있다.

혹은 미미한 부수 효과도 생각할 수 있을 것이다. 그들이 올라타는 동물들을 해충으로부터 해방시키거나 상처를 청소해 주기 때문이다. 즉 바다에서 청소물고기와 청소새우가 산호충을 위해 해주듯이 육지에서 '청소 서비스'를 해준다고 볼 수 있다. 외관상으로 볼 때는 소등쪼기새의 역할이 늘 평화로운 것만은 아니다. 진드기와 구더기로 허기가 충족되지 않을 때면, 빨간부리 소등쪼기새의 경우에 목격되듯이, 원뿔처럼 생긴 부리로 동물의 몸을 사정없이 쪼아댄다. 그러면서 상처를 멋대로 쪼거나 상처를 확대하기 시작한다. 이럴 때는 산호충의 청소 지점에서 속임수로 진짜 청소물고기의 신체 특징과 행동을 모방하며 다가오는 물고기를 물어뜯는 가짜 청소물고기가 연상된다(26장 그림 참조).

물론 이렇게 인간적인 판단이 끼어든 시각은 적절치 않다. 그보다는 전혀 다른 양 협력 파트너의 시각에서 공생을 바라보는 것이 더 좋을 것이다. 근본적인 해석과 관련해서는 공생 관련 입문서에 더 자세하게 나와 있다. 여기서는 그들이 찾아다니는 야생동물을 해충으로부터 완전히 해방시켜 주는 역할이 소등쪼기새의 관심사가 아니라는 지적이면 충분하다. 완전히 해방시킨다는 것은 그들 스스로 먹이의 토대를 없애는 결과가 될 것이다. 대형 동물과 공생 관계를 맺어 온 긴 역사에서 그렇게 완벽한 청소 상태에 접근했다면, 소등쪼기새는 수많은 대형 동물이 사는 곳에서 존재하지 못할 것이다. 이들은 아프리카에만 있다.

독일의 어치로 돌아가 보자. 위험이 닥쳤을 때 멀리까지 들리도록 경고를 보내는 조류 중에 어치가 유일한 종은 아니다. 또 작은 조류 중에서는 대개 높은 소리로 동종뿐만 아니라 다른 조류까지 알아듣도록 경고를 보내는 새가 많다. 이것은 사심이 없는 이타적인 행위일까? 이 물음과 관련해 진화생물학자들의 견해는 심하게 갈린다. 문제의 핵심은 경고 울음소리 때문에 발생할 위험이 다른 동물에게 위험 경고를 보낼 때 생기는 이익에 의해 더 많은 보상을 받는가의 여부다. 보상을 감안해 그런 행동 유형이 나오는 경우가 많다. 자연은 본디 그렇다는 사실에 비춰보아도 이런 행동 유형이 달라질 것은 하나도 없다.

어쨌든 인간에 의해 대대적으로 변한 자연 속에서, 또 조류의 경고 울음이 유난히 빈번하게 들리는 숲에서도 마찬가지로 각 위험 가능성의 범위를 확인하는 것은 아주 어렵다. 새매 같은 적이 있다고 해도 경고 울음이 발달한 먼 옛날처럼 그것이 자연 속에서 흔한 일은 아니다. 현재의 조건을 자연 상태와 관련짓기에는 인간이 너무 많은 것을 변화시켰다. 이것은 거의 일반적으로 통용되는 인식이다. 자연에 가까운 열대 및 아열대의 우림에서 혹은 유럽에서 원시림이라고 일컬어지는 숲에서 작은 새를 사냥할 가능성은 개방된 독일 숲속의 조각 공원에서보다 적고 하다못해 거주지나 도심보다도 떨어진다. 또 경고의 울음에 어쩌면 위험의 의미가 전혀 없을지도 모른다. 경고를 한 어치는 총에 맞을 가능성도 없다. 그리고 부근에 있는 다른 어치나 그 울음소리를 올바로 해석한 여우도 총에 맞을 일은 없을 것이다.

부분적으로 공생의 사례를 통해 묘사한 것처럼, 그 관계를 너무 긴밀한 것으로 보면 안 된다. 복잡한 자연의 현실을 한눈에 살펴보기 위해서는 단순화하는 것이 불가피하다. 그리고 많은 경우에 우리는 실제의 관계를 정확하게 알지 못한다. 이어지는 모든 해석은 개선된 지식을 통해 바꿀 필요가 있을 것이다. 이것이 자연과학의 특징이며 올바른 발견이라는 생각에서 나온, 믿는 것에 대한 독단론적인 집착과 자연과학을 구분해 주는 기준이기도 하다. 그럼에도 불구하고 여러 사례는 흥미진진하고 그것이 심화된 연구를 자극하는 것인지도 모른다.

---

11 어치(Eichelhäher)를 독일에서는 '경계를 지키는 새'라는 의미로 'Markwart'로 부르기도 한다.

12 지구 지질 시대에서 6500만 년 전부터 200만 년 전까지의 기간. 제3기는 약 2600만 년 전을 경계로 다시 고(古)제3기와 신(新)제3기로 나뉜다.

5. 까마귀와 늑대

- 교활한 새와 영리한 회색동물 간의 긴장 관계

얼음이 북유럽과 서아시아, 북아메리카의 넓은 지역을 뒤덮고 늑대가 인간 집단에 접근하던 시절, 다음과 같은 장면이 자주 펼쳐졌을 것이다. 굶주림과 추위에 지친 까마귀가 죽은 사슴을 발견했다. 이 정도 크기의 노획물이라면 많은 까마귀가 여러 날 먹을 수 있으니 굶주려 죽는 일은 피할 수 있다. 하지만 동물 사체의 고기는 가죽처럼 질긴 피부에 감싸여 있는데다가 피부 위는 두툼한 털이 뒤덮고 있다. 까마귀는 그 안에 있는 고기를 먹기 위해 부리로 가죽을 쪼아서 열려고 했지만 실패하고 말았다. 물론 힘들게 노력해서, 죽은 사슴의 눈 하나는 어떻게 쪼아 먹을 수 있지만, 까마귀의 부리로는 그것만이 노획물 중에 유일하게 접근이 가능한 것이다. 머리 반대편에 있는 다른 눈에는 접근할 수 없다. 여러 마리가 힘을 합쳐도 까마귀는 사슴의 머리를 돌려놓을 수 없다. 그런 상황에서 무엇을 할 수 있을까? 조류 중에 가장 영리한 까마귀라도 죽은 물소의 가죽을 뚫을 능력은 없다. 하이에나나 사자가 이 썩은 고기를 찾아내지 못한다면, 물소의 사체가 열대의 더위로 부패하고 가스가 생기면서 저절로 터질 때까지 기다릴 수밖에 없다. 하지만 빙하기의 겨울에 사슴은 터지지 않을 뿐만 아니라 냉동식품처럼 딱딱하게 얼어붙었을 것이다. 까마귀가 겨울을 넘기고 살아남는다면 기껏해야 여름철이 되어 사슴 사체가 녹아서 물러지기를 기대할 수 있을 것이다.

하지만 이런 상황에서도 까마귀는 갈수록 늘어났다. 처음으로 멀리 '까악 까악' 퍼져나가는 까마귀의 울음소리는 더 커졌다. 그 울음소리가 서로 싸우는 것이든, 아니면 '수다를 떠는 것'이든, 죽은 대형 동물 앞에 큰까마귀들이 모이는 지금과 마찬가지로 그 당시도 결정을 내리기가 어려웠을 것이다. 독수리조차 겁을 내고 거리를 두는 까마귀의 부리는 그런 상황에 합당한 계획을 세울 만큼 강하지 못하다. 하지만 이 검은색의 큰 조류는 임기응변의 재주가 있다.

까마귀는 결단을 하지 못한 것처럼 빙빙 맴돌거나 저공비행을 하다가 까악 까악 울어대며 다시 공중으로 날아오르는 동작으로 1킬로미터 넘게 떨어진 곳에서 사냥감을 찾고 있는 늑대 무리에게 급히 소식을 전한다. 그러자 포유류 중에 가장 영리한 늑대는 까마귀의 신호를 알아듣고 그들 쪽으로 방향을 맞추고는 빠르게 초원 위의 사체로 다가갔다. 냄새만으로는 사체를 찾아내지 못했을 것이다. 바람이 적당하게 불지도 않았고 공기가 너무 차가워서 냄새가 퍼지지 않았기 때문이다. 반쯤 눈에 뒤덮인 채 옆으로 누운 사슴 사체는 가까이 왔을 때나 보였을 것이다. 하지만 제3의 원거리 인지 감각인 청각이 작동을 했다. 까마귀의 울음소리는 노획물이 있다는 의미였다. 늑대에게 이 사슴은 목숨을 구해 주는 먹이였다. 겨울이 끝나갈 무렵에 사냥감은 거의 바닥이 났다. 허약한 녀석들은 오래전에 죽었다. 제때에 발견되지 않아서 먹어 치우지 않은 짐승의 사체는 눈으로 뒤덮인 채 돌처럼 딱딱하게 얼어붙었다. 하지만 이제 늑대 무리는 운 좋게도 수백 킬로그램짜리 커다란 짐승을 통째로 먹을 수 있게 된 것이다.

그러면 까마귀가 얻은 것은 무엇인가? 영리한 까마귀가 그들의 몫을 챙긴 것은 분명했다. 목숨이 오락가락하는 위급한 상황에서 공정한 몫을 차지하는가, 못하는가는 중요하지 않다. 어쨌든 늑대는 충분한 몫을 남겨두었을 것이다. 어쩌면 더 이상 배를 채울 수 없을 만큼 잔뜩 먹은 늑대들은 내장은 물론 적잖은 살코기까지 남겨 놓았을 것이다. 게다가 까마귀는 어떤 점에서 늑대보다 확실히 민첩했다. 그들은 늑대처럼 숨을 헉헉대며 뛰지 않고 공중에서 날 수 있기 때문이다. 까마귀는 갈수록 배를 채우면서 방어를 시도하지 않았다. 더 이상 방어할 필요가 없었기 때문이다. 차지하는 몫이 5퍼센트든 10퍼센트든 혹은 그 이상이든, 어차피 눈 하나밖에 얻을 수 없는 것보다는 훨씬 더 많은 이익을 얻을 수 있었다.

이 일과 무관한 인간이 보기에는 늑대가 이 협동 작전에서 까마귀보다 (훨씬) 많은 몫을 차지한다는 인상을 받을 법도 하다. 하지만 늑대 한 마리에게는 까마귀 한 마리보다 훨씬 많은 양의 먹이가 필요하다. 이것은 체중의 차이에서 오는 결과다. 빙하기의 기후에서 산 늑대의 평균 체중을 45킬로그램으로, 큰까마귀는 1.5킬로그램으로 추정해 보자. 그러면 그 비율은 약 30대 1이 된다. 매일 필요한 먹이의 수요를(살코기와 소화할 수 있는 뼈 또는 연골의 형태로) 체중의 10퍼센트로 계산할 때, 늑대 한 마리가 이후 3일간 사냥을 하지 않고도 버티며 살아갈 수 있는 양은 15킬로그램 가까이 된다. 그리고 이것을 늑대 10마리의 무리에게 필요한 양으로 계산한다고 해도 500킬로그램 가까이 나가는 큰 사슴의 3분의 1도 안 된다. 큰까마귀의 경우는 30킬로그램만 있어도 수십 마리가 충분히 먹을 수 있다. 즉 사슴 사체는 까마귀와 늑대 사이의 비율에 따른 차이만 있을 뿐, 양쪽 동물 모두에게 충분한 양이라는 뜻이다.

아프리카의 독수리가 사자와 하이에나, 자칼, 아프리카 황새 그리고 사체를 먹는 큰 딱정벌레까지 포함해서 이들과 함께 죽은 포유류를 먹을 때, 모두에게는 충분한 먹이가 떨어지는 셈이다. 만약 그렇지 않다면, 독수리는 오래전에 멸종되었을 것이다. 수백만 년 전, 독수리는 그때까지 스스로 사냥을 하던 독수리종의 조상으로부터 사체를 먹는 동물로 진화했다. 그리고 시간이 흐르면서 사냥감을 노획하는 능력을 완전히 포기했다. 독수리는 해마다 사자나 다른 포식자들이 사냥을 하고 거기서 그들에게 넉넉하게 남는 것에 전적으로 의존한다. 꼭 맹수가 사냥을 하거나 죽이지 않아도 이동 중에 목숨을 잃는 대형 동물은 얼마든지 있다. 독수리는 높은 공중에서 서식지 일대를 활공하면서 짐승의 사체를 찾는 경우가 많다. 이런 방법이 수백만 년 전부터 통했다. 비단 독수리종뿐만 아니라 사체를 이용하는 데 전문화된 종들이 많다.

여기서 큰까마귀와 늑대 사이에 훨씬 단순한 관계가 비슷하게 작동한 것이라는 결론이 나온다. 게다가 늑대와 큰까마귀는 세계적으로 분포 지역이 일치한다. 그렇지 않은 경우에는 생존 조건으로 다른 대안이 있다. 양 동물이 서로 적응할 시간은 충분했다. 아마 이들은 전체 빙하기 내내 매력적인 협력 파트너로 살았을 것이다. 그러나 현대에 들어와서 이런 방식으로 협력할 가능성은 줄어들었다. 인간이 곳곳에서 늑대의 씨를 말렸거나 개체수를 줄였기 때문에 까마귀와 늑대의 상호작용을 보기가 힘들어졌다. 그러므로 앞장에서 묘사한 그림은 과거의 형태를 참고할 수밖에 없었다.

하지만 까마귀와 늑대의 공생만 줄어든 것이 아니라 그 토대를 보여준 전체적인 생존의 틀까지 바뀌었다. 외적인 생존의 조건도 변했다. 1만여 년 전에 끝난 마지막 빙하기에 이어 간빙기인 홀로세(Holozän)[13]가 이어졌기 때문이다. 빙하기와 유사한 상황은 온난화된 기후에 의해 지리상으로 북극 위도와 산꼭대기로 밀려났다. 물론 여전히 북방의 침엽수림과 툰드라 및 소수의 유라시아 및 북아메리카의 고산지대에는 만년설로 뒤덮인 가운데 추위가 극심하고 여름이 짧은 생존조건이 존재하지만, 그곳에서도 인간이 자연을 크게 바꿔 놓았고 특히 대형 동물의 존재와 출현 빈도를 대폭 감소시켰다.

대형 포유동물이 가득했던 생존 조건은 더 이상 존재하지 않는다. 중부 유럽의 경우, 2만여 년 전에 그런 동물이 존재했던 곳에서는 집중적으로 이용되는 경작지가 넓게 뻗어나갔다. 빙하기의 사자, 하이에나, 큰곰, 그리고 특히 늑대가 매머드 집단과 야생마, 순록, 사향소, 큰 사슴의 무리를 끊임없이 주시하던 것은 과거가 되어 버렸다. 경작지에서는 잔존한 개체수의 붉은사슴도 허용되지 않는다. 붉은사슴이 있는 곳에서는 사냥꾼들이 당연한 듯이 '사냥감'에 대한 권리를 주장한다. 그 위쪽에 사는 토끼 같은 크기의 거의 모든 작은 동물도 마찬가지다. 비교적 큰 동물이 어느 정도의 빈도로 출현해도 되는지, 혹은 존재 자체가 허용되는지 여부는 사냥꾼들이 결정한다. 단지 기후뿐만 아니라 훨씬 많은 부분에서 인간이 지난 1만 년 동안 동물 세계의 구성 요건을 근본적으로 변화시켰다.

목장의 암소가 야생의 오록스 및 들소를 대신하고 집돼지가 멧돼지를, 집에서 키우는 말이 야생마를 대신하듯이 과거의 야생동물이 철저히 비교가 가능한 형태의 가축으로 대체된 것은 전혀 대체라고 할 수 없다. 대부분의 가축은 대규모 사육장에 갇혔다. 오로지 집돼지의 야생 형태인 멧돼지만이 도처에서 문제를 일으킨다. 수십 년 전부터 옥수수 재배와 비료 과다 사용의 결과가 그들의 개체수를 늘리는 데 아주 유리한 환경을 가져다주었기 때문이다.

개체수 통제 수단으로서 멧돼지를 사냥하는 것은 실패했다. 독일에서 사냥은 현실적인 개체수 조절에 맞춰져 있지 않다. 그런데도 대다수 사냥꾼들은 늑대가 협동 작전에 나서서 멧돼지를 공격해서는 안 된다고 생각한다. 그보다는 늑대는 가능하면 양을 잡아먹지 말고 숲속으로 들어가 출현 빈도를 줄여야 한다고 생각한다. 하지만 이제 숲속에서는 늑대의 먹이인 노루를 보기가 힘들다. 이런 상황에서 북부 독일의 큰까마귀는 양떼 속에 죽거나 죽을병에 걸린 새끼 양들이 있다는 신호를 계속 보내고 있다. 사람들은 그 신호의 배경에 의문을 갖지는 않고, 이런 손실에 대해 오히려 큰까마귀에게 책임을 전가하고 있다. 까마귀의 울음소리는 그것에 주목할 늑대가 존재하지 않기 때문에 쓸모가 없다. 하지만 실제로 양이 늑대에게 죽는다면, 이것은 거의 언제나 늑대에게는 사형선고나 다름없는 의미라고 할 수 있다.

영리한 회색동물과 교활한 검은 새가 살아남기 위해서는 앞으로도 많은 지능이 필요할 것이다.

이런 상황에도 불구하고 큰까마귀가 살아남았다면, 그것은 그들의 지능 덕이다. 아마 전체적인 농지 이용의 경우에 그렇듯, 양을 키워서 상당한 보조금을 받는 영리한 주민 일부는 언젠가 선별적으로 늑대와 까마귀의 관계를 강요할지도 모른다. 누구보다 자연친화적인 사람들은 여전히 '비관적'으로 생각하고 있다. 또 농부와 사냥꾼의 늑대 및 까마귀에 대한 혐오는 뿌리가 깊다. 따라서 이 영리한 회색동물과 교활한 검은 새가 살아남기 위해서는 앞으로도 많은 지능이 필요할 것이다.

빙하기의 인간은 이들의 지능이 높다는 것을 잘 알고 있었다. 당시의 인간은 까마귀와 늑대를 토템 신앙의 대상으로 삼았고 부족과 가문의 상징으로 만들기까지 했다. 인간이 사냥과 채집으로 살 때였다. 빙하기의 인간은 오늘날처럼 아무 때나 포기할 수 있는 취미 활동으로 사냥을 한 것이 아니었고 채집도 공동 활동으로 도움을 받지도 못했다. 그들에게는 자연의 법칙이 중요했다. 이런 법칙이 개를 만들어낸 과정과 똑같이 협동 관계에도 작용했다. 개로 변한 늑대는 사람에게 가장 가까운 친구로 간주했지만 반대로 늑대를 보면 중세 암흑기에 소문이 났듯이, 항상 악마라는 망상을 품었다. 까마귀류는 중세 당시 수만 명씩 능욕을 당하거나 화형을 당한 '마녀'의 화신으로 분류했다. 요즘에 까마귀와 늑대를 대하는 시각에서도 인류의 암울했던 수백 년 역사가 여전히 영향을 미치고 있다.

---

13 약 1만 년 전부터 현재까지의 지질 시대를 말하는 것으로 충적세(沖積世) 또는 현세(現世)라고도 부른다.

6. 멧돼지와 송로버섯
- 돼지가 옮기는 버섯포자

땅속에 숨어서 지하의 자실체로 자란다는 것은 버섯으로서 잘못 큰다는 느낌을 주지만 그 위에 붙어 있는 버섯 포자는 적당한 방법에 의지해 지상으로 퍼져 나간다. '정상적'인 버섯은 자루와 갓이 달린 자실체를 형성한다. 포자는 갓 아랫부분의 특별한 층에서(주름, 자루, 대주머니) 생성된다. 버섯 전문가인 균류학자는 포자의 형성 종류에 따라 버섯을 큰 집단으로 분류하는데 자세한 특징은 전문가 외에는 알 필요가 없을 것이다. 여기서는 구형이나 타원형의 실 뭉치 같은, 또는 그 밖의 다른 모양으로 된 포자가 길이와 폭이 1000분의 1밀리미터도 안 되고 버섯 밖에서 특수한 세포의 꼭대기(담자기, Basidien)나 안에서 관 모양의 세포(포자낭, Asci)에 파묻힌 상태로 생성된다는 단순한 특징만 알면 충분할 것이다.

밖에서 생성되는 것은 다시 여러 가지로 분류되는데, 그중에서는 갓 아랫부분의 '잎(주름)' 또는 관에서 생기는 것이 가장 잘 알려져 있다. 이런 '그물버섯'에 속하는 것이 예컨대 산새버섯이다. 광대버섯과 양송이는 '주름버섯'이다. 빨간 바탕에 흰 점이 박힌, 유독성 광대버섯은 확실하게 알아볼 수 있다. 파리를 죽이거나 환각 상태로 만드는 데 이용되는 아주 유명한 버섯이다. 이런 이용 방식은 목숨이 오락가락하는 위험한 작업이다. '등색껄껄이그물버섯(식용 버섯으로 평가받는 등색껄껄이그물버섯, Leccinum aurantiacum = L.rufum)' 같은 몇몇 그물버섯은 별로 어렵지 않게 알아볼 수 있다.

버섯이 자라면, 포자는 중력 법칙에 따라 움직이며 주름이나 관으로부터 떨어지거나 자실체와 다른 물체와의 접촉을 통해 계속 이동한다. 가령 동물의 다리나 빗물로 옮겨간다. 지표면 위로 자라는 자실체는 '포자 살포기' 같은 작용을 한다. 다른 버섯은, 많은 자낭균류와 마찬가지로 능동적인 원심분리 작용을 한다. 즉 버섯은 성장한 다음에 포과 속에서 강한 압력을 받아 다 자라면 폭발을 일으킨다. 이렇게 크고 다양한 균류군 중에 가장 잘 알려진 종이 곰보버섯이다. 벌집 모양의 방이 있는 곰보버섯의 '갓'을 보면, 첫눈에 그 구조가 포자 전파와 관계가 있음을 알 수 있다. 이 버섯의 생김새는 너무도 다양하기 때문에 일단 이야기를 계속 진행해 보기로 하자. 그 밖에 우리가 아는 것은 실제 존재하지만 대부분 아주 미세한 균류의 지극히 사소한 일부에 지나지 않는다. 발톱이나 피부에 기생하는 피부사상균, 곡식에 생기는 깜부기균과 사상균 같은 기생생물이 여기에 속하며 생명을 위협하기도 하고 페니실린처럼 목숨을 구할 수도 있다.

'덩이줄기(Tuber)'에서 나온 송로버섯은[14] 자낭균류에 속하는데, 여기서 갓과 자루라는 전형적인 분류는 오히려 보기 드문 예외에 속한다고 할 수 있다. 송로버섯은 밤 정도의 크기에서 어린 아이 머리통만한 구근을 만들어 내며 자낭균류의 크기 등급에서는 최상위를 차지한다. 이상한 것은 전반적인 송로의 일생이 지표면 밑에서 펼쳐진다는 것이다. 다만 완전히 성장했을 때, 적어도 갓 꼭대기만큼은 지상으로 모습을 드러내는 종이 많다. 이 특이한 버섯에 관심을 쏟는 사람들은 가격이나 기호 같은 것은 따지지 않는다. 알프스 이북에서는 드물게 나오는 '검은 송로' 혹은 '페리고르 송로(Tuber melanosporum)'든, 흰 송로 혹은 '피에몬테 송로(Tuber magnatum)'든, 독일에서 흔히 보는 짙은 회색의 '여름 송로(Tuber aestivum)'든, 아니면 그 많은 송로버섯 중 한 종이든 구분을 하지 않는다. 어떤 송로버섯의 가격이 얼마나 되는지는, 해마다 또 지역에 따라 변화무쌍한 기후와 토양 환경에 따라 들쑥날쑥하다. 현재의 인터넷 자료에 따르면(위키피디아), 흰 송로버섯 1킬로그램에 9000유로를 부르며 일본에서는 심지어 1만 5000유로까지 받는다고 한다. 이런 자료를 이용하는 것은 송로버섯이 어떻게 이런 상태까지 오게 되었는지 '송로 현상'을 살펴보려고 하는 데 목적이 있다.

여기서 잠깐 두 가지 문제를 짚고 넘어가자. 하나는 남아메리카의 식용구근에서 유래한 'Kartoffel(감자)'이라는 독일어 명칭의 어원과 관계된 것이다. 이 구근식물은 인류의 식량으로서 가장 중요한 농작물에 속한다. 그리고 이 말은 실제로 송로버섯을 뜻하는 이탈리아어의 'Tartufo'가 독일어화한 것인데 그 동기는 이 두 재배식물의 맛이 아니라 비슷하게 생긴 구근 형태와 관련이 있다.

두 번째 지적하고 싶은 것은, '송로버섯(Trüffel[독]/Truffle[영])'이라는 표현이 부정확하게 사용된다는 것이다. 균류학자들은 전체적으로 지하에서 자라는 구근 형태의 버섯이지만 결코 자낭균류에 속하지 않는 것들을 모두 구분한다. 독일에서는 사슴송로, 잔디송로, 주름송로, 점송로, 사믹송로, 뿌리송로라는 말을 하며 이 밖에도 더 있다. 고급 레스토랑에서 전통적으로 '보석송로'라고 칭하는 것들은 '덩이줄기(괴경)'를 대표하는 몇몇 소수의 종밖에 없다. 그리고 많은 사람이 터무니없이 비싼 값을 기꺼이 치르는 것은 바로 이 소수의 종뿐이다. 자낭균류와 친족 관계를 이루는 많은 종이 점점 고유한 송로 이미지로 넘어가는 과정을 매개한다. 그 이미지는 순수하게 지상의 자실체에서 시작해 오로지 지하에서 자라는 버섯에 이르기까지 다양한 모습을 보여 준다. 전문가들은 '지상의(Epigäisch)' 또는 '지하의(Hypogäisch)' 성장 종이라는 말을 한다.

지상 종으로서 유난히 눈에 띄는 송로아종에 속하는 것으로는(중부 유럽에서) 오렌지 빛이나 진홍색의 잔버섯이 있는데, '들주발버섯(Aleuria)'속과 '술잔버섯(Sarcoscypha)'속에서 분파된 잔버섯의 자실체는 얼추 꽃받침이나 쟁반의 모습을 닮았고 아주 또렷한 노란색이나 오렌지색 혹은 빨간색을 하고 있다. 진홍색의 '잔버섯(술잔버섯종)'은 이른 봄만 되면 곳곳에서 눈에 띈다. 버섯 애호가 중에는 이 버섯을 '우리의 갈란투스'라고 부르는데, 그 이유는 잔버섯이 갈란투스 꽃이 필 때 모습을 보이기 때문이다. 잔버섯은 또 송로와 독특한 친족관계를 이루고 있다. 하지만 이런 단정은 왜 동종이 지상에서 잘 자라는데, 잔버섯의 자실체가 지하 성장 방식으로 넘어갔는지에 대해서는 설명을 하지 못한다.[15]

지하의 자실체는 지상에서 자라던 것이 차츰차츰 지하로 들어가서 생긴 것이 아니며 그 반대의 경우에 해당한다. 실 같은 버섯의 조직(균사체)은 땅속이나 썩은 나무에서 살며 거기서 자실체가 형성되기 때문이다. 송로버섯은 자실체가 형성되는 단계에서 지표면으로 나오지 못하거나 거의 나오지 않는다. 보라색 '왕관잔버섯(Sarcosphaera coronaria)' 같은 아종은 처음에는 지하에서 자라며 속이 빈 구형을 이루지만 성장하면 별 모양으로 터져서 지상으로 뚫고 나온다. 이 경우에는 '반지하의' 성장이라는 말을 한다.

여기서 지하의 송로버섯이 되는 것과 '정상적'인 버섯이 되는 것에 어떤 장단점이 있는가라는 의문이 떠오른다. 지속적인 강우와 충분한 온기가 버섯 성장에 유리하다는 것은 버섯 채취자들만 아는 것이 아니다. 균류는 습기, 즉 토양의 습도를 필요로 한다. 또는 손발톱의 밑이나 피부의 습한 곳, 썩어가는 나무처럼 습한 서식 공간이 있어야 한다. 강우량이 풍부한 대서양성 기후에서 여름처럼 더운 지중해성 기후에 이르기까지 기후의 경계 지대는 큰 버섯의 생존 조건으로는 불리하며 기후가 건조할수록 불리하다. 버섯은 땅속에서 자랄 수 있을 때, 비교적 오랫동안 더 많은 습기를 확보한다. 하지만 이때는 포자가 떨어져 나가거나 흔들어서 흩날리는 전통적인 방식으로 포자를 전파할 기회가 사라진다. 버섯의 중장기적인 존재와 번식을 위한 두 가지 전제 조건이 사라지는 것이다. 버섯이 똑같은 장소에서 언제까지나 살 수는 없다.

자실체가 땅속에서 형성되기에 유리한 조건이라는 장점은 포자 전파가 제한되거나 더 이상 가능하지 않다는 단점과 결부되어 있다. 이런 문세의 해결을 위해 송로버섯은 방향물질과 관계된 특별한 공생을 하는 데 성공했다. 유명한 송로버섯의 향기와 맛은 돼지의 페로몬과 아주 유사한 물질이 뿜어내는 것이다. 이 물질은 멧돼지나 송로버섯을 찾도록 훈련받은 집돼지뿐 아니라 (많은) 사람에게도 효력을 발휘하는데 사람들은 대개 송로버섯이 왜 그렇게 구미에 당기는지는 전혀 모른다. 또 이때 자신들이 멧돼지와 비슷한 반응을 보인다는 사실도 모른다. 돼지는 송로 향기의 고유하면서도 자연스러운 수신자라 할 만하다. 냄새 때문에 돼지는 성숙한 구근을 찾아 땅속을 판다. 이때 '성숙'하다는 것은 버섯이 발아력이 있다는 의미가 된다. 물론 송로버섯 자체는 돼지에게 먹히지만, 포자는 이미 돼지가 숲속의 다른 곳을 뒤질 때 전파될 만큼 멧돼지의 코에 충분히 묻는다. 멧돼지가 있는 한(혹은 과거 여러 지역의 풍속에서 보듯, 숲속에서 먹이 찾기를 하도록 길이 든 집돼지도), 송로버섯의 특별한 번식 방법은 유지된다. 이로써 송로버섯이 왜 주로 떡갈나무 숲에 서식하는지 설명이 된다. 떡갈나무 숲에서 멧돼지는 유난히 도토리를 찾아 땅을 잘 파헤치기 때문이다.

유명한 송로버섯의 향기와 맛은 돼지의 페로몬과 아주 유사한 물질이 뿜어내는 것이다.

그러면 이것도 공생에 속하는가? 이런 자리매김이 정당화될 만큼 멧돼지도 여기서 이익을 보는가? 임업용으로 관리하는 요즘의 숲에서는 더 이상 그렇지 않다. 하지만 프랑스와 알프스 남단의, 대체로 잡목림으로 이용되는 떡갈나무 숲에서는 다른 것으로 보인다. 이곳은 독일식의 산림이 아니라, 목재 이용을 위해 관리되는 곳임에도 불구하고, 여러 가지 점에서 더 자연에 가까운 숲이라고 할 수 있다. 이곳에서는 집돼지를 옛날과 다름없이 지금도 여전히 작은 숲으로 내몰고 있다. 심지어 이런 작은 숲이 우리 시대까지 곳곳에 남아 있는 것은 돼지 사육의 덕이기도 하다. 유명한 세라노 햄을 제공하는 돼지의 생존 공간으로 이용되는 이베리아의 떡갈나무 숲이 그렇듯이 말이다. 인간이 나타나기 전에 멧돼지는 도토리가 지천에 널린 그런 숲에서 살았다. 그리고 이들과 송로버섯의 결합은 잘 굴러갔고 수백 년이 넘도록 해마다 숲으로 내몰리는 돼지 덕분에 그 결합은 인간 사회에서도 유지가 되었다.

또 현재 유럽 대부분의 지역에서 목격되듯이, 멧돼지가 폭발적으로 증가하면서 송로버섯은 지하의 생존 방식을 지속할 수 있는 절호의 기회를 맞았다. 이 결합은 그 실행 방식이 화학적 결합이기 때문에 철저히 말 그대로 결합이라고 볼 수 있다. 이 방식은 성적 방향물질을 널리 퍼트리는 포유류를 연상시킨다. 돼지는 대부분의 개보다 더 뛰어난 후각 능력을 발휘한다. 물론 개도 송로버섯을 찾는 훈련을 받을 수 있다. 그리고 비록 '음란한 맛'이라는 평이 세간에 널리 퍼져 있기는 하지만, 인간은 비싼 가격 덕분에 송로버섯을 맛보려고 아우성이다. 그러면 돼지는 이런 공생으로 무슨 이득이 있을까? 아마 돼지는 맛있는 것을 먹는다는 것밖에는 모를 것이다.

---

14 자낭균류에 속하는 식용버섯으로 땅속에서 자라며 독특한 향기가 특징이다. 담자균류에 속하는 송로와는 종류가 달라 '서양송로'라 부르기도 한다.

15 술잔버섯은 지상과 지하, 두 군데서 자라며 지하에서 자라는 것은 버섯이 지상으로 올라와야 하기 때문에 자루가 발달해 있다.

7. 열대의 호두나무는 '붉은궁둥이아구티'와 협동한다

- 씨를 보존하기 위한 공생

Paranussbaum · Bertholletia excelsa
Prachtbiene
Euglossini
LATREILLE 1802
Familie: Apidae
Unterordnung: Apocrita
Ordnung: Hymenoptera
Männliche Prachtbiene wird von der Bertholletiablüte angelockt.

재규어는 대형 고양잇과 동물이다. 재규어는 아프리카와 아시아에 서식하는 표범보다 몸집이 더 크고 힘이 세다. 표범이 서식하는 곳에는 과거부터 사자가 살았고 지금도 마찬가지지만, 남아메리카에는 사자가 없다. 사자는 남아메리카 대륙으로 건너오지 못했기 때문이다. 남북 아메리카에 사는 퓨마는 독일에서 '은사자'라고 불리기도 했는데 퓨마는 재규어보다 몸집이 더 작다. 재규어는 중부 및 남부 아메리카에서 사자와 표범을 합친 역할을 한다는 결론을 내릴 수 있을 것이다. 그런데 앞장에 묘사한 그림에는 재규어 말고 묘하게 생긴 동물이 하나 더 있다. 전문가만이 금세 알아보는 이 동물의 이름은 '아구티'다. 아구티는 머리 모양이나 몸 뒷부분은 기니피그를 연상시키지만 다리는 기니피그보다 훨씬 길고 특히 뒷다리가 길다. 예전에 독일에서 '금토끼'라고 부르던 아구티는 몸 뒤쪽이 눈에 띄게 높다. 이제는 독일에서도 아메리카 원주민이 사용하는 아구티라는 이름으로 바꿔 부르고 있다. 지리적으로 중남 아메리카의 여러 곳에 서식하는 아구티는 7종이나 있다.

학술적인 속명은 문외한에게는 단조롭게 들리는 'Dasyprocta'라고 한다. 라틴어와 그리스어를 혼합한 이 명칭의 의미는 뒷부분에 털이 수북하다는 것과 관계가 있다. 맞기는 하지만 그 이름이 많은 내용을 전달하는 것은 아니다. 오히려 뭉툭한 머리 모양을 보면 기니피그와 유사해 보인다. 생김새는 속이지 못하는 법인지 두 동물 사이에는 아주 가까운 친족 관계가 존재한다. 처음부터 둘 다 신열대구(Neotropis)라고 불리는 지역, 즉 중남 아메리카에서만 서식해 오던 설치류다. 이 말에는 간단치 않은 의미가 담겨 있다. '새 열대'라는 표현에서 알 수 있듯이 구열대구(Paläotropis), 즉 구세계[16]의 영역과 구분되기 때문이다. 그 이유가 중요한 까닭은 거기에 처음에는 전혀 어울리지 않아 보이는, 북아메리카와의 분리라는 사실이 들어 있기 때문이다. 아메리카의 이 부분 대륙은 지질학적으로 유라시아에 속한다. 특히 북아메리카는 남아메리카보다 아시아와 훨씬 긴밀하게 결합되어 있고 과거에도 그랬다. 아구티가 그림에서나 현실에서나 아주 큰 관심을 갖는 커다란 열매와의 놀라운 관계를 설명하기 전에 이 동물지리구[17]를 자세히 살펴보기로 하자.

남아메리카의 자연은 풍부한 특색을 지녔다. 이것은 대륙의 대부분이 열대 및 아열대 기후대에 있고 열대 곳곳에 갖가지 동식물이 살기 때문이 아니다. 그보다는 오랫동안 다른 대륙과 격리되어 있었기 때문에 나타나는 특색이다. 남아메리카는 5000만 년 이상 섬이었다. 면적이 거의 1800만 평방킬로미터나 되는 최대의 섬이었다. 중생대에 남아메리카와 아프리카는 하나의 대륙으로 붙어 있었다. 아프리카의 서해안은 남아메리카의 동해안과 맞물리는 형태를 띠고 있다. 양 대륙의 윤곽을 지도로 그릴 수도 있고 오려낼 수도 있으며 다시 이을 수도 있다. 이때 이른바 대륙붕 구역, 즉 현재 300미터 깊이까지 바닷물에 파묻힌 양 대륙의 기저를 경계로 연결하면 두 부분이 유난히 잘 합쳐진다.

이 같은 사실은 이미 19세기에 주목하기 시작했던 것이다. 20세기

초인 1915년에 독일의 기상학자이자 극지 탐험가인 알프레트 베게너(Alfred Wegener)는 이처럼 양 대륙이 원래는 붙어 있었을 것이라는 설명으로 '대륙 이동설'이라는 이론을 개발했다. 옛날에 붙어 있던 대륙이 오래전의 지질 시대(Erdzeitalter)에 서로 떨어졌고 바다 너머로 이동했다는 것이다. 사람들은 처음에 그를 비웃었지만, 이제는 대륙 이동이 존재한다는 것을 확신할 뿐만 아니라 계속 진행 중이며 그 속도를 측정할 수도 있다는 것을 알고 있다.

남아메리카는 1년에 몇 센티미터씩 아프리카에서 멀어지고 있다. 남아메리카가 유럽인에게 알려진 이후 500년 동안, 이 간격은 10여 미터로 늘어났다. 사람의 일생으로 볼 때, 민족이나 문화의 지속 기간으로 볼 때, 사소해 보이는 것이 수백만 년간 쌓이면 엄청난 간격으로 확대된다. 그리고 이 이동 현상으로 지진과 산맥의 습곡 작용이 일어난다. 지구상에서 가장 오래되고 두 번째로 높은 안데스 산맥은 남아메리카의 서진(西進)으로 생성된 것이다. 하지만 이 이동은 단순히 지리적인 구조에 대해서 뿐 아니라 살아 있는 자연에 대해서도 다양한 결과를 불러왔다. 아프리카와 분리되고 나서 남아메리카는 거대한 섬이 되었고 그런 다음 이 섬에서는 구세계와 동시에 진화가 진행되었다. 지구 반대편에 있는 오스트레일리아와 마찬가지로 남아메리카는 섬이 되면서 '신세계'로 변신했다. 5000만 년 동안 다른 대륙과 접촉이 없는 가운데, 앞장의 그림에서 묘사한 특색의 배경이 형성되었다. 즉 남아메리카라는 거대한 섬에서 아프리카와 떨어진 이후 남아 있던 과거의 품종으로부터 다양한 모양의 동식물이 계속 진화한 것이 분명하다는 것을 의미한다. 잘 날 수 있는 동물을 제외하면, 신종은 구세계에서 온 것이 아니다. 남대서양 멀리 바다를 횡단하는 것은 아프리카와 남아메리카가 멀리 떨어질수록 그만큼 더 힘들었다.

남아메리카는 대륙이 분리되면서 풍요로운 동물 자산을 함께 가지고 왔다. 그중에는 이후 남아메리카의 토착종이 된 원숭이의 조상도 포함되었다. 남아메리카 원숭이는 다양한 특징을 통해 구세계의 원숭이와 명확하게 구분된다. 가령 다양한 신세계의 원숭이는 나뭇가지를 잡는 데 꼬리를 사용하는 독보적인 능력이 있다. 나무를 기어오를 때 마치 다섯 번째 손처럼 꼬리를 사용한다.

하지만 남아메리카만의 절대적인 특색은 다른 어디에서도 볼 수 없는 나무늘보와 아르마딜로, 개미핥기 같은 설치류 동물에서 찾을 수 있다. 설치류의 하위 종 중에서는 기니피그 및 그 친족으로 계속 진화한 것도 있다. 특별히 남아메리카를 대표하는 종을 포함해 포유류도 예외는 아니다. 조류 중에는 친족 관계에 있는 종을 포함해 남아메리카에만 서식하거나 파충류의 이구아나처럼 이곳을 주 분포 지역으로 삼는 종이 많다. 신열대구는 5000만 년 동안 고립된 상태에서 독특한 세계로 변한 것이다. 이 과정에서 아프리카 및 다른 대륙의 동식물 세계와 놀라울 정도로 유사성이 생겨났다. 이것을 '수렴 진화(Konvergenz)'라고 부른다. 많은 종은 단번에 눈에 띄지만 자세하게 관찰해야 비로소 알 수 있는 것도 있다.

예컨대 아구티 및 꽤 가까운 친족 관계에 있는 '파카(Pakas)'는 구세계의 열대림에 있는 작은 영양과 비슷한 행동을 한다. 두 동물은 몸의 '뒷부분이 지나치게 발달한' 모습이다. 이들의 몸집은 소관목류의 덤불을 파고들 때면 쐐기 같은 효과를 일으킨다. 다리는 재규어나 별로 크지 않은 다른 고양잇과 동물 등 적이 뒤에서 접근할 때 순식간에 방향 전환을 할 수 있도록 발달했다. 이런 동물은 남아메리카에 아주 다양한 종이 서식한다. 그럼에도 아구티가 충분한 속도를 내지 못할 때도 종종 있다. 고양잇과 동물은 잠복 상태에서 사냥감을 노리며 재규어처럼 소리 없이 기어서 접근할 수 있기 때문이다. 따라서 아구티는 극도로 조심하면서 경계해야 한다. 게다가 이들은 전반적으로 방어능력이 없다.

단 행동이 굼뜰 때는 사람이 기니피그에게 물리기도 한다. 이때 깊이 물릴 수도 있다. 설치류의 이빨은 길고 날카롭기 때문이다. 날카로운 이빨은 기니피그에게 가장 중요한 도구 역할을 한다. 아구티의 경우도 마찬가지다. 이빨과 치근육이 얼마나 강해야 하는가는, 그림에서 아구티 앞에 놓인 도전적인 상황에서 분명해진다. 돌처럼 단단한, 작은 공 크기의 열매 속에 다시 딱딱한 껍질에 둘러싸인 세모꼴의 호두가 들어 있다. 익히 알려진 대로 아주 맛이 좋은 브라질호두다. 우리가 흔히 사용하는 호두까기 도구로는 대개 이 단단한 호두를 깨지 못한다. 이런 구조는 불합리해 보인다. '대포알'에 둘러싸인 듯, 돌처럼 단단한 이 호두는 떨어질 수 있는 곳이 1년 내내 매달려서 자란 나무 바로 아래밖에 없기 때문이다. 모수(母樹)가 앞으로도 수십 년은 살게 될 나무 바로 아래는 보통 발아를 하고 묘목이 자라기에는 아주 불리한 장소다. 모수의 생

명이 끝나기 직전에 바닥에 떨어지는 호두만 자라날 기회를 잡게 될 것이다.

특히 수정 직후에 폭풍우가 거목에 몰아치는 경우처럼. '브라질호두나무(Bertholletia excelsa)'는 아주 크게 자라고 -50미터까지 자란다- 또 아주 오래 산다. 200~300년 정도 되면 아메리카의 다른 열대목과의 경쟁을 충분히 견딜 만큼 자라 있다. 이런 나무로서는 사실 일생을 마치기 직전에 가서야 열매를 맺는 것이 '경제적'이기도 할 것이다. 하지만 열매를 맺지 못한다면 그 즉시 대가 끊기는 위험이 따른다. 이런 나무가 살아남는 것은 성공적으로 씨를 퍼트릴 때뿐이다. 대포알 같은 씨라면 산비탈을 굴러 내려갈 수 있을 것이다. 하지만 이것도 후손 생산을 위해서는 일시적인 방법밖에 안 된다. 골짜기 밑에서 이 씨의 전파는 끝나기 때문이다. 여기서 왜 이 나무는 자연스러운 번식에 적절치 않을 만큼 그렇게 무겁고 단단한 씨를 만들어 내는지 의문이 생긴다.

우리는 그저 원인을 추정하는 수밖에 없다. 의외로 번식 문제의 해결은 단순한 것으로 드러난다. 그런 이유로 110쪽의 그림에 주 해결사인 아구티를 배치해 놓았다. 강력한 설치류의 이빨을 가진 아구티는, 물론 많은 노력을 들이기는 하지만, 보통 브라질호두의 단단한 열매를 깨물어서 까는 데 성공하는데 그때 씨가 떨어져 나온다. 그러지 않고 자연스럽게 열리는 틈은 씨가 나오기에는 너무 작다. 그러므로 브라질호두는 쇠처럼 단단한 둥근 껍데기를 깨주는 아구티 같은 도우미가 필요하다.

하지만 아구티가 껍데기를 깨는 것은 순전히 이기적인 이유 때문이다. 이들은 호두 껍데기를 하나하나 깨물어 열고 그 속에 있는 것을 먹어 치운다. 알다시피 브라질호두의 속은 맛있고 영양이 풍부하다. 최종 결과가 이렇게 끝난다면 나무가 들인 모든 비용은 아무런 보람이 없을 것이다. 앞에서 강조한 대로, 호두의 저장 용기는 대포알처럼 크고 무겁기 때문에 나무 바로 밑으로 떨어지고, 바닥에 흩어져 있는 것이 쉽게 눈에 띈다. 아구티가 떨어진 호두를 몽땅 먹어 치우지는 않는다고 해도 그것으로는 번식을 위한 불확실한 상황이 개선되지 않을 것이다. 남아 있는 호두는 다시 모수 밑의 아주 불리한 위치에서만 발아할 수밖에 없을 것이기 때문이다.

하지만 신열대구의 우림에는 아구티와 호두만 있는 것이 아니다. 설치류는 끊임없이 재규어 같은 천적에게 기습을 당할 위험에 놓여 있다. 그래서 이들은 독일의 다람쥐와 어치가 대대적으로 보여 주는 행동을 한다. 이들은 브라질호두를 모수에서 멀리 떨어진 여러 곳의 장소에 숨겨 놓는다. 이런 목적으로 아구티는 호두를 땅속에 파묻고 그 장소를 기억해 둔다. 보통 저장한 호두를 되찾는 일은 매끄럽게 이루어진다. 하지만 못 찾는 경우도 늘 발생한다. 이것은 나무에게 이익이 된다. 아구티가 잘 파묻은 호두를 다시 꺼내지 않는 경우도 많은데, 이것은 해당 아구티의 행동권(활동 구역)이 이동했거나 흔히 일어나듯이, 아구티가 그 사이에 천적에게 희생되었기 때문이다. 토끼만 한 설치류에게 위협이 되는 적은 재규어를 비롯한 고양잇과 동물뿐이 아니다. 보아 같은 뱀에게도 쐐기 모양을 한 아구티의 몸과 3~5킬로그램의 몸무게는 이상적인 먹잇감이다. 천적에게 잡아먹힌 아구티가 전에 숨겨 놓았던 호두는 고스란히 남아 있게 된다. 그것이 어디에 파묻혔는지 다른 아구티는 모르기 때문이다. 가장 흔하게 파묻는 곳은 모수에서 멀리 떨어진 어딘가의 땅속이다. 모수 밑에 오래 머무는 것은 아구티에게 위험할 것이다. 호두를 먹기 위해 나무 밑에서 호두열매를 깨무는 것은 위험하기 그지없는 일이다. 그런 장소는 재규어가 재빨리 기억에 담아두고 먹잇감을 노리고 있을 것이다.

이렇게 보면 재규어는 브라질호두나무의 친구이고 아구티는 몹시 단단한 껍데기에 둘러싸인 호두를 열고 전파하는 도구라고 할 수 있다. 모두가 이 공생으로부터 이익을 본다. 그래도 왜 이 나무가 그토록 심하게 자신의 씨를 가두어 놓는가라는 의문은 남는다. 독일 숲에서는 수많은 동물에 의해 도토리와 너도밤나무 열매가 집중적으로 이용되고 있음에도 열매는 어린 묘목으로 자라기에 부족함이 없을 만큼 충분히 남는다. 어치는 도토리를 아주 멀리 운반해 가서 그것이 없는 곳에 새 도토리를 '심는다'. 어치는 도토리를 월동 식량으로 숨겨두는 것인데 일부를 되찾지 못하기 때문이다. 유달리 뛰어나고 예민한 코를 가진 멧돼지에게는 어치가 숨겨 놓은 도토리를 하나하나 파내는 것이 의미가 없을 것이다. 도토리와 너도밤나무 열매 혹은 껍데기가 더 단단한 개암이나 호두가 모수로부터 멀리 떨어진 곳에 닿기 위해 동물의 수

**강력한 이빨을 가진 아구티는,
물론 많은 노력을 들이기는 하지만,
보통 브라질호두의 단단한 열매를
깨물어서 까는 데 성공하는데
그때 씨가 떨어져 나온다.**

송이 필요하다고 해도 브라질호두처럼 그렇게 극단적인 포장 방식이 필요한 것은 아니다. 게다가 도토리부터 호두에 이르기까지 모든 열매는 생쥐와 다람쥐부터 어치와 까마귀에 이르기까지 선택할 수 있는 수많은 대안 동물이 있다. 하지만 브라질호두에 접근하는 것은 아구티뿐이다.

수백만 년이 흐르는 동안 브라질호두가 그런 껍데기를 유지하고 있었을 때, 남아메리카는 앞에서 설명한 대로 나머지 대륙에서 멀리 떨어진 섬으로서 고유하고 진기한 동물 세계를 발전시켰다. 그곳에는 너무 커서 땅바닥에서만 살 수 있는 땅나무늘보가 있었고 무게가 수 톤이 나가는 아르마딜로류의 글립토돈트도 있었다. 이들은 턱이 유난히 강하게 발달했지만 앞니와 송곳니는 없었다. 발견된 화석에서는 빙하기와 빙하기 이전에 이 남아메리카의 대형 동물이 무엇을 먹고살았는지 지금까지 알려진 것이 별로 없다. 하지만 신열대구의 모든 대형 동물은 마지막 빙하기가 끝날 무렵 멸종했기 때문에, 맛나고 풍부한 에너지를 공급하는 브라질호두의 씨는 스스로를 보호할 덮개가 필요했을 것이라는 추측은 적어도 할 수 있다. 이 덮개는 대형 동물로부터 호두를 완벽하게 지켜주고 쥐 같은 작은 동물 앞에서도 마찬가지다.

이와 반대로 설치류의 몸무게가 3~4킬로그램 정도 되는 중간 크기라면 번식을 돕는 데 적당하다고 할 수 있다. 강력한 이빨을 가진 이

런 동물은 씨가 밖으로 굴러 나오도록 틈을 벌릴 수 있기 때문이다. 씨는 양이 많기 때문에 이들이 한꺼번에 다 먹어 치울 수 없다. 나무로서 성공하는 비결은 숨겨진 씨에 달려 있다. 그리고 가능하면 씨를 멀리 전파해야 한다. 씨의 전파는 강력한 천적의 압박을 통해 실현된다. 신경이 날카로운 아구티와 대포알 같은 호두는 실제로 이상적인 결합이다. 너무나 좋은 결합인지도 모른다. 아구티가 멸종되거나 희귀해지면 브라질호두의 번식에 문제가 생길 것이기 때문이다. 그때는 사람이 인위적으로 심어야만 할 것이다.

브라질호두는 특별한 경우에 해당하는가? 도토리와 너도밤나무 열매를 보면 이미 확실한 분류 기준이 떠오른다. 브라질호두는 나무 밑에서 동물을 통해 씨를 전파하는 극단적인 경우에 해당하는 것이 분명하다. 열매 중에서는 단순하게 바람에 씨를 날려 보내는 것도 많다. 어떤 것은 물에 떠내려 보내기도 한다. 또 열매 자체도 아주 다양하다. 바람이나 물 모두 씨를 전파하는 데 부적절한 것들도 있다. 다음 장의 그림은 한눈에 알아보도록 일반화한 것인데 이것을 보면 브라질호두의 특색이 더 잘 이해될 것이다.

---

16 유럽·아시아 및 아프리카.

17 특정 지역이나 수역에 살고 있는 동물의 차이에 의해, 지구를 몇 개의 지역으로 구분한 것.

8. 열매나 식물은 왜 동물을 먹여 살리는가?

- 단것에 끌리는 동물에 의해 전파되는 씨

ARBE ROT GESCHENKT

열매는 왜 존재하는가? 어리석은 질문이라고 생각하고 별 생각 없이 "나무나 관목에서 열매가 자라니까"라고 대답할지도 모르겠다. 열매가 인간이나 다른 동물에게 맛이 있는가의 여부는 기호의 문제에 해당한다. 그러면 왜 많은 열매는 독이 있는가? 그것은 먹히지 않으려는 이유 때문일 것이다. 왜 대부분의 다른 식물처럼 열매로서 일정한 모양을 갖추는가? 이렇게 사물의 상태에 뭔가 근거를 부여하기 위해 묻는 '왜?'라는 물음은 우리를 순간적으로 당황하게 만든다. 앞장의 그림에서 보다시피 나무 열매로 둘러싸인 오랑우탄도 '왜?'라는 물음을 제기할까? 아마 대부분의 사람은 대답하며 "오직 인간만이 왜라는 물음을 던진다"고 덧붙일 것이다. 오랑우탄은 열매를 맛보고 맛이 좋으면 먹어 치울 것이다. 어린 아이들과 다를 것이 없다. 또 아이들처럼 오랑우탄은 독이 있는 열매를 움켜쥐는 일도 많을 것이다. 열매는 겉으로만 보아서는 먹을 수 있는 건지, 위험한 건지 확실히 알 수 없기 때문이다. 여기서 다시 '왜 그래야만 하는가'라는 질문이 나올 수 있다.

문제를 다른 방향에서 바라보자. 열매란 무엇이고 그것을 생산하는 식물에게 열매는 무슨 의미가 있는 것일까? 이 물음에 대해서는 대답하기가 더 쉽다. 열매 속에는 씨가 숨어 있고 씨는 증식에, 정확하게 말해 열매를 맺는 식물의 번식에 기여한다. 벚나무에 결정적인 역할을 하는 것은 버찌 속에 든 핵이지 사람에게 맛있는 과육이 아니다. 똑같은 이치가 사과의 씨나 배의 씨에도 적용되고 잘 보이지 않아 우리가 존재도 모른 채 그냥 맛있게 먹는 미세한 딸기의 씨도 마찬가지다.

나무 열매는 가령 곡식의 낟알에서 보듯이 씨와는 완전히 구분된다. 곡식의 경우 낟알에는 발아체가 성장하고 뿌리를 내리는 데 필요한 저장물이 들어 있다. 또 커다란 야자 열매는 이런 점에서 열매라기보다 곡식의 낟알에 가깝다. 야자 열매도 발아체에 영양을 공급하고 열대 해변의 염분이 많은 환경에서 그것이 싹을 내고 뿌리가 과잉 공급되는 염분에 잘 버틸 때까지 1미터 이상 자랄 수 있도록 힘을 실어 주어야 하기 때문이다. 야자유와 야자 과육은 사람이나 그것을 먹는 동물을 위한 것이 아니다. 이와 달리 버찌의 씨는 그것을 감싸는 과육과 또 유난히 선명한 색깔로 과육을 둘러싼 껍질이 없어도 될 것이다. '신양벚나무(Wildkirsche)'를 아는 사람은 이 나무의 버찌에 과육이 훨씬 적다는 것을 안다. 게다가 맛이 떫으며 적어도 '단양벚나무(Süßkirsche)'의 버찌만큼 달콤하지 않다는 것도 안다. 장과의 경우에도 이치는 같다. 야생에서 자라는 '블랙베리(Brombeeren)'는 (사람에게) 맛난 '라즈베리(Himbeeren)'보다 더 무성하게 자라고 번식이 잘 되는 것처럼 보인다. 끝으로 반짝이는 검푸른 색의 화려한 벨라도나 열매에 독이 많다는 것을 알고 있으며, 모른다면 이것은 무조건 알아야 한다. 새가 즐겨 먹어서 그런 이름이 붙은 '로웬베리(Vogelbeeren)'[18]의 경우처럼 벨라도나 열매도 피해야 한다. 독이 아주 많은 서향의 빨간 열매도 마찬가지다.

독일의 숲과 들에 있는 과실류와 장과류가 한눈에 알아보기 어려울 만큼 복잡하게 뒤얽혀서 "의심스러우면, 손대지 마라"라는 원칙이 통한다면, 수마트라나 보르네오의 열대림에 사는 오랑우탄도 마침내 깊은 생각에 빠져 고민할 것이다. 오랑우탄 주변에는 온갖 열매가 그득하고 저마다 맛을 보라고 유혹하는 것 같지만, 이 유인원은 인간이 그렇듯이 대부분의 열매와 거리를 두어야 한다. 오랑우탄이 많은 경험을 하고 어릴 때부터 어미 곁에서 먹을 수 있는 열매와 독이 있거나 소화가 안 되는 열매를 구분하는 법을 배웠다고 가정해 보자. 그리고 이 오랑우탄은 열매가 제대로 익었는지 여부도 올바로 볼 줄 알아야 할 것이다. 알다시피 최고 품종의 사과는 녹색 단계에서 강렬한 복통이나 설사를 유발할 수 있기 때문이다.

앞장의 그림 한가운데 앉아 있는 오랑우탄은 과실을 즐겨 먹는 다른 유인원과 원숭이, 그리고 그 밖의 많은 포유류를 대표한다. 그 범위는 생쥐와 고슴도치에서부터 코끼리에 이르기까지 다양하다. 조류 세계에서는 지빠귀가 장과류를 아주 좋아하며 알코올 함량이 높은 열매도 마다하지 않는다. 과실을 먹고사는 조류 중에서 고도로 전문화된 종으로는 중남 아메리카의 큰부리새와 아프리카의 투라코가 있고 열대 곳곳에 서식하는 과일비둘기, 그리고 날아다니는 박쥐 같은 포유류로서 과일을 먹고사는 과일박쥐류가 있다.

곳곳에 열매를 먹고사는 동물이 압도적으로 많은 것을 보면 처음의 의문이 더욱 강렬해진다. 즉 왜 나무나 덤불이나 숱한 작은 관목 혹은 딸기 같은 육상식물은 열매를 맺는가? 본래 이런 식물은 그 열매를 가지고 동물을 먹인다. 달콤하거나 당분이나 지방을 함유한 과육이 없다면, 이런 식물은 그 씨와 더불어 시달리는 일이 없을 것이다. 그리고 곧 식물종으로서 생명을 마칠 것이다. 왜냐하면 한마디로 말해서 열매는 씨를 감싸는 매혹적인 포장이며 그 열매 때문에 동물에 의해 멀리 씨가 전파될 수 있기 때문이다. 동물이 덤으로 얻는 것은, 어차피 작은 갈란투스의 씨에 얹어 주는 첨가물처럼 너무도 사소한 것일 수도 있다. 갈란투스는 개미가 좋아해서 개미는 이 씨를 거두어들이고 끌고 간다. 때로는 도중에 먹어 치우기도 하고 나머지는 보관하거나 아니면 개미집으로 가지고 가서 다른 개미들이 먹게 한다. 이 과정의 부산물로 남는 것 중에는 처음부터 들어 있던 씨도 포함된다. 이 씨는 쓰레기로 주변에 버려지고 이렇게 해서 갈란투스의 숫자가 늘어난다. 그리고 갈란투스의 생명에 어울리는, 이제까지 서식하지 않았던 새로운 장소에 이르게 되는 것이다.

개미는 작다. 개미가 하는 일을 직접 관찰하기는 어렵다. 하지만 한여름에, 특히 7월에 숲을 산책하다가 담비가 남겨 놓은 배설물을 살펴보면, 그 속에 버찌의 씨가 있는 것을 발견할 수 있다. 떨어지거나 반쯤 익은 혹은 '벌레 먹은' 신양벚나무나 때로는 단양벚나무의 버찌를 담비가 먹고 소화를 시킨 뒤에 다시 배설한 것이다. 무엇보다 여름이면 대개 야생에서 자라는 '귀룽나무(Traubenkirsche)'의 훨씬 작은 씨가 담비의 똥에서 흔히 발견된다. 만일 담비가 사람이 닦아 놓은 큰길이나 오솔길을 이용하지 못하고(그래서 배설도 하지 않고) 자연

왜 나무나 덤불이나 숱한 작은 관목 혹은 딸기 같은 육상식물은 열매를 맺는가? 본래 이런 식물은 그 열매를 가지고 동물을 먹인다. 달콤하거나 당분이나 지방을 함유한 과육이 없다면, 이런 식물은 그 씨와 함께 시달릴 일이 없을 것이다. 그리고 식물종으로서 생명을 마칠 것이다.

상태의 숲을 이리저리 휘젓고 다녀야 한다면, 그들은 숲속 어딘가에 버찌의 씨를 '심을 것'이다. 담비의 똥과 더불어 이동하는 유리한 환경 덕분에 많은 씨가 성공적으로 발아할 수 있게 된다. 그중 일부는 묘목으로 자라날 것이다. 많은 씨가 계속 자라면서 다른 나무나 관목과의 경쟁을 버티며 살아남는다.

오랑우탄이 사는 보르네오와 수마트라의 우림은 지금까지도 어느 정도는 자연 상태 그대로다. 열매를 좋아하고 씨를 소화가 안 된 상태로 다시 배설해 내는 포유류와 조류가 서식하는 다른 숲에서도 비슷한 상황이 벌어진다. 열매와 열매를 먹는 동물의 공생은 가장 포괄적이고 다양하면서 가장 중요한 동식물의 공생에 속한다. 이것이 없다면 우리는 사과도 맛보지 못할 것이고 바나나도 없을 것이다. 왜냐하면 자연 상태에서는 적절하게 관심을 쏟는 상대가 없다면, 열매도 존재하지 않을 것이기 때문이다. 열매는 사실 동물에게 주는 선물이다. 열매는 동물과의 상호작용 속에서 진화했다. 그리고 독이 있는 열매가 열리는 것도 쉽게 설명이 된다. 그 내용 물질은 장과나 과실 속에 든 씨를 가장 잘 전파하는 동물에게 맞추어져 있기 때문이다. 따라서 그런 동물에게 이 열매는 독성이 없거나 경우에 따라서는 쉽게 배설된다.

새는 검푸른 색의 장과를 목표로 삼고 찾는 경우가 많다. 지빠귀와 여새, 그리고 몇몇 다른 종은 사람에게 독성이 몹시 강한 열매를 먹어

도 별 문제가 없는데, 이것은 그들의 소화 방식이 '신속한 설사 체계'를 갖추고 있기 때문이다. 독이 있는 장과에서 오로지 쉽게 소화되고 해롭지 않은 당분만 섭취하고 나머지는 대부분 신속하게 다시 배설로 내보낸다는 말이다. 더욱이 여새는 겨우살이 열매의 끈적끈적한 점액성 껍질에서 당분만을 빼내는 것으로 만족한다. 그래서 약 10년 주기로 찾아오는 여새가 늦겨울에 엄청난 떼를 지어 몰려올 때면, 나무 사이를 날아다니는 여새가 그 나무에 기생하는 겨우살이에서 길고 끈끈한 실을 늘어트린 겨우살이 씨를 공중에서 끌어당기는 모습이 끊임없이 보인다. 그런 다음 여새가 다른 나무에 앉을 때, 운이 좋으면, 즉 적당한 나뭇가지의 유리한 위치에 떨어지게 되면, 겨우살이는 거기서 발아를 하고 새로운 생존의 토대를 확보하게 된다. 반기생(半寄生)식물로서 겨우살이는 이런 식으로 조류를 통한 번식에 의존한다.

장과는 대부분 새가 날아가는 동안, 혹은 휴식을 하거나 잠을 자는 동안 소화가 안 된 상태로 단순하게 어딘가로 배설되며 똥과 함께 바닥으로 떨어진다. 발아에 유리한 장소에 떨어지기도 하지만 앞에서 암시한 대로 조류의 장을 통과하는 것 자체가 발아에 도움이 되는 경우가 적지 않다. 이 과정은 조류나 포유류가 똥과 함께 배설하는 잔여물질에 의해 큰 도움을 받는다. 우선 동물에 의해 먹히는 것은 열매에 두 배의 장점을 제공한다. 모수로부터 멀어진다는 장점과 씨를 위해 더 좋은 발아 조건을 갖춘다는 장점이 그것이다. 열매 중에는 먼저 동물의 소화관을 통과했을 때만 발아하는 것이 많다. 사람의 힘으로는 그런 열매를 발아시킬 수가 없다. 최상의 토양에 아주 유리한 온도와 습도의 조건을 맞춰 주어도 안 된다. 이런 씨는 위와 장의 가공 과정이 없으면 조용히 대기 상태에 있다가 때가 되면 죽는다. 발아를 이끌어내는 자극이 발생하지 않았기 때문이다.

동물과 열매의 관계는 이 밖에 중요한 결과를 낳는다. 이것은 과육 속에 든, 독이 없는 다른 물질과 그 양 및 구성 성분과 관계가 있다. 언제나 당분만이, 즉 '달콤한 열매'를 상징하는 과당만이 중요한 것은 절대 아니다. 당분에 대한 대안이 기름과 지방이다. 또 우리는 이것을 알고 널리 이용한다. 예컨대 올리브의 과육성 껍질에서 올리브유의 형태로 이용한다. 또 아보카도의 지방도 있다. 기름과 지방은 당분보다 농도가 더 진한 에너지원에 해당한다. 이것은 그램당 열량을 최대한으로 제공한다. 게다가 기름과 지방을 함유한 열매는 당분을 함유한 열매보다 더 오래간다. 당분을 함유한 열매는 빨리 썩으며 비가 많이 오면 저항력이 약해진다. 끊임없이 습기를 머금은 내용물은 밖에서 흐르면서 열매 껍질 위에 얇은 층을 형성하는 물과 함께 반응을 일으킬 수 있기 때문이다. 물리학적으로 표현하자면, 바깥쪽의 물기가 안(농축액)과 바깥(거의 순수한 물)의 삼투압을 변화시킨다는 말이다. 이 압력의 차가 크면 열매는 터지는데, 당도가 높을수록 더 쉽게 터진다.

따라서 열매를 이용하는 동물은 그것이 잘 익었는지 여부를 판별하는 것이 도움이 된다. 잘 익은 상태는 두 가지 형태로 나타난다. 즉 외형과 향기로서 시각적인 신호와 후각적인 신호다. 사과는 익은 냄새가 나면, 비록 많은 종에서 보이듯 겉으로 녹색 상태라고 하더라도 익은 것이다. 냄새는 주로 포유류를 유혹하고 색깔은 조류를 유혹한다. 대부분의 조류를 포함해 열매를 먹는 모든 조류는 우리 인간과 마찬가지로 적색과 녹색을 구분하는 능력이 있다. 적색은 열매가 '익은 것'을 의미하고 반대로 녹색은 '안 익었다'라는 뜻이다. 또 이런 효과는 반사된 자외선을 거쳐서 검푸른 색을 띠기도 한다. 그리고 사람은 색을 구분하는 시각적인 능력에 관한 한, 새를 닮았지만 소화체계는 전혀 다르기 때문에 빨간색 혹은 까만색의 장과나 과실을 아주 조심해야 한다. 이런 것들은 목숨을 빼앗을 정도의 독성을 품고 있어도 맛이 좋을 수가 있다. 즉 색깔이 보내는 신호는 안전과는 상관없다. 그리고 장과의 냄새도 도움이 안 되는 까닭은 어차피 대부분의 양을 조류가 먹어 치우기 때문이다. 이때 조류는 후각 능력을 이용하는 것이 아니다. 많은 조류는 후각이 발달하지 않았고 사람보다도 냄새를 맡지 못한다.

그러면 인간은 그렇게 위험한데도 왜 장과와 과실에 매혹되는 것일까? 이런 종류의 의문을 우리는 좀 더 자세하게 추적해 볼 수 있다. 우선 인간은, 사람과 가장 가까운 종인 오랑우탄과 마찬가지로, 또 그 밖의 다른 유인원이나 (대부분의) 다른 원숭이와 마찬가지로 '색을 잘 식별하는' 시력을 가지고 있다. 열매가 익은 것과 안 익은 것을 구분해주는 적색과 녹색은 먼 옛날의 영장류에게 분명히 중요한 역할을 했을 것이다. 지금도 인간은 시각적인 능력에 의존하는 경향이 있다. 하지만 그런 능력을 조심하도록 가르쳐야 한다. 또한 잘 알려진 대로 달콤한 것에 대한 인간의

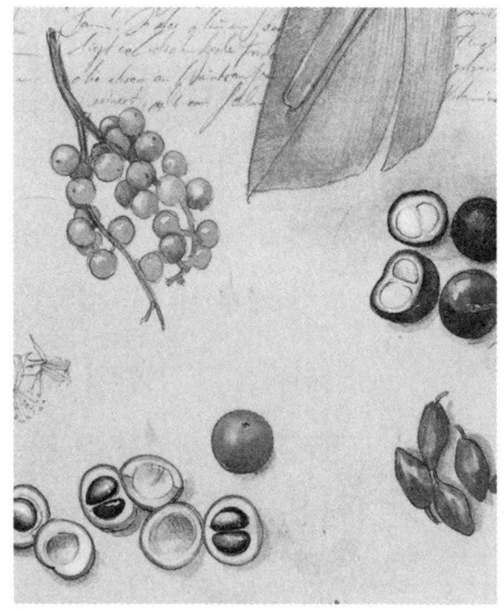

탐욕이 있다. 하지만 야생꿀벌이 만만히 빼앗기지 않으려고 하는 꿀을 제외하면(제1장 참조), 단것은 잘 익은 열매 속에만 들어 있다.

장과와 과실을 먹는 조류가 이 먹이에서 무엇을 만들어 내는지 관찰하면, 왜 단맛이 우리를 그렇게 유혹하는지 알 수 있다. 당분은 조류가 이리저리 날아다니기 위한, 특히 철새의 이동에 필요한 에너지의 토대를 만들어 준다. 조류는 그들이 적절히 체지방으로 바꾸는 당분을 통해 살을 찌운다. 그것은 이들이 바다와 사막을 건너 밤낮으로 장거리비행을 가능케 하는 저장고 역할을 하는 것이다. 당분은 지속적으로 힘을 내기 위한 에너지로서 저장된다. 이를 위해 신진대사의 과정에서 단백질(만)이 투입(연소)된다면, 너무도 빠른 시간에 너무도 많은 유해폐기물이 생길 것이다. 당분과 지방은 이와 반대로 '찌꺼기를 남기지 않고' 연소가 되어 물과 (숨을 내쉴 때의) 이산화탄소로 변한다. 이것이 에너지 대사를 위한 당분과 지방의 최대 장점이다. 또 능력을 높여 준다. 인간에게도 마찬가지다.

인간은 타고난 달리기 주자라고 할 수 있다. 그것도 장거리 주자다. 인간이 가장 가까운 관계에 있는 유인원과 구분되는 신체구조를 보면 알 수 있다. 인간은 유목 생활을 한다. 종으로서 인간은 생물종으로 존재한 대부분의 기간에 수렵과 채집을 하면서 여기저기 헤매고 돌아다녔다. 인간의 발은 그런 생활을 감당할 능력이 있다. 우리의 조상이 정착 생활을 한 것은 불과 1만 년 전부터였다. 하지만 인간종(호모 사피엔스)은 약 20만 년 전부터 존재했고 인간속(호모)으로 산 것은 200만 년도 넘었다.

인간의 경우, 신체의 기능과 신진대사는 방랑 생활에 맞추어져 있지, 가만히 앉아 있게 되어 있지 않다. 신체적으로 끈질긴 지구력을 갖춘 인간의 유목민적인 성향은 생물학적으로 인간과 가장 가까운(게으른) 종보다 조류의 생활에 더 잘 어울린다. 그러므로 인간은 단것(그리고 기름진 것)을 매우 중시하는 것이다. 그리고 일상적인 음식 문화에서 필요 이상으로 당분을 축적하기 시작했다. 인간이 설탕처럼 달콤한 것을 지나치게 많이 섭취한 것은 200년 정도밖에 안 되었다. 그때부터 단것을 탐하는 인간의 욕망은 건강에 커다란 위협이 되었다.

단순히 인간뿐이 아니라 인간의 보호를 받는 그 많은 동물, 또 달콤한 열매에 매혹되는 동물도 마찬가지다. 동물원에 사는 오랑우탄은 집중적으로 움직여야 할 압박을 충분히 받지 않을 때는 매우 빠른 속도로 살이 찐다. 잘 익은 열매는 자연 상태에서 비록 일시적으로는 충분할 때도 많지만 양이 빠듯할 때가 대부분이다. 동남 아시아의 원시림에 사는 오랑우탄은 잘 익은 열매를 먹기 위해 양손을 번갈아 매달리며 나무에서 나무로 긴 구간을 이동해야 한다. 이때 오랑우탄은 불가피하게 씨를 전파하는 역할을 한다. 이런 기능에서 더 뛰어난 능력을 발휘하는 동물로서는 조류가 많다.

인간의 신체의 기능과 신진대사는 방랑 생활에 맞추어져 있다. 신체적으로 끈질긴 지구력을 갖춘 인간의 유목민적인 성향은 조류의 생활에 더 잘 어울린다. 그 에너지원을 얻기 위해 단것(그리고 기름진 것)을 중시하는 것이다.

같은 방식으로 영장류는 열대림 곳곳에서 열매를 먹으면서 식물과 상호작용을 한다. 하지만 늘 그렇듯이, 장기적인 면에서는 최적화가 문제다. 혹은 때로 이용 동물을 속이는 경우도 있다. 가령 아프리카의

'펜타디플란드라 브라제아나(Pentadiplandra brazzeana)'라는 나무의 열매에는 브라제인이라고 불리는 아주 달콤한 성분이 들어 있다. 이것은 당분이 아니라 단백질인데도 단맛인 것처럼 속인다. 하지만 영장류에게 중요한 것은 양만 많을 뿐 에너지로서는 의미가 없고 인공감미료처럼 단맛만 내는 물질이 아니라 열매 속에 들어 있는 당분의 에너지다. 단맛만 내는 물질은 이런 종류의 나무가 쉽게 만들어 내지만 열매를 먹는 동물에게는 아무 쓸모가 없는 것이다.

작은 원숭이는 잘 속지만, 이들은 빠르게 다른 먹이자원을 찾아 계속 이동하고 한 과실나무에 오래 머무르지 않기 때문에 속는다고 해도 별로 중요치가 않다. 하지만 커다란 고릴라는 그와는 다른 것으로 보인다. 이들이 열매를 맺는 나무를 보면 깨끗하게 청소를 할 정도로 완전히 먹어 치울 수 있고 가지 끝에 달콤한 열매가 달려 있을 때는 가지를 꺾어가며 접근할 수도 있다. 그런데도 고릴라가 브라제인이 함유된 열매를 그렇게 하지 않는 것은 유전자의 변이에 원인이 있다. 이들은 '가짜' 단맛에 더 이상 맛을 느끼지 못하기 때문에 이 열매에 관심을 보이지 않는다. 고릴라는 이 열매로 배를 채우지 않는다. 그들은 단맛이 당분에서 나오지도 않고 적절한 에너지를 공급하지도 않으며 복통과 소화의 부담만 일으키는 이 열매를 피한다. 이런 식으로 당분을 엄청 좋아하는 영장류로서 고릴라는 가짜 먹이 앞에서 스스로를 보호한다.

보노보 침팬지와 인간에게는 이런 변이가 일어나지 않았다. 사람에게 이 브라제인 열매는 아주 달콤한 맛이 난다. 과실나무는 열매를 맺기 위한 노력을 몹시 아낀다고 할 수 있다. 따라서 필요한 만큼 매혹적인 모습을 갖추기 마련이다. 인간처럼 '그 이상'을 원할 때는, 나무를 가꾸고 품별해서 길러야(재배) 한다. 인류의 조상은 이런 일을 했고 열매를 맺는 아주 다양한 나무 중에서 자연 상태보다 훨씬 더 맛이 있고 수확이 많이 나는 과실과 장과를 개발했다.

과실수의 재배로 인간은 바나나처럼, 많은 품종에서 훨씬 다양한 범위로, 심지어 대륙을 이동해가며 그것을 전파시켰다. 이것은 완벽하고 이상적인 공생의 결과일까? 바나나의 경우엔 분명 아니다. 인간이 바나나로부터 종자를 맺는 능력을 제거했기 때문이다. 이제 이런 바나나는 전적으로 인간에게 의존한다. 살아남을 수 있는 것은 야생 바나나뿐이다. 뉴기니의 열대우림 같은 야생 상태에서만 그들의 생존 공간은 유지된다.

---

18 'Vogelbeeren'이라는 독일어 명칭은 '새의 딸기'라는 뜻이다.

9. 도도처럼 죽다

- 공생 파트너의 멸종으로 인한 공멸

Schädel des Dodo oder Dronte

Raphus cucullatus war ein ca. 1 Meter großer, flugunfähiger Laufvogel, der ausschließlich auf Mauritius lebte. In weniger als 100 Jahren nach seiner Entdeckung 1598 war er bereits ausgestorben.

Mauritius

Dodo oder Dronte (Raphus cucullatus)

2016 JOHANN BRANDSTETTER

도도새(Raphus cucullatus)는 아주 커다란 땅비둘기였다. 몸길이가 1미터쯤 되는 이 새는 너무 '미련하게' 행동을 해서 '도도(Dodo)'라고 불렸다. 비슷한 표현으로 오스트리아에서는 '도델'이라는 이름으로 알려져 있기도 한데, 영어권과 기타 언어권에서는 흔히 도도라고 불린다. 이 이름은 멍청이를 뜻하는 옛 포르투갈어 '도우두(Doudo)'에서 유래했을 가능성이 있다.

도도는 모리셔스섬에서 살았는데 처음에는 번식이 잘 되었다. 그러다가 뱃사람들이 와서 이 새를 잡아먹었고 무게가 20킬로그램까지 나가는 이 새의 고기를 저장해서 바다로 가지고 나갔다. 도도는 1589년, 아프리카를 우회하는 두 번째 동인도 항해 중에 네덜란드인들에 의해 발견되었다. 그리고 몇 십 년 지나지 않아, 1660년 이후로 날지 못하는 이 대형 비둘기는 그 섬에서 사라졌다. 이때부터 도도는 인간이 저지른 멸종의 상징으로 통한다. "도도처럼 죽었다(Dead as a dodo)"라는 말은 최종적으로 말살시켜 되살릴 수 없다는 뜻이다. 이 표현은 그 섬에 서식하다가 갑자기 그곳에 나타난 인간에 의해 빠르게 멸종된 많은 동물종의 운명을 잘 나타내고 있다.

물론 그런 멸종에 대한 주된 책임이 유럽인에게 있다고는 하지만, 이들만 그렇게 한 것은 아니다. 폴리네시아 제도에 뿌리를 두고 있던 마오리족은 13세기 후반에 뉴질랜드에 상륙한 뒤, 타조와 비슷한 모아를 모조리 잡아서 씨를 말렸다. 이 일은 유럽인이 동물과 식물 세계를 파괴하고 특히 멀리 떨어진 섬이나 다른 대륙에 사는 인간에게 재앙을 안겨 주며 세계 정복을 시작하기 300년 전쯤에 일어났다. 여기서 우리는 인간이 외부로 퍼져나갈 때마다 항상 파멸의 흔적을 남겨 왔다는 사실을 확인할 수 있다. 자연은 유럽인이나 다른 팽창주의적인 인간 집단의 접근 방식과는 맞지 않는 것일까. 수천, 수만 년의 세월이 흐르는 동안 저절로 발달한 수많은 인간의 문화 역시 그런 접근에 맞지 않았고 갑자기 침입자들에게 노출되었을 때 멸망하고 말았다. 도도새와 모리셔스섬은 인간이 남긴 흔적의 여파가 섬의 자연에 미친 부정적인 예를 단적으로 보여 준다.

앞에서 언급한 대로, 도도는 비둘기였다. 도도와 가장 가까운 종으로서 마스카렌 제도에 속한 로드리게스섬의 은자라고 불리는 '페조파프스 솔리타리아(Pezophaps solitaria)'도 더 이상 존재하지 않는다. 또 고유한 종으로서 레위니옹섬에서 단독 생활을 하는 '라푸스 솔리타리우스(Raphus solitarius)'가 살아 있는지 여부도 관련 증거가 남아 있지 않아 불확실하다. 이 새들은 도도와 거의 같은 시기에 사라졌다. 멸종된 이 두 종의 조류와 가장 가까운 동남 아시아의 '니코바르 비둘기(Caloenas nicobarica)'는 지금도 살아 있지만, 몸길이가 겨우 30센티미터밖에 안 되어 비둘기종으로서는 매우 작다. 그리고 이 새는 잘 난다. 도도와 도도과 새들은 아마 몸이 너무 무거워서 날지 못했을 것이다. 모리셔스와 레위니옹, 로드리게스 등의 섬에서는 걸어 다녀도 전혀 문제가 없었기 때문에 도도는 날 필요가 없었다. 물론 이렇게 알려져 있지만 단순한 추측일 뿐 입증할 길은 없다. 니코바르 비둘기도 안다만 제도, 니코바르 제도(이 종의 이름은 여기서 유래한다), 그리고 동남 아시아와 뉴기니, 남태평양의 솔로몬 제도에 이르기까지 수많은 섬에 살지만, 나는 능력을 유지했기 때문이다. 따라서 섬에서도 비둘기로서 나는 능력을 갖춘 것이 잘못은 아니다. 게다가 모리셔스섬에는 나는 것을 포기하지 않는 수많은 조류가 서식한다.

모리셔스라고 불리는 제도의 두 주요 섬은 약 2000평방킬로미터의 면적에 고도 800미터가 넘는 산들이 있다. 왜 하필 이 섬의 비둘기는 걸어 다니는 방식에 몰두하는 것일까? 더욱이 이 섬들은 지질학적으로 최근에 생겼다. 이 섬들은 빙하기에 화산 폭발로 바다에서 솟구쳐 생긴 것이다. 모리셔스 제도에서 가장 오래된 섬은 인간속(屬)의 원시인이 아프리카 부근에서 방랑하다가 처음 아시아로 건너가던 때에 솟아났다. 따라서 도도와 솔리타리아로 진화되기 전의 비둘기가 그 이전에 섬으로 건너갔을 리가 없다. 이들의 원종(原種)은 서쪽으로 약 1800킬로미터 떨어진 아프리카나 조금 더 가까운 마다가스카르(870킬로미터)에서 유래한 것이 아니라 훨씬 멀리 떨어진 동남아시아 어딘가에서 온 것이다. 아마 원종은 옛날에 계절풍과 조류를 따라 서쪽으로 떠밀려간 표류물을 이용해 인도양을 횡단했을 것이다. 혈통의 유래가 특히 흥미를 끄는 것은 바로 마다가스카르 원주민이 아프리카 출신이 아니라 동남 아시아에서 왔기 때문이다. 마다가스카르는 모리셔스섬 서쪽에 있는데도 이상하게 아프리카인들은 이 섬을 발견하지도 못했고 들어가 살지도 않았다.

우리는 인간이 외부로 퍼져나갈 때마다 항상 파멸의 흔적을 남겨왔다는 사실을 확인할 수 있다. 자연은 유럽인이나 다른 팽창주의적인 인간 집단의 접근 방식과 맞지 않는 것일까.

마다가스카르에 서식하는 비둘기는 도도나 솔리타리아와는 아무 관계가 없다. 마다가스카르 원주민의 조상이 인도양을 횡단하는 긴 항해를 하며 이 비둘기를 가져갔을 리는 없다. 마다가스카르섬에 인간이 정착을 했을 때는, 이미 오래전부터 멍청하고 날지도 못하는 땅비둘기가 살고 있었기 때문이다. 도도와 솔리타리아의 조상은 오래전에, 어쩌면 100만 년도 넘는 옛날에 마스카렌 제도에 도달했던 것이 분명하다. 거기서 이들은 커다란 땅비둘기로 진화한 것이다.

일단 시간적으로 이런 차원에서 생각해 본 다음, 날 수 있는 가까운 종으로서 니코바르 비둘기를 또 다른 관계에 대입해 보기로 하자. 동남 아시아의 군도가 현재 상태로 존재한 것은 마지막 빙하기가 끝난 이후의 일이다. 약 1만 년 전쯤, 북반구의 대륙에 있던 거대한 얼음 덩어리들이 대부분 아주 빠른 속도로 녹아서 해수면이 100미터 이상 높아졌을 때였다. 그 이전 마지막 빙하기에 세계가 빙하화 되던 시기에 수십만 년 동안 동남 아시아의 군도는 동남 아시아의 육지에 속했거나 아니면 뉴기니 및 오스트레일리아와 붙어 있었다. 양 대륙을 갈라놓은 것은 좁고 깊은 해협 하나밖에 없었는데 이것이 태평양과 인도양을 연결시켜 주었다. 하지만 10만 년 전에는 지금과 비슷하거나 더 뚜렷한 온난기가 있었다. 이 시기는 제3기와 제4기, 그리고 지금까지는 마지막에 속하는 대 빙하기 사이에 놓여 있었다.

이 당시도 해수면은 높았고 지리학적인 상황도 오늘날과 비슷했다. 다시 지질학적 연대로 과거에 속하는, 적어도 두 차례는 더 찾아온 온난기가 빙하기인 홍적세(Pleistozän)를 분류한다. 홍적세의 마지막 250만 년 동안 존재했던 네 차례의 대 한랭기가 온난기와 교체되는 가운데, 동남 아시아의 군도가 해수면의 높고 낮음에 따라 생기거나 사라졌다. 이 지역에 분포한 오늘날의 섬은 사실상 대부분 아시아와 오스트레일리아 양 대륙의 일부라고 할 수 있다. 해저의 화산에 의해 형성된 순수한 대양의 섬들과는 전혀 다르다. 대양의 섬들은 빙하기에 있었던 해수면의 고저 작용과는 무관하게 계속 섬으로 남아 있는 것들이다. 주위에 있는 섬들과 더불어 마스카렌 제도를 형성하고 있는 모리셔스섬이나 지구 반대편에서 연대가 비슷하거나 더 오래된 갈라파고스 제도가 그것들이다. 대륙에서 갈라진 섬이냐, 대양에서 생긴 섬이냐에 따라 그 결과는 그 섬을 탄생시킨 살아 있는 자연에 지대한 영향을 미친다.

인간에 의한 변화가 거의 없고 수십 년 전부터 국립공원으로서 대부분 자연 상태로 보호된 갈라파고스에서는 수백만 년의 고립 상태에서 동식물이 어떻게 변했는지를 잘 볼 수 있다. 예컨대 언젠가 아메리카에서 갈라파고스 제도로 표류해 온 가시 투성이의 오푼티아에서 생장형태(Wuchsform)로 볼 때 온전한 나무가 나왔다. 이 나무오푼티아에 견줄 만한 식물의 외형이 아메리카 양 대륙에는 없다. 그 구조는 갈라파고스에서 독자적으로 진화한 것이다. 이런 구조가 무엇을 위한 것인지, 또 무엇을 막는 데 좋은지는 갈라파고스에서 직접 관찰할 수 있다. 이곳의 갈라파고스땅거북과 육지이구아나는 꽃과 씨가 달린 크고 유난히 노란 오푼티아의 열매를 먹으려고 애를 쓴다. 유럽에서는 '선인장 열매'로 알려져 있다. 원반 모양의 새싹과 꽃이 달려 있어 땅과 유난히 대조되는 줄기의 형성은 포식압(Fraßdruck)[19]에 대한 역반응을 보여 준다. 이 꽃에는 특별한 다윈의 '방울새류(Darwinfinken)'[20]가 관심을 보이기 때문에 꽃가루 매개체가 부족할 일은 없다.

독일에서 갈라파고스 여행 프로그램이 생기는 까닭은 도도가 살던 생태환경에 대해 알려진 것이 너무 적기 때문이다. 다만 도도가 그렇게 빨리 멸종된 것이 분명히 그 새가 날지 못하는 것과 관계가 있다는 말은 할 수 있다. 백조 크기 정도의 이 비둘기가 육상의 백조와 비슷하게 힘들었을 것은 틀림없다. 하지만 백조는 물새지 육지 새가 아니다. 백조와 같은 종으로서 몸무게가 15~20킬로그램인 흑고니는 물 위에서 긴 구간을 달려야만 날아오를 수 있다. 하지만 땅에서는 이렇게 할 수 없다. 그렇게 달리는 것이 육지에서는 너무 힘들기 때문이다. 아프리카큰느시처럼 몸무게가 큰 느시는 장애물이 없이 길게 펼쳐진 사바나나 초원 지대에서 더 긴 도움닫기를 해야 한다. 숲이나 관목이 빽빽이 들어찬 들판에서 그렇게 무거운 새는 이륙을 할 수가 없다. 게다가 비둘기는 발 구조가 너무나 단순하다. 비둘기의 걸음걸이가 우리에게 낯익은 것은 걸어갈 때 우스꽝스럽게 머리를 앞뒤로 흔들기 때문이다. 다른 조류에게서는 볼 수 없는 모습이다.

한마디로 말해서 도도는 날기에는 너무 몸이 무거웠다. 날려면 몸길이가 채 70센티미터도 안 되고 무게가 3킬로그램밖에 안 되는 뉴기니의 파란왕관비둘기(현대의 가장 큰 땅비둘기에 속하는 '왕관비둘기' 류)보다 더 무거워서는 안 되었을 것이다. 왕관비둘기는 빽빽이 우거진 열대림에 살지만 지금도 날 수 있다. 그리고 뉴기니에는 생명을 위협하는 땅위의 천적이 없는데도 그렇다. 섬에 사는 새가 날지 못하는 것을 땅위에 천적이 없는 것에서 원인을 찾는 경우가 많은데, 거의 언제나 비교 가능한 발견을 통한 충분한 증거가 있는 것은 아니다.

대표적인 왕관비둘기로서 가장 흔하고 동물원이나 조류 공원에서도 종종 볼 수 있는 빅토리아왕관비둘기는 숲속 바닥에서 열매와 씨를 먹고산다. 아주 전형적인 비둘기의 생존 방식이다. 열매는 보통 당분이나 지방을 아주 많이 함유하고 있다. 씨는 보호 기능을 하는 껍질에 잘 감싸여 있기 때문에 단단하다. 이 두 가지 영양분은 둥지에 있는 새끼 새들에게는 별 쓸모가 없다. 새끼의 성장에 필요한 것은 무엇보다 단백질이다. 서식 환경이 열대라서 추위를 이기기 위해 '몸을 덥히는' 신진대사를 하지 않아도 될 때, 지방과 당분은 별 필요가 없다.

집단 생활을 하는 조류로서 비둘기는 단백질로 새끼를 적절하게 키우는 문제를 조류 세계에서 독특한 방법으로 해결했다. 어미 비둘기는 암컷과 수컷 모두 이른바 비둘기젖이라고 하는 젖을 생산한다. 젖의 성분은 포유류의 모유와 비슷하지만 당분은 거의 들어 있지 않다. 이들은 비둘기젖으로 새끼를 키운다. 이 젖이 있기 때문에 새끼는 어미들이 섭취하는 먹이와 무관하게 자랄 수 있다. 어미들에게 필요한 것은 새끼를 키울 만큼 양호한 신체조건이다. 이런 조건을 갖추어야 둥지에 있는 한두 마리 새끼가 먹을 만큼 단백질이 함유된 비둘기 젖을 만들 수가 있다. 따라서 어미 비둘기는 새끼의 수요와는 전혀 무관하게 열매나 단단한 씨를 먹을 수가 있다. 이것을 새끼들에게 먹일 필요가 없기 때문이다.

비둘기에 대한 이런 생물학적 발견과 빙하기에 해수면이 고저 변화를 일으킨 지질학적 배경을 통해 도도의 조상이 날지도 못하고 뚱뚱하고 게으른 새가 된 기원은 이해가 더 잘 될 것이다. 이 그림을 이해하기 위해서는 이제 모자이크 조각을 두 개만 더 맞추면 된다.

첫 번째는 기후다. 마스카렌 제도는 아열대에 속하는 남회귀선에 있다. 이 섬들의 기후는 비를 부르는 남동무역풍과 건조한 달(6월에서 10월까지, 거의 반년 간)이 교체되는 조건에 놓여 있다. 또 해마다 여러 차례의 열대 회오리 돌풍이 섬을 덮치는데 평균 열두 차례 발생한다. 기후는 계절에 따른 특징이 뚜렷하며 식물의 꽃과 열매를 통해 표현된다. 지하에서 화산 작용을 하기 때문에 1년 내내 유리한 온난기후 속에서 강수량이 충분할 때는, 풍요로운 성장이 가능하다. 땅비둘기에게서 보듯 이런 환경은 식물을 먹고사는 동물에게는 끊임없이 풍요와 빈곤의 시기가 교체된다는 것을 의미한다. 그러므로 몸의 부피가 클수록 빈곤의 시기를 쉽게 넘기는 법칙이 통한다. 이것이 섬 생활을 일반화시키는 근본적인 특징이다. 이런 일반적인 특징에서 '도서 대형화'[21]라는 경향이 나타나기 때문이다. 계절에 따른 생존 조건이 심하게 변할 때, 많은 동물종에게 나타나듯, 점진적인 대형화는 생존에 유리하다. 빈곤의 시기를 대비해 단순하게 더 많은 저장을 할 수 있기 때문이다.

습윤 열대 내에 있는, 생존 조건이 지속적으로 갖춰진 섬에서는 정확하게 그와 반대되는 생태적 환경이 존재한다. 이런 섬에서는 왜소화의 경향이 존재한다. 작은 개체는 먹이와 그 밖의 자원을 덜 소비하기 때문에 더 많은 개체수를 이루며 함께 생존할 수가 있는 것이다. 수가 많다는 것은 어느 정도 우연에 따른 멸종을 막아 주는 중요한 보호 수단이 된다. 도도의 경우에는 십중팔구 도서 대형화가 중요했을 것이다. 하지만 적절한 먹이가 확보되어야만 도서 대형화가 가능하다는 것은 분명하다. 적절한 먹이, 이것이 퍼즐을 완성하는 마지막 모자이크 조각이다.

퍼즐 조각으로서 그것은 한 나무의 그림으로 들어가야 하지도 모른다. 즉 '도도나무(Sideroxylon grandiflorum)'라고 하는 것이다. 이 수종은 모리셔스섬에만 존재한다. 다만 70년대에 좀 더 자세한 연구가 이루어졌을 때, 그 나무가 13그루밖에 없으며 모두 수령이 300년이 넘는다는 사실이 밝혀졌다. 크고 껍데기가 두꺼운 이 나무의 열매는 아무리 애를 써도 발아를 시킬 수가 없었다. 이 열매를 칠면조 사료로 사용하기로 하고 열심히 그것을 다듬은 다음 거친 위석(胃石)[22]과 함께 소화를 시키면 무슨 일이 일어나는지 보려고 실험을 했다. 그 결과, 비록 지금까지 확실하게 증명된 것은 아니지만, 이 씨를 먹고 발아가 가능하게 만든 것이 도도였다는 것을 쉽게 추정할 수 있었다. 육중하고 묘한 구조를 지닌 도도의 부리가 그 일에 적합했던 것으로 보인다.

도도의 영양 공급에 대해서는 여전히 알려진 것이 너무 적다. '장과와 과실, 씨'는 비둘기 먹이의 평균 구성요소에 지나지 않는다. 다만 큰 비둘기는 뚱뚱하고 기형적인 몸이 날 때부터 항상 그렇든 아니면 유리한 계절이 끝날 무렵에만 그렇든 상관없이 아주 많은 열매를 먹을 필요가 있었다는 것은 확실하다.

모리셔스섬에 사람이 정착한 이후 주택 건축과 선박 건조를 위해 해안림을 개간하면서부터 새끼를 제대로 키우기 위해 몸에 필요한 먹이자원을 도도는 분명히 빼앗겼다. 아마 도도는 도도나무 및 그 열매와 공생 관계를 맺으면서 생존했을 것이다. 물론 정확한 것은 알 수 없다. 하지만 한쪽 공생 파트너가 광범위하게 혹은 완전히 멸종되면서 나머지 파트너도 몰락할 수 있다는 것은 의심할 여지가 없는 사실이다. 아마 도도나무도 머지않아 '도도처럼 죽는' 신세가 될 것이다.

---

19 잡아먹혀 개체의 수가 감소하는 일.

20 찰스 다윈이 연구하던 갈라파고스섬에만 서식하는 14종의 방울새.

21 고립된 섬에 서식하는 동물이 육지의 아종에 비해 유난히 커지는 생물학적 현상.

22 썹는 이빨을 가지고 있지 않은 동물의 소화계통 내부에 머무는 암석으로서 음식을 잘게 부수는 데 사용된다.

10. 꽃과 곤충

- 인간과 벌, 장미과 식물의 공생이 사라지고 있다

공룡 시대 한복판에 있던 1억 5000만 년 전쯤, 식물 세계에 진화의 길이 열려 자연에 색깔을 입히고 근본적으로 자연을 변화시켰다. 그때는 시조새가 최초의 비행을 시도하던 시대였다. 학술적으로 곤드와나(Gondwana)라고 불리는 거대한 남반구 대륙이 서로 갈라지기 시작했고 거기서 남아메리카와 아프리카, 인도, 오스트레일리아 및 남극 일대를 형성하는 육지가 생겼다. 이 균열을 통해 대륙의 해안이 많아질수록 육지에는 더 많은 비가 내렸다. 강우는 요즘과 마찬가지로 식물의 성장에 유리했다. 하지만 당시의 식물 세계는 전혀 다른 모습이었다. 식물계 안에 갇혀서 종자 형성을 하는 꽃은 아직 나오지 않았을 때였다. 밑씨는 가문비나무나 소나무, 전나무 같은 현대의 침엽수에서처럼 노출된 상태였다. 이처럼 종자를 형성하는 식물의 기본 유형을 '겉씨식물'이라고 부른다. 그 상대 유형인 '속씨식물'은 생성 중이었다. 늪과 하천에 서식하는 식물은 꽃의 구조를 바꾸기 시작해서 폐쇄적이고 좀 더 보호가 잘 되는 육종이 가능해졌다. 잎의 원세포에서 둘레를 감싼 꽃잎이 형성되었다. 종자가 자라는 씨방은 종피라는 단단한 덮개가 생겨 물과 차단되었다. 또 부드럽고 '즙이 많은' 과육도 마찬가지였다. 근대의 연구는 이런 전제에서 출발한다.

어쩌면 처음에는 전혀 눈에 띄지 않았을 이런 형태가 늪지대의 하천에서 마침내 좀 더 건조한 육지로 확장되었다. 육지에서 자라는 식물은 단순하게 수꽃의 꽃가루를 날려 보냈다. 바람은 꽃가루를 계속 실어 날랐고 운이 좋으면 똑같이 노출된 암꽃의 꽃잎 부위에 꽃가루를 앉혔다. 이런 방법을 그 이치에 따라 풍매(風媒)라고 부른다. 풍매는 지금도 여전하며 비단 중생대의 먼 옛날부터 유래하는 침엽수뿐만 아니라 '좀 더 근대적인' 개암나무, 오리나무, 그리고 잔디의 경우에도 기능을 발휘한다. 밀이나 그 밖의 곡식이 꽃을 피우는 시기에 바람이 완전히 멎는다면, 수확은 거의 기대할 수 없을 것이다. 반대로 건조한 날씨에 바람이 들판 위로 불고 곡식이 자라는 밭 위로 바람이 물결을 친다면, 수확은 풍성할 것이다. 하지만 물과 영양 염류, 온기가 과잉 공급되어 식물이 우거지고 빽빽한 숲을 이룬다면, 바람을 막게 되고 꽃가루받이를 통한 수분은 힘들어진다. 이런 현상은 가문비나무를 (너무) 빽빽하게 심은 산림에서 볼 수 있다. 이런 곳에서 겉씨는 공중으로 솟구친 나무 꼭대기에서만 보인다. 열대우림 같은 밀림에서는 바람이 불지 않아 꽃의 형성, 즉 화성(花成) 현상이 없었을 것이다.

1억 5000만 년 전, 처음에는 종자의 형성을 보호하는 신종 화성이 출구를 열었다. 목련이 이 과정이 어떻게 진행되는지를 보여 준다. 목련은 현존하는 꽃식물 중에 가장 원초적인 것에 속한다. 목련의 경우 커다란 꽃잎이 연분홍이나 하얀 색을 띠면서 일종의 용기를 형성하는 것이 많은데 그 속에는 단순한 구조로 된 꽃 특유의 기관이 들어 있다. 특이한 것은 실제 잎 모양을 한 큰 꽃잎에 엽록소가 형성되지 않는다는 것이다. 따라서 꽃잎은 흰색이거나 축적된 다른 색소를 토대로 분홍에서 불그레한 색까지 띠게 되고 개량종의 경우엔 진홍에 가까운 색을 낸다. 이런 색을 지닌 꽃잎은 주변을 둘러싼 정상적인 녹색과 확연한 차이를 보일 수밖에 없다. 이 같은 대조를 통해 목련은 신호를 보낸다. 부드러운 꽃의 부분, 특히 단백질이 풍부한 꽃가루에 관심을 가진 곤충이 멀리서도 이 꽃을 훨씬 쉽게 보기 때문이다.

곤충은 이 꽃을 목표로 찾아다니다가 발견하고 날아든다. 이것은 꽃으로 볼 때는 단점이거나 심지어 위험으로까지 작용할지도 모른다. 딱정벌레나 그 밖의 곤충은 절지동물 특유의 턱으로 -이들을 '핥거나 빠는' 혹은 '찌르는' 다른 곤충과 구분하기 위해 '깨문다'라는 표현을 하는데- 꽃가루를 갉아먹기 때문이다. 곤충은 이런 행위로 꽃가루가 동종의 다른 꽃 암술머리에 내려 앉아 수분을 하고 열매를 맺을 가능성을 떨어트린다. 하지만 이들이 충분한 꽃가루를 남겨 두면, 비슷한 다른 꽃으로 꽃가루를 묻히고 날아가기 때문에 곤충은 수분을 촉진하기도 한다. 적당한 꽃가루 입자 한두 개만 암술머리에 닿아도 수정에는 충분하다.

장점과 단점은 따라서 서로 가까운 곳에서 병존한다고 할 수 있다. 다만 바람이 꽃가루를 동종의 다른 꽃으로 실어 나를 기회가 줄어들수록 '꽃가루 도둑'에게는 더 유리한 상황이 된다. 어쨌든 꽃가루는 대량으로 생산되어야 하기 때문이다. 바람이 꽃가루를 날리는 상황이라면 더 많이 생산될 것이다. 남아 있는 것은 아무튼 꽃가루에 달라붙은 곤충이 먹어 치우겠지만 그래도 식물에 손해가 되는 것은 아니다. 이 관계는 꽃가루뿐만 아니라 당분이 함유된 분비물, 즉 화밀

꽃과 곤충의 거대한 집단은 이런 공생이 존재한 이후 1억 년이 흐르는 동안 상호작용을 통해 형성되었다.

까지 포함될 때, 양 공생 가담자에게는 한층 더 유리한 상황이 된다.

화밀은 주로 꽃잎 바닥에서 분리된다. 이곳의 식물 조직은 연하고 항독소가 없거나 거의 들어 있지 않기 때문에 곤충이 우선적으로 먹으려고 하는 부분이다. 그런데 화밀의 분비는 연한 조직을 먹으려고 하는 곤충의 행위를 돌려 놓는다. 화밀이 식물의 바로 이 위치에 없어서는 안 될 조직을 먹는 것에 대한 대안을 제공한다. 여기서 번식을 위해 없어서는 안 될 씨가 만들어지기 때문이다.

꽃가루와 화밀은 두 가지 기능을 수행하는 매력적인 선물을 만든다. 바로 꽃가루의 전달과 꽃에 대한 보호 기능이다. 곤충은 그에 대한 반응을 보인다. 이와 관련해 최초의 꽃이 완전한 상태로 진화하자마자 곤충은 이 새로운 영양원에 최적화되었다. 대신에 이런 변화는 형태의 지속적인 진화와 꽃의 원격 작용을 촉진했다. 꽃과 곤충은 상호적응의 무한 고리로 빠져들었다. 수많은 개별적인 공생이 조합된 것이기 때문에 우리는 이것을 '초 공생(Super-Symbiose)'이라고 부른다.

모든 공생 파트너가 스스로 자체의 작용을 한다. 그리고 여기서 살아 있는 매우 다양한 종의 곤충이 만들어졌다. 꽃식물에 달라붙어 사는 곤충은 수십만 종이나 된다. 이 거대한 종의 스펙트럼에서 최대의 지분에 속하는 것이 '꽃-곤충' 시스템이다. 꽃과 곤충의 거대한 집단은 이런 공생이 존재한 이후 1억 년이 흐르는 동안 상호작용을 통해 형성되었다. 꽃은 접시

에 담긴 요리처럼 꽃가루를 제공한다. 꽃잎은 접시가 나타나듯 넓게 벌어지고 그 한복판에서는 꽃가루가 붙어 있는 꽤 많은 꽃가루주머니에 둘러싸인 암술머리가 위로 솟구쳐 있다. 이렇게 모든 곤충에 개방적인 꽃의 유형을 '쟁반 꽃'이라고 부른다. 다른 꽃들은 구조가 훨씬 복잡해 특정 곤충만 입장을 허락하며 속이 너무 폐쇄적이라 접근해 온 곤충은 크기가 적당하거나 특별히 여는 기술이 있어야 한다. 입술꽃부리로 들어가는 어리뒤영벌을 예로 들 수 있다.

꽃의 유형은 매우 다양해서 종이 매달린 모양을 하여 그 위에 착륙해서 꽃 속으로 기어오르는 것이 아주 힘들기도 하고 콩과식물의 '나비 모양의 꽃'이 그렇듯, 많은 용담의 깊숙한 깔때기처럼 특히 꽃 턱 주변에서 회전한 난초과 식물에서 보듯 '바라는' 곤충이 착륙해야 하는 다양한 형태의 '입술'이 아래로 향해 있기도 하다. 앞장의 그림에 제시한 것은 끝없는 꽃의 다양한 스펙트럼에서 극히 일부만 잠깐 살펴본 것이다.

유난히 형태가 다양한 난초 꽃을 보도록 하자. 서로 아주 가까운 종이라고 해도 난초의 꽃('나비난초 Orchis'와 이에 가까운 속)이나 똑같이 나비난초에 속하는 헬레보린('닭의난초Epipactis helleborine'와 '종의난초E. palustris'), 그리고 형태와 화학적인 냄새로 곤충의 암컷을 모방해 수컷을 유인하는 '오프리스(Ophrys)'속의 작은 꽃에서 보듯, 꽃의 구조로 구분된다. 오프리스는 곤충이 짝짓기를 시도하도록 자극하는 것 외에는 아무것도 줄 것이 없지만, 이 자극이 꽃가루의 전달에 영향을 준다. 이에 비해 휘황찬란하게 번쩍이는 열대 아메리카의 모르포 나비처럼 많은 공작나비는 성공적인 수분 매개체라기보다는 화밀을 약탈하는 강도에 가깝다. 길게 내뻗고 조심스럽게 더듬는 이들의 주둥이에 꽃가루가 매달리는 경우는 아주 드물다. 꽃가루가 묻는다고 해도 암술머리의 올바른 위치에 전달하는 경우는 훨씬 더 드물다. 꽃을 찾는 곤충 중에 공작나비와는 반대로 큰 꽃무지는[23] 아주 둔하다는 인상을 주고 파괴적인 결과를 부르기까지 한다.

모든 개별적인 경우를 보면 화초생물학의 특징이 일치된다는 것을 보여 준다. 꽃과 곤충 사이에는 기나긴 진화의 기간에 걸쳐 적응이라는 것이 생겨났다. 적응은 꽃의 형태와 크기, 그리고 그 조건에 따라 수분매개체 자격이 있는 곤충이 선택하는 것에서 표현된다. 좋은 수분매개체는 꽃가루 입자가 매달린 털을 몸에 붙이고 나른다. 낮 시간에 꽃이 벌어지는 예는 적합한 곤충의 활동 기간에 맞추는 것이다. 곤충이 개화 시간에 적응한 것인지 아니면 개화 시간이 곤충의 방문에 적응한 것인지를 따지는 것은 무의미한 일이다. 이런 시스템은 재생 과정을 거쳐 진화하는 것이고 동시에 상호 교체 과정을 거치며 형성되는 것이기 때문이다. 다만 처음에 새로운 진화와 대안이 있는 식물이 곤충을 유도했다는 것이 일반적인 경향으로 간주된다.

자연스럽게 발생하는 꽃가루 외에 꽃은 추가로 미끼를 개발했다. 화밀이 분비되어 꽃의 중요한 부위를 먹어 치우는 것을 방해한다는 것은 앞에서 언급했다. 식물이 화밀을 만드는 데는 거의 비용이 들지 않는다. 당분은 광합성의 산물이기 때문이다. 화밀에 단백질의 형성 단위라고 할 아미노산 함량은 얼마 되지 않는다. 식물에 단백질이 중요한 까닭은 당분보다 만들기가 훨씬 힘들기 때문이다. 식물은 대개 곤충이 꽃가루를 먹는 것 외에 더 이상의 단백질 손실을 감당하지 못한다. 꽃을 찾는 곤충이 화밀에 정확하게 접근할수록, 꽃가루의 손실은 줄어들 것이다.

이를 위해 꽃은 두 가지 수단을 투입한다. 비록 중심부로 제한되기는 하지만, 장거리 효과를 불러일으키는 꽃향기가 바로 그중 하나다. 종종 시각적으로 훨씬 더 멀리 효과를 미치는 꽃 색깔이 있기 때문이다. 대신 향기는 꽃이 벌어졌고 아직 시들지 않았다는 신호를 보낸다. 꽃은 이런 상태에 도달하자마자 종자의 발달과 성숙을 위해 안정을 취해야 한다.

두 번째 수단은 가까운 위치에 있는 이른바 화밀유인선 또는 줄무늬로서 이것이 효과를 발휘한다. 꽃 속의 '올바른 장소'로 가는 곤충의 길을 유도하는 이것은 자외선을 반사하는 꽃의 주요한 미세구조라고 할 수 있다. 곤충들은 이것을 보고 꽃으로 가는 방향을 잡는다.

꽃 색깔은 대개 일반적인 유혹 효과만을 낸다. 이때 곤충의 눈을 가장 유혹하는 것은 노란색이다. 따라서 모든 꽃은 노란색이거나 자외선을 반사하는 한, 흰색이어야 한다. 이것은 흰 꽃이 저녁이고 밤이고 가장 잘 보이기 때문이다. 하지만 알다시피 꽃 색깔은 훨씬 다양하다. 그 범위에는 빨간색과 진한 파란색도 들어간다. 그 이유는 색의 물리학적인 다른 효과 때문이다. 특히 그 효과는 빨강과 파랑에서 강렬하다. 말하자면 이 색깔들은 꽃을 덥히는 기능을 한다. 이 효과는 꽃잎

세포에 축적된 색소를 통해 유발된다. 색소가 받아들인 햇빛을 열복사로 바꿔 주는 것이다. 그리고 열복사는 꽃을 가열한다. 이때의 온기는 종자 형성에 유리한 역할을 한다. 더욱이 파란 꽃과 빨간 꽃이 깔때기 모양을 형성하면, 곤충이 날아가기 위해(계속 꽃을 방문하기 위해) '작용 온도'에 이르러야 하는 상황에서, 색깔에 따른 온기를 통해 간접적으로 많은 곤충에게 매혹적으로 변한다.

꽃에서 눈에 띄는 모든 것이 오로지 곤충만을 상대로 한 것은 아니다. 작은 조류 같은 다른 수분매개체를 위한 것도 있다. 아메리카의 벌새, 아프리카의 태양새, 그리고 그 밖에 열대의 작은 새나 박쥐, 나무를 기어오르는 작은 포유류는 꽃을 찾는 아주 중요한 상대다. 색깔은 꽃의 상태에 대하여 신호를 보낸다. 곤충은 자외선 영역으로 들어간 색의 스펙트럼을 조류나 작은 포유류와는 다르게 본다. 색깔은 빛을 온기로 바꿔 주는 효과를 일으키며 그와 동시에 개화에 유리한 작용을 한다.

인간에게 가장 중요한 공생은 벌, 특히 꿀벌과 식물학적으로 장미과로 분류되는 식물과의 공생이다. 우리들 주변에서 보는 과일나무도 이 공생에 속한다. 벌이 없다면, 우리는 사과나 배, 살구, 자두를 보지 못할 것이다.

꽃과 곤충의 상호관계는 여전히 수동적이다. 그것은 처음에 그토록 많고 믿을 수 없이 복잡한 꽃의 구조에 깊이 빠지고 그 구조에 적합한 곤충의 적응 상태를 연구할 때 생각하기 쉽듯이, '무엇을 하기 위한' 시스템이 아니다. 양 협력 파트너의 측면에서 볼 때는 전반적인 필연성이 존재한다. 가능할 때는 사기와 속임수도 나온다. 중부 유럽에서도 볼 수 있는(대개는 드문 일이지만) 오프리스 란의 경우가 그렇다.

특정 곤충의 수컷은 암컷처럼 보이는 이 꽃과 짝짓기를 하는데 이 과정에서 꽃가루를 몸에 묻힐 뿐, 더 이상의 반대급부는 없다. 그런데도 이 곤충은 곧 다시 그렇게 생긴 꽃을 찾아 날아가 꽃과 짝짓기를 시도하며 그 과정에서 꽃가루를 나른다. 이 밖에 꽃에서 비롯된 많은 속임수의 사례는 이 공생에서 각 파트너가 우선적으로 자신의 이점을 찾는다는 것을 보여 준다.

많은 곤충은 꽃으로서는 불리한 대안을 선택한다. 이들은 꽃가루를 전파하지도 않은 채 화밀을 약탈한다. 가령 주둥이가 긴 어리뒤영벌만 닿을 수 있는 깊은 꿀샘에서 화밀이 분비되면, 많은 꿀벌과 어리뒤영벌은 힘들여 꽃 속으로 기어들어가지 않는다. 이들은 어렵지 않게 꿀샘을 깨물고 그것을 빨아들인다. 벌새도 화밀을 약탈하는데 그것도 매우 성공적이다. 벌새는 마치 창기병이 창을 휘두르듯, 닫혀있는 꽃으로 주둥이를 길게 내뻗고 정확하게 화밀이 분비되는 위치를 뚫는다. 거의 닫혀있는 무궁화속의 빨간 꽃, '말바비스쿠스(Malvaviscus arboreus)'에서 이런 광경을 볼 수 있다. 왜 이렇게 낯선 방식이 종종 '정해진' 길보다 선호되는 것인지에 대해서는 뒤에서 살펴볼 것이다.

지금까지 연구된 것을 보면, 공생의 협력 파트너 사이에 나타난 몹시 불안정한 균형이 문제라는 사실이 드러난다. 이런 거대한 스펙트럼에서 인간에게 가장 중요한 공생은 벌, 특히 꿀벌과 식물학적으로

장미과로 분류되는 식물과의 공생이다. 주변에서 보는 과일나무도 이 공생에 속한다. 벌이 없다면, 사과나 배, 살구, 자두를 보지 못할 것이다. 인간에게 중요한 수많은 유용식물의 수확은 벌에 달려 있다. 하지만 몇몇 소수의 농업 대기업을 위한 단기적인 이익 때문에 정치인들은 벌에게 위험한 농약을 허용함으로써 벌을 죽이는 위험을 무릅쓴다. 하필 꽃과 곤충 사이에 일어나는 가장 중요한 공생이 현재 큰 위기에 빠진 것이다. 야생벌과 어리뒤영벌은 어디를 가든 보기가 힘들고 완전히 사라진 곳도 있다. 벌종의 넓은 스펙트럼이 IUCN(국제자연보전연맹) 적색목록[24]을 채우고 있다. 꿀벌의 죽음이 정치인들을 각성시켜 소수지만 최고의 네트워크가 조성된 정치적인 소수 고객의 이익이 아니라 공동선을 위한 결정을 내릴 수밖에 없기만을 바랄 뿐이다.

---

23 풍뎅잇과에 속하는 곤충.

24 세계에서 가장 포괄적인 지구 식물, 동물종의 보전 상태의 목록.

11. 다윈의 박각시나방

- 박각시나방을 유혹하는 흰 꽃

마다가스카르의 원시림에는 꽃의 구조가 너무 기이해서 기형이 아닌가 생각할 수도 있는 난초가 있다. 꽃의 모든 부분은 길게 늘어난 형태로 연두색 색조가 섞인 우윳빛 별 모양을 하고 있다. '마다가스카르의 별'이라는 독일어 명칭은 이런 형태와 관계가 있다. 이 난초의 학명은 '앙그라이쿰 세스퀴페달레(Angraecum sesquipedale)'다. 가장 긴 부분은 가는 관의 형태로 된 꿀주머니인데 안쪽에 있는 그 관 끝에서 화밀이 분비된다. 많지는 않아도 계속 분비된다. 이 꿀주머니의 길이는 45센티미터까지 이르기도 한다. '세스퀴페달레'라는 종명(種名)은 이 긴 관과 관계가 있다. 그 말은 '1.5발'이라는 뜻이기 때문이다. 단순히 긴 것을 넘어 너무 긴 것처럼 보인다. 화밀이 관 맨 밑에서 분비된다면, 도대체 어떤 곤충이 이 관에서 화밀을 꺼내려고 할까?

1862년에 영국에서 이 난초종이 꽃피우는 것을 본 찰스 다윈은 긴 꿀주머니를 보고 그에 걸맞게 긴 주둥이를 가진 나비나 박각시나방이 분명히 있을 것이라는 결론을 내렸다. 그로부터 40년 가까이 지난 1903년에, 실제로 긴 주둥이를 가진 박각시나방이 발견되었다. 이 나방은 그 존재에 대한 예언(Praedicta)을 기리는 의미에서 '싼토판 모르가니 프레딕타(Xanthopan morganii praedicta)'라는 이름을 얻었다. 이 사례는 유명해졌다. 여기서 비롯된 과학적인 문제는 이후 많은 토론과 논쟁으로 이어졌다.

난초의 꿀주머니 길이와 나방의 주둥이 길이가 상호 적응의 결과라는 것은 의문의 여지가 없다. 물론 지나치게 긴 주둥이를 가진 박각시나방이 실제로 마다가스카르의 별을 찾아와 꽃가루주머니에 달라붙어 동종의 다른 꽃으로 그 씨를 전파하는 역할을 하는 모습을 직접 사진으로 증명하기까지는 90년이 넘는 시간이 걸렸다. 틀림없이 그런 관계일 것이라는 데에는 처음부터 학자들의 의견이 일치했다. 대부분의 박각시나방은, 특히 중부 유럽에도 서식하는 박각시 및 줄홍색박각시와 비슷한 '싼토판'속의 큰 나방은 밤에 날아다닌다. 마다가스카르의 별의 꽃 형태('별')와 색깔은 야간 방문객에게 신호를 보내는 역할을 한다. 아마 달 밝은 밤이면 꽃이 흐릿하게 자외선 빛을 반사해서 시각적으로 박각시나방이 찾도록 유도하는 것으로 보인다.

마다가스카르의 별과 박각시나방은 고도로 전문화된 공생으로 보이는 공동체를 형성한다. 난초의 꿀주머니 길이에 어울리게 긴 박각시나방의 주둥이는 특별 상황에 대한 극단적인 적응의 모범 사례로 통한다. 긴 기간 동안 꿀주머니와 주둥이의 길이가 늘어나고 이를 통해 다른 동물의 화밀 이용을 차단하는 것은 충분히 상상이 된다. 하지만 난초는 이 과정을 통해 바로 이 박각시나방의 존재에 전적으로 의존하는 상태로 빠져들었다. 종으로서 이 난초는 자연에서 보기 드물다. 마다가스카르의 별이 분포하는 지역은 강수량이 많은 마다가스카르 동해안의 숲으로 제한된다. 부연하자면 이 꽃은 난초과

1862년에 영국에서 '마다가스카르의 별'이 꽃피우는 것을 본 찰스 다윈은 긴 꿀주머니를 보고 그에 걸맞게 긴 주둥이를 가진 나비나 박각시나방이 분명히 있을 것이라는 결론을 내렸다.

식물로서는 아주 크다. 수고생장(樹高生長)이 1미터에 이를 수도 있다. 그리고 꽃의 향기도 강렬하다. 하지만 박각시나방은 단순히 그 화밀에만 관심이 있는 것이 아니라 무엇보다 애벌레를 위한 적당한 사료용 식물을 확보해야 하기 때문에 그로서는 활동의 폭을 훨씬 넓혀야 한다. 이 나방의 긴 주둥이는 따라서 다른 꽃의 꿀을 마실 때 방해가 되지 않는다. 단지 적당한 거리만 유지하면 된다. 박각시나방과 이들의 애벌레가 먹을 사료용 식물을 들여다보면 이야기는 아주 복잡해진다.

'싼토판 모르가니'는 그의 긴 주둥이를 이용하는 난초 서식지의 해안림에만 있는 것은 결코 아니다. 이 나방의 주요 분포 지역은 모잠비크의 동부 아프리카 해안림 너머, 즉 마다가스카르의 맞은편에서 탄자니아 동남부 내륙까지 뻗어 있다. 또 아프리카 내륙으로 더 들어간 곳에서도 날개폭이 12~15센티미터에 이르는 이 큰 나방이 살고 있으며 암컷은 이보다 더 크다. 아프리카에 서식하는 이 종의 주둥이는 길이가 25센티미터에 이른다. 하지만 애벌레는 박각시나방이 방문하는 난초의 잎이 아니라 다양한 나무, 심지어 남아메리카에서 유래한 '커스터드 애플(Annona reticulata)'의 잎을 먹고산다.

게다가 마다가스카르의 별은 화밀로 박각시나방을 유혹해서 나방이 자신의 잎에 알을 낳고 이후 그 애벌레가 잎을 먹는 것에 아무 흥미가 없을지도 모른다. 이 난초에게 중요한 것은 오로지 난초의 꽃가루를 감싸고 있는 꽃가루주머니뿐이다. 꽃가루주머니는 어떻게 해서든 동종의 다른 꽃 암술머리에 도달해야 하기 때문이다. 촘촘히 짜인 꽃가루주머니는 그것을 날라줄 동물이 필요하다. 바람은 이 주머니를 실어 나를 수 없으며 설사 나른다 해도, 멀리 떨어진 다른 꽃과 마주칠 확률이 극히 낮다. 동물의 매개, 특히 이른바 꽃불변성(Blütenstetigkeit)[25]을 발전시킨, 즉 의도적으로 특정 꽃을 찾는 곤충의 매개가 해결책이다.

나비는 그다지 훌륭한 꽃가루 매개체라고 볼 수는 없다. 나비는 대개 간격을 멀찌감치 유지하며, 화밀을 마실 때 펼 수 있는 주둥이가 길수록 그 간격은 더 벌어진다. 벌새라면 훨씬 더 적합할 것이다. 중남아메리카의 벌새는 꽃을 찾는 동물로서의 역할이 아주 중요하기 때문에 그곳의 식물 세계에서는 심지어 벌새에 적합한 꽃의 유형(새꽃)이 진화했고 흔히 벌새가 볼 수 있는 진홍색으로 '광고'를 한다. 다만 꿀벌이나 어리뒤영벌, 그 밖의 많은 곤충에게 이 빨간색은 매혹적인 색깔이 아니다. 이들은 그 색깔을 식별하지 못하기 때문이다.

앞에서 말한 대로, 박각시나방과 밤나방을 유혹하는 것은, 저녁이나 달빛이 훤하게 비추는 밤에 흰 꽃에서 반사되는 자외선이다. 빨간색은 이들에게 너무 단조롭다. 물론 인간에게는 많은 노래에 나오듯 '빨간 장미'가 보통 아름답기 때문에 빨간 꽃이 흔하고 그것을 즐겨 찾기도 한다. 반대로 개와 고양이, 그리고 대부분의 다른 포유류는 빨간색과 녹색을 구분하지 못한다. 사람의 적록 색맹과 비슷하다. 빨간 꽃은 저녁과 밤에 꽃을 찾는 대부분의 곤충들에게 보이지 않는다. 파란색도 극소수의 상대만 유혹한다. 가장 자극적인 것은 노란색이다. 물론 효과가 가장 뛰어난 것은 흰색이다.

그렇다면 왜 꽃은 하필 밤에 꽃가루 매개체를 유혹하는 것일까? 그 역할에 최적화된 어리뒤영벌과 꿀벌 같은 곤충은 거의 모든 조류, 특히 낮에 꽃을 찾아다니는 작은 새들처럼 밤에 잠을 잔다. 기어오를 수 있는 몇몇 작은 포유류와 마찬가지로 박쥐도 매개체가 될 수 있다. 그리고 광범위한 종의 나비도 마찬가지다.

사실 우리가 낮에 볼 수 있는 것보다 밤에 돌아다니는 나비의 종류는 열 배 이상 많다. 큰 박각시나방은 밤의 습기 찬 냉기를 유난히 좋아한다. 이들이 공중 정지를 할 때는 몸에서 많은 열이 발생하는데, 외부온도가 높은 낮에 그렇게 하면 몸이 급격히 과열될 위험이 있기 때문이다. 낮에 날아다니는 소수의 박각시나방은, 많은 휴식을 필요로 하고 뜨거운 시간을 피하며 밤에 활동하는 큰 박각시나방보다 몸무게 비율로 볼 때 그램당 더 많은 화밀을 마신다. 이것은 화밀의 수분으로 그들의 작은 몸을 냉각하기 위함이다. 밤에 날아다니는 나비의 다수는 대부분의 밤나방처럼, (나비로서는) 중간 크기거나 낮에 다니면 빠른 시간에 수분이 마를 정도로 가는 몸을 하고 있다. 밤나방 중에서는 밤에 화밀을 제공하는 흰 꽃을 찾는 것이 많다. 다만 주로 이런 행위를 하는 것은 박각시나방, 특히 열대의 박각시나방이다.

따라서 마다가스카르의 별은, 어떤 이유에서든 이 난초가 밤에 꽃을 피우기 시작한 이후로 가능한 꽃가루 매개체나 꽃가루주머니의 운반체에 대한 선택의 폭이 좁았다. 부드러운 꽃으로서는 낮의 열기보다 더 서늘하고 습기 찬 밤의 대기가 더 좋다. 가령 개화가 짧은 기간(계절)에 일어나는 것이 아니라 여러 달 나누어서 발생하기 때문에 꽃이 오래가야 한다면, 이 과정이 낮보다는 밤에 훨씬 쉬울 것이다. 혹은 나무가 빽빽하게 우거진 열대림처럼 낮에도 컴컴한 생존 공간이 유리할 것이다. 하지만 난초는 거의 언제나 종의 희귀 상태를 낳는 특별한 난관을 극복해야만 한다. 난초의 미세한 씨가 성공적인 발아를 하자면 버섯이 있어야 한다. 바람이나 그 밖의 운반체가 씨를 싣고 간 그곳에 버섯이 있어야만 새 난초의 성장은 성공한다. 이런 이유로 엄청나게 많은 미세한 씨가 형성된다. 그럼에도 불구하고 하나 이상의 씨가 적당한 장소에 안착하는가 여부는 우연한 행운에 좌우된다. 그만큼 가능하면 정확하게 꽃가루를 전파하는 것이 중요하다. 난초는 불가피하게 특정 방문객이 찾아와서 꽃가루주머니를 운송할 확률을 높이는 방향으로 꽃을 형성해야 한다.

이런 상황에서 박각시나방에 대한 마다가스카르의 별의 의존도가 그 반대의 경우보다 훨씬 더 높은 것은 불가피하다. 이 난초는 안정적인 꽃가루의 전파를 위해 긴 꿀주머니를 가지고 바로 이 나방과 점점 더 긴밀한 유대를 하지 않을 수 없었다. '프레딕타'라는 '싼토판 모르가니'의 아종은 아프리카 본토에 있는 동종보다 훨씬 더 긴 주둥이로 그런 상황에 반응한 것이다. 그런 효과에 덧붙여 길게 풀어낼 수 있는 주둥이는 흡입관으로서의 추가 기능이 있다. 그 길이는 화밀을 빨아들일 때, 꽃과 일정한 거리를 유지하도록 해준다. 꽃에는 곤충이 아주 가까이 접근할 때, 이들을 잡으려고 숨어서 기다리는 거미나 사마귀 등, 치명적인 위험이 도사리고 있다.

이런 현상은 자연에서 흔히 목격할 수 있다. 이때 벌이나 파리, 나비는 유난히 부자연스러운 위치에서 꽃에 매달려 있다. 좀 더 자세히 살펴보면, 이들이 게거미의 포로가 되었다는 것이 드러난다. 거미는 몸 색깔을 정확하게 꽃의 흰색이나 노란색에 맞추기 때문에 여간해서는 눈에 띄지 않는다. 따라서 게거미가 잠복하고 있는 꽃을 방문한 곤충은 그 거미에게 희생되는 것이다. 부전나비처럼 주둥이가 짧고 공중 정지를 하지 못하는 나비도 거미의 제물이 된다. 하지만 열대 세계에는 유럽의 자연보다 훨씬 많은 위험이 있다. 그러므로 화밀을 마실 때, 안전거리를 유지하는 것은 생존을 위해 중요하다.

벌새의 경우에는 꽃에서 숨어 기다리는 대부분의 거미에 비하면 훨씬 크고 힘이 강하지만 거미와 비슷한 수법으로 위장한 작은 뱀에게는 더할 나위 없이 좋은 먹잇감이라고 할 수 있다. 긴 꿀주머니를 갖고 그에 적응한 긴 주둥이를 가진 박각시나방과 공생하는 난초의 경우, 우리는 위험과 관련해 마다가스카르에서 그 꽃을 방문하는 곤충의 상황이 어떤지 여전히 알지 못한다. 그리고 박각시나방이 빈번하게 눈에 띄는 이유가 오로지 애벌레를 위해 적당한 사료용 식물이 있기 때문인지 아닌지도 모른다. 그러므로 긴 주둥이를 가진 박각시나방이 이 꽃을 자주 찾지 않아서 마다가스카르의 별이 멸종될 것인지 여부는 전혀 다른 이 사료용 식물에 달려 있다고 볼 수도 있다. 이와 관련해 더 단순하고 분명해 보이는 공생의 경우를 보여 주는 것 같지만, 실제로는 훨씬 복잡하고 다른 관계 및 공생과 얽혀 있는 예가 있다. 그 속에 숨겨진 온갖 비밀은 오랫동안 밝혀지지 않았다.

---

25 수분 매개체로서의 곤충이 영양원을 찾아다니는 과정에서 일정한 꽃을 선호하게 된 경향.

12. 시계초

- 열대 세계에서 공생이 다양하게 일어나는 이유

Heliconius doris doris ♂ L.
Heliconius doris f. transiens ♂ L.
Heliconius sara sprucei ♂ Bates
Heliconius wallacei flavescens ♂ Weym.
Eurytides pausanias ♂ Hew. Papilionid.
JOHANN BRANDSTETTER
2015

보통의 꽃이라고 하기에는 너무 아름다웠다. 그래서 사람들은 이것을 성서의 예수 수난사를 상징하는 '수난의 꽃(Passiflora)'이라고 불렀다. 72도의 각도로 서로 떨어져 있는 5개의 수술은 그리스도의 상처로 간주되었다. 녹색빛을 띠며 좀 더 정확하게 서로 120도의 각도를 유지한 채, 한 줄기에서 나온 암술 부분은 십자가에 박힌 못 3개로 보았다. 꽃의 일부를 이루며 암술과 수술이 솟아나온 둘레로 원을 이루는 강모(剛毛) 같은(부관 Nebenkrone) 화관은 가시면류관으로, 그 뒤로 둥글게 꽃의 원을 마무리하는 10개의 잎은 열 명의 사도(베드로와 유다는 제외)로 해석되었다. 나사처럼 돌돌 말린 채, 뾰족하게 뻗어나간 가는 넝쿨은 채찍에 대한 상징으로 첨가되었다. 이런 식으로 모든 것이 수난을 상징하는 데 '어울렸다'.

열대 아메리카에서 이 유일무이한 식물을 발견했을 때, 유럽 여행자들은 이 기적의 꽃을 꼼꼼하게 살폈다. 남아메리카라는 대륙은 성서의 수난사와 아무 관계가 없는 장소였는데도 여행자들은 이 꽃의 유래를 설명하려고 애썼다. 정작 남아메리카 원주민들의 수난은 유럽인이 들어오고 나서부터 시작되었는데도 말이다. 유럽인이 자행한 '낙원의 정복'을 통해(리들리 스콧 감독이 1992년, 크리스토퍼 콜럼버스의 신대륙 발견 500주년을 기념해 제작한 영화의 제목이 〈1492-낙원의 정복(Conquest of Paradise)〉이었다), 범죄로 가득 찬 유럽이나 중동의 역사와는 아무 관계도 없는 원주민 수십만 명이 고문과 능욕을 당하고 십자가에 매달린 채 죽어갔다. 시계초에 대한 남아메리카 원주민의 해석은 유럽에 전해지지 않았지만, 적어도 그렇게 아름다운 꽃을 남아메리카 원주민이 피나 고통스러운 죽음과 연관 지었을 리는 없다.

남아메리카 원주민은 시계초가 주는 혜택을 알았고 또 소중하게 생각했다. 노란 오렌지 빛을 한 장과류의 그 열매는 유난히 맛이 있기 때문이다. 또 이 꽃의 이름도 있었다. 브라질 남동부에 널리 퍼져 있는 투피어(Tupí)권에서는 이 식물을 '마라쿠자(Maracujá)'나 이와 비슷한 발음으로 표현한다. 포르투갈인들이 원주민의 표현을 그들의 언어와 문자로 옮긴 것이다. 독일어로 옮겼을 때는, 신선한 과일로 구입할 수 있는 마라쿠자를 마라쿠샤'(Marakuschá)'로 발음할 수밖에 없었을 것이다(단어 끝의 a에 강세를 두고!). 원주민의 투피어에 담긴 의미는 두 부분이 합쳐진 것인데, 독일의 '마르크'와 비슷한, 죽 같은 요리를 뜻하는 '마라'와 반구 형태를 의미하는 '쿠자'가 조합된 것이다. 브라질 남부나 아르헨티나 북부에서는 나무나 작은 호리병박으로 만든 둥그런 용기인 쿠자로 펄펄 끓인 마테차를 마신다.

따라서 시계초의 열매를 유럽인이 알았을 때, 이미 원주민 사이에서는 오랫동안 그것에 중요한 의미가 담긴 후였다. 그 맛을 알면 중독이 될 수밖에 없다. 원주민은 많은 시간을 들여 잘 익은 마라쿠자를 찾아다녔다. 이들은 그것을 직접 먹기도 하고 씨와 함께 걸쭉한 즙으로 먹기도 했는데, 씨는 강렬한 맛이 나는 투명한 과육과 잘 분리되지 않았다. 씨를 오랫동안 빨아먹어야만 과육은 떨어져 나간다. 하지만 씨는 대개 미끄럽기 때문에 그 전에 목구멍으로 넘어간다.

시계초에서 중요한 의미가 있는 것은, 마라쿠자의 즙과 그 맛이라고 미식가들은 생각할지 모르지만, 사실 중요한 것은 동물과의 공생을 둘러싼 독특한 시계초의 꽃이다. 그렇기는 해도 인간과의 연관성을 살펴보는 것이 큰 도움이 되는 까닭은 거기서 중요한 두 가지 측면이 드러나기 때문이다. 우선 시계초의 꽃은 자연스럽게 예쁜 대칭을 이루고 너무도 아름답기 때문에 '설명이 필요하다'. 시계초를 수난의 알레고리로 해석하는 것은, 근대 초기에 나온 중세 기독교 사상의 후기 양식으로 보고 제쳐놓기로 하자. 그 해석은 수천 명이 마녀재판을 받고 화형 당했던, 유럽에서 근본주의적인 종교재판이 신앙의 순수성을 강요하던 시대의 유물이다. 둘째, 매혹적인 마라쿠자의 맛은 웬만한 식물은 마다하지 않는 염소도 먹지 않을 정도로 독성을 지닌 시계초에는 어울리지 않는다. 마라쿠자의 씨에 대해 알고 나면, 그 이유가 드러난다. 마라쿠자의 맛은 중독을 부른다. 하지만 씨를 빨아먹으려고 하면 미끄러워서 삼키게 되어 있다. 이런 특징은 마라쿠자를 먹는 동물에 아주 적합하다. 그럼에도 남아메리카 열대림의 광활한 지역을 돌아다니던 원주민은 맛난 열매를 맺는 시계초의 전파와 확산에 유별난 영향을 주어 왔을 것이다.

보통의 꽃이라고 하기에는 너무 아름다웠다. 그래서 사람들은 이것을 성서의 예수 수난사를 상징하는 '수난의 꽃(Passiflora)' 이라고 불렀다.

세계적으로 시계초는 500종이 넘는다. 그토록 종이 풍부한 것을 보더라도 이 덩굴식물이 유난히 성공적인 열대식물에 포함되는 것은 확실하다. 시계초속의 종은 대부분 중남 아메리카의 열대 지역에 서식하고 있다. 또 몇몇 종은 오스트레일리아 동북부와 아시아 남부, 마다가스카르에도 있고 1종은 적도 밑에 위치한 남아메리카에서 서쪽으로 약 1000킬로미터 떨어진 갈라파고스섬에 있다. 이것으로 볼 때, 아메리카의 열대가 이 덩굴식물의 원산지라는 결론을 내릴 수 있다.

남아메리카가 섬이었던 긴 시간에, 아프리카의 따뜻한 적도해류가 이곳의 북단을 지나 태평양으로 흘러들었다. 이 해류에서 표류하는 나무에 실려 남아메리카 시계초의 싹은 아시아 남부와 오스트레일리아 북부, 나아가 유난히 멀리 떨어진 마다가스카르까지 도달했다. 물론 남아메리카가 가깝다고 해도, 갈라파고스섬은 해안이 건조한 불모의 용암으로 형성되어 있기 때문에 시계초의 정착이 매우 힘들었을 것이다. 이렇게 간단하게 시계초가 세계적으로 분포한 곳만 보아도 중요한 결론이 나온다. 즉 독특한 모양을 한 이 꽃의 구조는 이미 수백만 년의 역사를 지녔으리라는 것이다.

인간이 열대 중남 아메리카에서 산 것은 불과 1만~1만 5000년밖에 되지 않았다. 이들은 동북 아시아에서 당시엔 바다 밑으로 묻히지 않은 육지 연결 지역, 이른바 베링 육교(Beringia)[26]를 지나 알래스카로 건너갔다. 북아메리카를 통과한 이들은 마침내 북아메리카와 연결된 파나마 육교를 건너 남아메리카에 정착했다.

그때는 이미 시계초가 훨씬 먼저 진화된 상태였다. 시계초의 독특한 꽃 구조와 열매 형성은 따라서 빙하기 이전 수백만 년을 거친 것이다. 남아메리카는 당시, 6000만 년 이상 지속된 지질 시대를 말하는 제3기에 있었고 세계의 나머지 지역과 고립된 상태였다. 현대의 포유류는 없었다. 따라서 시계초 열매의 이용자를 대상으로 할 때는 남아메리카 토착 동물부터 조사를 시작할 수밖에 없다.

덩굴식물을 이용하는 종으로는, 줄기를 기어오르는 포유류, 특히 조류가 있다. 다 익은 마라쿠자 장과는 단단히 달라붙어 있고 남아메리카의 열대우림에서 땅바닥부터 몇 미터 높이까지 찾아다니는 조류는 적기 때문에 이용 동물의 폭은 원숭이와 큰부리새류로 제한된다. 원숭이는 황적색으로 익은 열매를 손으로 잡을 수 있고 큰부리새도 그 긴 부리로 열매를 물 수 있다. 큰부리새의 아종 중에는 옆모서리에 이가 있는 것처럼 생긴 것도 있다(톱니 뿔 구조이지 실제의 이는 아니다).

큰부리새는 대부분의 조류와 마찬가지로 색을 구분하는 능력이 있다. 잘 익은 마라쿠자의 밝은 노란색 혹은 노란 오렌지 빛은 원숭이도 볼 줄 안다. 하지만 이런 색은 그들에게 특정 곤충이 자신의 독성을 경고하기 위해 내보이는 오렌지색과 비슷한 효과를 줄지도 모른다. 어쨌든 다양한 시계초종의 열매는 원숭이에게는 지나치게 시다. 그러므로 원숭이는 제한적인 이용자일 뿐, 열대 아메리카의 마라쿠자 열매를 제대로 이용하고 전파하는 동물은 큰부리새라고 할 수 있다. 1만 년 전에 인간이 이 열매를 찾아 나선 것은 그저 부가적인 이용에 지나지 않는다. 그리고 이 열매를 먹는 조류와 포유류를 통해 씨를 퍼트리는 것은 동물과 열매의 공생 관계를 보여 주는 수많은 예의 하나에 지나지 않을 것이다.

그러면 꽃은 어떤 역할을 할까? 꽃의 구조는 어떻게 이해해야 할까? 시계초과의 식물 중에는 여기서 논할 필요가 없는 변칙적인 형태도 있지만, 이 종은 대부분 방사선 구조를 한 세 개 층으로 분류할 수 있다. 언제나 눈길을 끄는 빨간색과 파란색, 보라색의 꽃잎은 실 모양으로 빽빽하게 자리 잡은 화관을 달고 있는데 이 형상은 열매를 맺지 않는, 즉 꽃가루를 키우지 않는 수술에서 나온 것이다. 그 위로는 수술의 꽃밥 다섯 개의 자리가 돌출되어 있고 다시 이 위로는 아래쪽으로 향한 암술의 원이 튀어나와 있다. 이 같은 위치로 볼 때, 어쩌면 있을 가능성이 있는 꽃가루는 그 밑에서 움직이는 곤충의 등에 묻어날 수도 있는 구조다. 방사선의 균형을 이루는 꽃의 구조는 꽃가루 매개체가 열매를 맺지 않는 강모 모양의 층 위에서 원을 그리며 돌아야 한다는 것을 암시한다. 암술과의 간격을 통해 대상이 되는 꽃 방문객의 대략의 크기를 알 수 있다. 따라서 큰 곤충이어야 한다. 그것도 시계초가 낮에 개화하기 때문에 낮에 활동하는 곤충이라야 한다. 더욱이 꽃가루 매개체는 신뢰할 수 있는 꽃불변성의 특징을 지닌 방문객이라야 한다. 모든 꽃은 하루만 피기 때문이다. 이 짧은 시간에 수정을 해야 하는 것이다. 이 꽃은 자가 수정을 하지 않는다.

이런 조건을 가장 잘 충족하는 곤충이 '어리호박벌(Xylocopa)'속의 호박벌이다. 이 벌은 시계초가 자라는 곳이면 어디서든 볼 수 있다. 독일의 '어리호박벌(Xylocopa violacea)'이 분포하는 지역이라면, 시계초의 몇몇 종이 자라는 데 적합할 것이다. 이 지역은 겨울에 온난하기 때문이다. 꿀벌보다 어리뒤영벌을 떠올리게 하는 큰 호박벌은 몸 크기와 형태로 볼 때, 시계초 꽃에서 '회전'하는 데 적합하다. 호박벌은 꽃가루에 충분히 밀착하는 털이 많기 때문에 등 뒤에서 아래쪽으로 향한 암술의 꽃가루를 묻혀갈 수가 있다. 호박벌은 세계적으로 열대에 두루 퍼져 있고 대부분 열대에서 흔히 볼 수 있다. 따라서 시계초로서는 최선의 조건을 갖춘 셈이다. 호박벌의 분포 지역은 시계꽃의 분포 지역을 넘어선다. 이 반대의 경우라면 문제가 생길 것이고 아마 수분을 해야 하는 식물로서는 대안이 필요했을 것이다. 대안이 있다고 해도 공생은 작동하지 않을 것이고 씨를 전파할 동물도 없을 것이다. 시계초는 생존을 위해 이중의 공생이 필요하다.

이래도 충분한 것은 아니다! 이런 이유로 171쪽의 그림에는 나비를 집어넣었다. 시계초의 일생은 단순히 호박벌의 도움을 통한 개화와 수정에서 시작해 열매를 먹는 동물을 통한 이후의 씨의 전파에 이르는 궤도에서 벌어지는 것이 아니다. 난관은 성장에 있다. 발아한 씨는 번성해야 하고 꽃피고 열매 맺는 데 필요한 물질을 모아서 다 자란 식물이 계속 자랄 수 있게 해야 한다.

이런 식물의 성장은 '이해 관계자'를 끌어들일 수 있는데 -보통 그렇게 된다- 바로 잎이나 꽃봉오리, 자라나는 열매를 먹는 동물이다. 앞부분에서 강조한 대로, 시계초의 꽃은 독이 있다. 이쯤해서 부연하는 것은, 무엇보다 인돌알칼로이드의 성분으로 야기되는 독성이 종에 따라서 또 동종 안에서도 편차가 심하다는 것이다. 이에 따라 인간이 몇몇 종의 시계초를 이용하는 범위에는 열매뿐만 아니라 잎이나 어린 넝쿨을 우려낸 차도 들어간다. 어울리지 않는 개량종을 차의 원료로 쓸 때는 몇 가지 위험도 따른다. 자연 속에서 특별한 종의 나비는 시계초의 잎과 넝쿨에 전문화되어 있다. '헬리코니어스(Heliconius)' 속의 나비로 일상적으로는 시계초 나비라고 부른다. 171쪽의 그림에는 파란 날개를 한 3종의 예가 들어 있다. 네 번째 나비는 호랑나빗과에서 나온 것으로 뒤에서 다룰 것이다.

시계초의 넝쿨은 빨리 자라며 빛을 향하는 성질이 있다. 단단한 줄기는 형성되지 않는다. 넝쿨식물로서 시계초는 만들어진 줄기 주변을 휘감고 올라간다. 나사처럼 돌돌 말린 가는 넝쿨의 끝은 의지할 곳을 찾는 더듬이 같은 작용을 한다. 빨리 자라는 어린잎에는 일반적으로 적이 먹어 치우는 것을 막아 주는 항체가 별로 들어 있지 않다. 따라서 번데기와 식물을 먹고사는 다른 곤충에게, 자라나는 어린 녹색 식물은 유난히 매혹적이다. 그러나 어딘가를 향해 길게 뻗어나는 넝쿨은 별로 영양분이 없다. 애벌레 한 마리라면 그것만으로도 굶어죽지 않고 번데기가 될 준비를 할 수 있을 것이다. 하지만 그 이상은 안 된다. 애벌레들은 서둘러서 모든 것을 먹어 치우게 될 것이다. 따라서 시계초의 애벌레는 다른 애벌레가 자신보다 작고 제압이 가능할 때는 상대를 죽인다. 이렇게 해서 애벌레는 경쟁에서 벗어나 자신의 넝쿨을 확보하는 것이다. 게다가 암컷 나비는 알을 낳기 전에 어린 넝쿨을 애벌레들이 이미 먹어 치웠는지 샅샅이 조사한다. 또 그 위에 다른 나비가 알을 낳았는지까지 살핀다. 이들은 암컷 한 마리당 감당할 수 있는 소수의 알을 매우 꼼꼼하게 따로따로 할당을 한다. 이것이 애벌레의 생존 가능성을 높여 주며 상호 경쟁의 부담을 덜어 준다.

하지만 식물도 이 과정에 끼어들었다. 이 식물은 마치 알이 이미 있는 것처럼 보이도록 가짜 알을 만들어서 알을 낳을 준비가 된 암컷 나비를 속인다. 물론 일정한 조건에서만 그러는 것이지 무조건 가짜를 만들지는 않는다. 결국 평균적으로 넝쿨당 애벌레 한 마리가 먹는 것이 더 좋기 때문이다. 식물은 새 잎을 만들어 내면서 애벌레가 먹는 것을 감당해 낸다. 그리고 이 식물은 이미 살고 있는 애벌레를 통해 추가적인 피해를 막게 된다. 즉 식물과 나비 사이에는 일종의 힘겨루기가 일어나는 셈이다. 그 결과는 애벌레가 피어나게 할 수 있는 꽃의 수와 동시에 번식 성공률에 영향을 준다.

이 정도는 아직 별 거 아니라는 듯, 표범나비아과에 속하는 순수한 시계초 나비는 다른 아종의 모방 행위로 인한 추가 경쟁에 노출된다.

모방 나비는 진화의 과정에서 독이 있거나 적어도 조류에게 맛이 없어 보이는 형상을 흉내 내며 감쪽같이 속였기 때문에 때로는 학술총람에서도 잘못 분류했을 정도다. 천천히 날며 유난히 눈에 띄는 시계초 나비는, 독이 없는 모방 나비가 너무 많이 늘어날 때는 포식압에 빠진다. 이것은 다시 역반응을 부른다.

독성이 있는 나비는 독성이 있는 다른 아종의 나비와 '독성 연맹'을 맺는다. 171쪽 그림에 들어간 파란 날개의 '표범나비아과(Heliconius)' 3종과 '산호랑나비(Eurytides pausania)'가 그런 사례를 묘사하고 있다. 이들은 '뮐러 의태'[27]라고 하는 의태 공동체를 형성한다. 날개에 빨간색이 들어간 '표범나비'의 아종은 다른 의태 연합에 속한다. 뮐러 의태는 위험하거나 독성이 있는 종이 외관상 서로 아주 닮은 형태와 색깔로 진화하고 이를 통해 개체수를 대폭 확대한다는 점에서 '베이츠 의태'[28]와 구분된다. 경험이 없는 조류는 뮐러 의태에 속하는 종의 집단에서 한두 마리를 시험해 보기만 하면 그렇게 보이는 나비가 먹이로 적합지 않다는 것을 알게 된다.

이런 식으로 시험에 따른 손실은 분산되고 종별로는 독성이 강한 다른 종이 참여하는 비율로 손실이 줄어든다. 바로 여기에 해당하는 예가 독일의 토종 동물 세계에서 친숙한 말벌의 외형이다. 독침으로 무장한 거의 모든 말벌은 이런 모습을 하고 있다. 그리고 꽃등에의 수많은 종처럼 독이 없는 모방 곤충도 마찬가지다. 이 경우는 독이 없는 곤충이 독성이 있거나 위험한 곤충을 상대로 한 베이츠 의태에 속한다. 시계초 나비의 경우에는 두 가지 형태가 있다. 독특한 모습을 한 시계초라는 식물은 너무도 매혹적이다. 식물과 나비 사이에 상호작용의 물결이 끊임없이 파도를 친다. 시계초의 성장과 번성 또한 수많은 다른 열대 식물종과 경쟁을 해야 하는 압박을 받고 있기 때문이다. 많은 종이 다채롭고 풍성해 보이는 바로 그곳에서는 덜 유리한 기후의 지역에서보다 살아남는 것이 더 어렵기 마련이다. 육지와 바다를 막론하고 열대 세계에서 유난히 공생이 빈번하고 다양하게 일어나는 데는 충분한 이유가 있다.

---

26 빙하 시대에 1600킬로미터 가량의 폭으로 아시아와 북아메리카를 연결한 육교.

27 두 종 이상의 생물이 포식자로부터 자신의 몸을 지키기 위해서 서로 닮은 무늬나 색채 등 맛없는 부분을 발달시키고 경계색을 띠는 쪽으로 수렴 진화함으로써 방어에 이득을 얻는 경우를 말한다.

28 포식자의 먹잇감이 되는 종이 포식자에게 독이 있거나 해로운 것으로 보이는 의태.

13. 진기한 나무늘보의 생활

- 나무늘보의 털 속에 사는 애벌레와 나방

Bradypus variegatus
Cryptoses choloepi

나무늘보라는 이름이 이미 (거의) 모든 것을 말해 준다.[29] 이 명칭은 '게으른 개'라는 말처럼, 보통 개별적인 경우나 일시적인 상태로서 그런 식의 욕을 먹는 동물의 의미로 제한되지 않는다. 나무늘보는 게으른 동물이며 천성적으로 언제나 게으르다. 자연환경의 나무늘보는 유럽에서 멀리 떨어진 중남 아메리카의 열대림에 산다. 숲속의 나무꼭대기에서 나무늘보는 등을 아래로 향한 채 비스듬한 가지에 매달려 있거나 공처럼 몸을 동글게 말고 가는 가지에 앉아 지낸다. 이런 상태에서 맑은 하늘을 배경으로 윤곽만 드러날 때는, 나무흰개미나 말벌 의 둥지와 쉽게 혼동된다. 이 녀석이 움직일 때는 짜증스러울 정도로 속도가 느리다. 나무늘보를 관찰하려면 아주 오랜 동안 아무 일도 일어나지 않기 때문에 엄청난 인내력이 필요하다. 나무늘보가 마지못해 움직이는 것은 배설할 곳을 찾기 위해서다. 이쯤 되면, 나무늘보를 완전히 미친 동물이거나 열대 동물로서 실패한 종으로 생각할 것이다. 엄청난 노력을 들여 나무 꼭대기에서 나무늘보답게 견딜 수 없을 만큼 느리게 땅바닥으로 내려와서는 고작 한다는 짓이 자신의 화장실을 찾는 것이기 때문이다.

녀석에게는 숲 바닥에서 걷는 것이 거꾸로 매달려 있는 것보다 더 힘들다. 걸을 때 발가락에 달린 긴 초승달 모양의 발톱을 안으로 그리고 위로 돌려야 하기 때문이다. 나무늘보가 물속에 들어가면 -이 지역에 사는 종은 발가락이 세 개 달린 나무늘보인데 주로 아마존 강안과 그 지류, 그 밖의 아메리카 열대 원시림을 흐르는 강변에 주로 살기 때문에 물에 들어가는 일이 많다- 땅위에서 이동할 때보다 수영을 더 잘 한다. 물론 속도는 느리지만, '자유형' 자세로 앞다리를 크게 휘두르며 수영하는 모습은 머리와 코를 물 밖으로 내놓기에 효율적임을 알 수 있다. 그다음 나무에 닿으면 기어 올라가 잠시 머무르며 오랫동안 앉아 있기에 적당한 자리인지 살펴본다.

이상의 묘사는 과장이 아니다. 무엇보다 열대의 온기 속에서는 저체온 동물의 느린 움직임과 신중한 동작이 아니라 나무에서 나무로 뛰어다니는 원숭이로 표현되는 생동감이 기대되기 때문에 그렇다. 나무늘보는 생동감과는 반대되는 다른 세상에 사는 것처럼 보인다. 매미나 개구리의 울음소리, 앵무새가 내지르는 외침, 혹은 열대의 거친 기후에서 울리는 천둥소리도 나무늘보는 개의치 않는다. 빗물이 몸을 타고 흘러내려도 녀석은 꼼짝하지 않는다. 털은 다른 동물과 반대로 배 쪽에서 등 한복판으로 나 있기 때문에 올바른 방향으로 자란다고 볼 수 있다. 등은 늘 아래쪽으로 향하고 있기 때문에 털이 자라는 방향은 빗물의 흐름과 조화를 이룬다. 이때 빗물은 마치 술이 달린 샤워장 커튼에 물이 흘러내리듯 몸을 타고 흘러내린다.

나무늘보는 5종이 있는데 두 개의 발가락을 지닌 것이 2종이고 다른 3종은 발가락이 셋이다. 이들은 모두 중앙아메리카의 열대우림 지대에서 중부 브라질의 남쪽에 걸친 지역에만 서식한다. 나무늘보과는 똑같이 신열대구에 서식하는 개미핥기나 아르마딜로처럼 원시적인 포유류에 속한다. 이들은 순수한 남아메리카의 동물로서 다른 대륙에는 가까운 아종이 없다. 개미핥기와 아르마딜로도 빠르게 움직이는 것은 아니지만, 나무늘보처럼 느리지는 않다. 이런 느림보가 신중한 동작과는 거리가 먼 생동감이 넘치는 열대 세계에서 살아남았다는 것은 기적이라고 말할 수도 있을 것이다. 열대는 수많은 위험이 도사리고 있기 때문에 모든 동물은 경계를 늦출 수 없는 곳이다. 하필이면 포유류 중에 가장 느린 녀석이 어떻게 그런 데서 존재할 수 있을까?

나무늘보의 신진대사에 대해서는 많은 연구가 이루어졌다. 그 결과는 놀랍지 않다. 나무늘보의 경우, 체격과 관계가 있는 에너지 기초대사는 '정상적'인 포유류에 비해 절반에 가깝고 그 이하일 때도 있다. 즉 이들은 느리게 행동할 뿐 아니라 존재 자체가 느리다! 나무늘보는 일주일에 한 번이나 기껏해야 두 번, 용변을 처리할 곳을 찾아 똥을 누기 위해 몹시 힘들어 보이는 동작으로 밑으로 기어 내려간다. 이렇게 시간 간격이 큰 것은 소화가 아주 느리게 되기 때문이다. 그 이상 빨리 소화가 되지도 않으며 또 서두를 것도 없다.

그런데 나무늘보가 똥을 누는 그 순간에 아주 놀라운 일이 벌어진다. 나무늘보의 털에서 조그만 나방이 꿈틀대며 기어 나와 아직 따뜻한 똥 무더기를 향해 날아가는 것이다. 그리고 이내 그 위에 알을 낳는다. 이 알에서 아주 작은 애벌레가 기어 나온다. 이들은 나무늘보의 똥을 먹고 자라며 때가 되면 나비의 방식에 따라 번데기가 되고, 나방이 되기 위한 탈바꿈 과정이 마무리되면 밖으로 기어 나와 나무늘보가 다시 내려올 때를 기다린다. 그런 다음 나방은 나무늘보의 털 속으로 날아가 거기서 짝짓기 할 다른 나방을 찾는다.

나무늘보의 털은 '나무늘보나방(Cryptoses choloepi)'에 속하는 이 작은 곤충의 생존 공간이다. 나무늘보의 똥은 애벌레를 먹여 살린다. 꽤나 놀랍지만 이것이 다가 아니다. 또 다른 '나무늘보나방(Bradypodicola hahneli)'은 끝까지 나무늘보의 털 속에서 산다. 이들의 작은 애벌레는 나무늘보를 대부분 녹색으로 보이게 하는 물질을 먹고산다. 그것은 털의 가느다란 주름에서 자라는 미세한 이끼다. 다른 종에 속하는 이 작은 나방의 애벌레는 그 미세한 이끼를 먹을 수 있을 만큼 작다. 먹이가 기름진 것은 아니지만, 애벌레와 나방은 나무늘보의 털 속에서 두려울 것이 하나도 없다. 시간의 압박을 받지도 않고 위협적인 적도 없다는 말이다. 나무늘보는 자신의 털을 씻지 않기 때문이다. 비가 오는 것으로 충분하다. 비는 털 속의 이끼가 자라는 데 필요한 미세한 양의 무기질을 공급해 준다. 그리고 나무늘보는 매우 천천히 움직이기 때문에 나방은 아마 그들이 꽤 큰 동물의 몸에서 지낸다는 것도 전혀 깨닫지 못할 것이다.

털을 손상하지 않는 '털 속의 나방'은 분명히 진기한 존재이긴 하지만 공생의 측면에서 특별한 예는 아니다. 나무늘보는 단순히 이 작은 나방의 숙주일 뿐이다. 우리는 기껏해야 이끼와의 관계가 더 중요할 것이라는 추정만 할 수 있다. 원래 회색인 나무늘보의 색깔을 이끼가 녹색으로 보이게 해서 원시림의 나무에 있는 모습이 눈에 잘 안 띄게 해주기 때문이다. 공중에서는 모든 맹금류 중에 가장 힘이 센 '부채머리수리'가 최대의 위협을 가하며 노려보고 있기 때문에 느림보인 나무늘보로서는 언제나 방어 수단이 필요하다. 부채머리수리의 갈고리 발톱은 강력한 주먹만큼이나 위력적이다. 몸무게가 3~6킬로그램 아니면 많아야 8킬로그램인 나무늘보는 부채머리수리에게 이상적인 먹잇감이다. 게다가 사냥감치고는 거의 저항할 줄 모른다. 꼭대기의 나뭇잎이 무성하지 않을 때는 어떻게 해서든 부채머리수리의 눈에 띄지 않는 것이 살아남는 데 중요하다. 하지만 우리는 이 강력한 숲속의 독수리가 실제로 회색과 녹색 빛이 감도는 회색을 구분할 수 있는지는 모른다. 어쩌면 나무늘보의 정지 상태가 녹색 빛보다 더 확실한 방어책인지도 모른다. 우리가 일부러 찾으려고 해도, 나무늘보가 나뭇가지에 붙어 있는 것을 분간하기가 쉽지 않기 때문이다. 따라서 이끼가 방어 수단을 제공하는 것인지에 대한 의문은 여전히 풀리지 않은 것이 분명하다. 대신 세발가락 나무늘보가 왜 손가락처럼 길게 펼쳐진 나뭇잎 때문에 즉시 눈에 띄고 다른 열대나무와 대조되는 나무에 사는 것을 선호하는지에 대해서는 더 잘 알려져 있다.

나무늘보가 똥을 누는 그 순간에 아주 놀라운 일이 벌어진다. 나무늘보의 털에서 조그만 나방이 꿈틀대며 기어 나와 아직 따뜻한 똥 무더기를 향해 날아가는 것이다. 그리고 이내 그 위에 알을 낳는다.

이 나무는 '세크로피아(Cecropien)'라고 하며 독일에서는 개미나무라고 부른다. 이 나무는 쐐기풀과 먼 동종 관계에 있는데 대나무처럼 속이 빈 나무의 줄기 안에 흔히 개미가 사는 것이 특징이다. 이 곤충은 '아즈테카(Azteca)'속에 속하는데 개미의 공격성과 전투 기질을 표현하는 학명이다. 이들은 이 나무에 접촉하거나 올라오는 모든 생물체를 공격한다. '아즈테카' 개미는 세크로피아의 잎자루 싹에서 자라는 꽃봉오리 같은 작은 결정체를 먹고산다. 이것으로 공생과 관계되었다는 것을 알 수 있다.

세크로피아는 주로 강안이나 바닥의 무기질이 풍부한 습기 찬 산비탈에서 자란다. 독일과 비슷하게 강가나 하안 부지의 목초지에서 빨리 자란다. 아메리카 열대림에 있는 대부분의 나무와 달리 이것은 독일 떡갈나무에 들어 있는 타닌산처럼 천적을 막는 데 효과적인 물질은 거의 만들지 못한다. 일반적으로 통하는 법칙대로, 빠르게 크는 것은 저항력이 약하다. 그리고 엄청 다양한 이용 동물이 있는 상황에서 그들을 막아 주는 항체가 없거나 먹이로서의 이용을 위해 복잡한 해독 기능이 없어도 될 때, 매력적인 먹이가 된다. 하지만 세크로피아 줄기에 사는 개미는 그들의 숙주나무를 먹는 적을 공격하고 막아 주려고 하기 때문에, 완벽한 공생이 실현된다. 여기서 털 속에 나방을 키우는 나무늘보는 이 과정의 한 귀퉁이를 차지한다.

하지만 열대의 자연은 생각보다 더 복잡하다. 개미나무의 잎을 더 자세하게 관찰하면, 이것이 어떤 곤충에게 잘 먹힐 수 있는지 드러난다. 즉 '아즈테카' 개미의 곤충 방어가 완벽하지 않다는 것이다. 또 나무늘보는 세크로피아 나뭇잎을 먹기 좋아하며 때로는 오랫동안 이것만 먹는다. 이 녀석들은 아마도 개미의 경보 시스템을 작동시키기에는 움직임이 너무 느릴 것이다. 느린 속도는 이들이 영양분을 공급하는 방식과 관계가 있다. 그것도 이중의 방식이다. 이들이 먹는 나뭇잎은 유미(乳糜)[30]가 장에 도달하기 전에 여러 개로 분리된 위에서 발효되기 때문이다. 이 과정을 위해서는 소가 되새김을 하듯 시간과 휴식이 필요하다. 이들은 가능한 한 개미를 피해야 하고 나뭇잎을 으깨는 되새김 과정에서 개미를 입에 넣으려고 하지도 않는다. 길고 두꺼운 또 때로는 빗물에 흠뻑 젖은 나무늘보의 털 위에서 개미가 해를 끼칠 것은 없다. 그리고 나무늘보는 소화를 위해 어차피 휴식이 필요하다.

세크로피아 줄기 속의 방에 사는 개미의 주요 기능은 아마 다른 개미의 접근을 막아내는 데 있을 것이다. 이른바 가위개미라는 종으로서 산림을 조성하는 사람들이 가장 두려워하는 개미다. 나뭇잎에 독성 물질이 없는 나무로서는 이 개미가 최대의 위협이다. 가위개미는 또 버섯과 특별한 공생 관계에 있다. 이것은 14장에서 다시 설명할 것이다.

이렇듯 속을 들여다보기 힘든 아메리카의 열대림에서는 기이한 공생, 그리고 다양한 형태로 된 동식물의 상호관계가 긴밀하게 맞물려 있다. 여기서 발생하는 일을 보고 우리는 놀랄 수도 있지만 이해하지 못할 때도 있다. 온갖 식물로 가득 찬 열대우림의 나비 애벌레는 정말 원시적인 느낌의 동물 털에 자라는 미세한 이끼에 만족할까? 아마존의 강안에 자라는 개미나무는 다른 개미의 접근을 막아 주는 개미가 필요할까? 이런 의문을 품으면 우림생태학의 핵심 영역으로 들어가게 된다. 숲이 울창한가 여부는, 땅바닥에 무기질이 부족해서 공기 중에 들어 있는 무기질 영양소를 잘 흡수하는가에 좌우된다는 것을 사람들은 좀체 믿으려고 하지 않는다. 또 이 때문에 그런 숲이 지속적인 농업 이용지로 적당치 않다는 말도 믿지 않는다. 나무늘보의 털에 사는 작은 나방은 근본적으로 중요한 영양소의 확보라는 측면에서 농업을 위해서도 중요한 의미를 획득한다. 그리고 열대 아메리카의 우림에서 가장 성공적인 동물이라고 할 가위개미가 보여 주는, 원칙적으로 비교 가능한 기묘한 경제를 위해서도 작은 나방은 중요하다.

29 나무늘보의 독일어 명칭은 '게으른 동물(Faultier)'이다.

30 음식물이 위장에서 소화되어 반유동체로 된 것.

14. 가위개미

- 버섯 농사를 짓는 가위개미

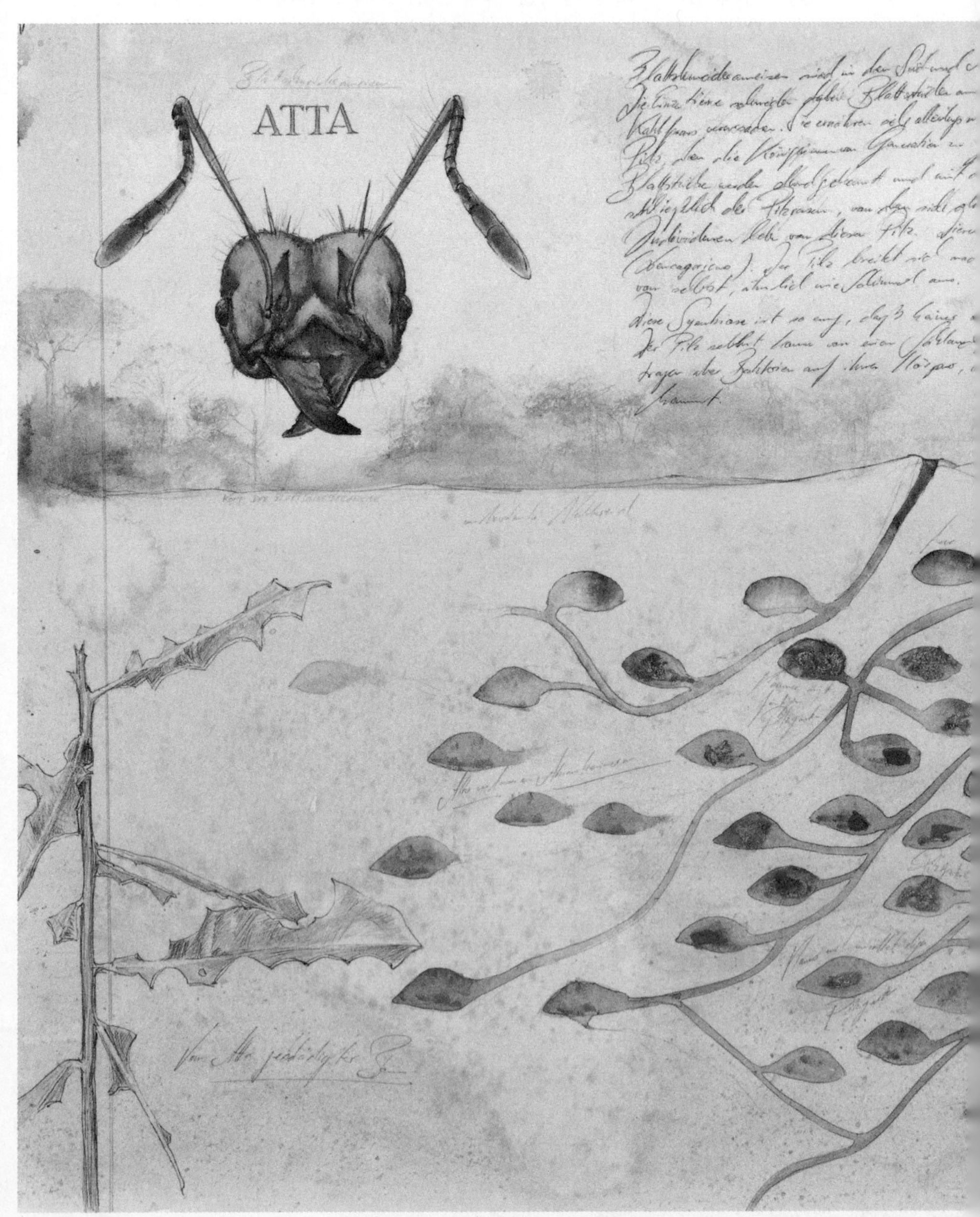

[illegible] Regenwälder allgegenwärtig.
[illegible] und [illegible] dadurch erhebliche
[illegible], sondern züchten darauf einen
[illegible] weiterverarbeiten. Die abgetrennten
[illegible] geimpft. Darauf wächst
[illegible] ernährt. Auch die adulten
[illegible] zur Gattung der [illegible]
[illegible] der Pflanzenmasse

[illegible] existieren kann.
[illegible] werden. Die Ameisen selbst
[illegible] Wachstum der Blattspitzen

Die Blattschneiderameisen (Attini) [illegible] nicht nur [illegible]
auffallend. [illegible] Volk
[illegible] Millionen Individuen. [illegible]
wie Atta und Acromyrmex leben [illegible]
[illegible] ihre [illegible]. Oft gehen die
Bauten bis zu 6 Meter in die Tiefe.

이 작은 중노동자는 귀여워 보인다. 녀석들은 아이들 그림책에서 묘사하듯, 개미 입장에서는 고속도로나 다름없는 길에서 길고 끝없는 행렬을 이루며 나뭇잎 조각을 나른다. 나뭇잎이 있을 때와 없을 때의 이동 방향은 다르다. 이들은 마치 유리한 지상풍이 돛처럼 진행 방향으로 밀어주기라도 하듯, 녹색의 잎사귀를 가능하면 수직으로 세운다. 많은 잎에는 마치 범선의 돛대 끝에서 망을 보는 선원처럼 조그만 개미들이 앉아 있다. 개미는 항상 바쁘지만 이 개미는 유별나게 바쁘다. 녀석들이 길에서 나뭇잎을 나르며 가는 방향을 따라가 보면, 땅속으로 들어가는 굴의 입구가 나온다. 입구 표면 수 미터 둘레에 식물이 자라지 않는다는 것은 그 밑에 분명히 개미굴이 있다는 뜻이다. 끊임없이 여러 방향에서 몰려드는 개미 행렬을 보면 땅 밑에 거대한 시설이 있는 것이 틀림없다. '아타(Atta)'속에 포함되는 가위개미에 대한 광범위한 연구에 따르면, 수십만에서 수백만 마리 규모의 개미가 그 속에 산다고 한다. 수십만이나 수백만이란 숫자는 쉽게 상상이 안 된다. 그만큼 효과도 극명하다. 대개 1센티미터 이하의 작은 잎 조각이라고 해도 수백만 배로 늘어나면, 피해를 당하는 식물로서는 손실이 엄청나고 재앙과 다름없는 결과에 이를 수도 있기 때문이다.

아마존 유역이나 아열대 지역에서 원예작물을 재배하는 주민들은 이 개미라면 진저리를 친다. 여러 달 고생해서 가꾼 것을 가위개미가 하룻밤에 망쳐 놓은 적도 있다. 농장주들은 가위개미굴을 파헤치고 석유를 붓기도 하고 유황에 불을 붙여 가스로 박멸을 시도했지만 성과는 별로 없었다. 개미 조직은 다시 살아났고 땅 밑에 새 둥지를 짓고는 떼를 지어 재배 식물로 몰려와서는 꽃이나 잎사귀를 닥치는 대로 조각조각 잘라갔다. 그것도 유용작물에 해를 끼쳤다. 당연히 화학회사에서 개발한 구충제를 가위개미에게 투여했다. 하지만 둥지를 파헤치고 석유를 들이붓는 방법과 마찬가지로 효과는 미미했다. 수천 마리씩 계속 죽여도 소용이 없었다. 죽이면 마치 박멸 수법이 다시 개체수의 증가를 자극하기라도 하듯, 새로운 개미떼가 몰려 왔다. 20세기 후반에 실시한 연구는 열대 및 아열대의 광활한 중남 아메리카에 서식하는 가위개미가 동물 세계 전체 생체 중량의 4분의 1 혹은 그 이상을 차지한다는 결과를 내놓기도 했다. 더욱이 우림 지대 변두리나 사바나에 서식하는 흰개미까지 합치면 절반이 넘는다는 것이다.

가위개미가 번식에 성공한 비결은 무엇일까? 이 비밀을 알면 아마 더 효율적인 박멸의 기회가 생길지도 모른다. 하지만 가위개미의 생존 방식을 들여다보기 위해 땅속에 있는 그들의 삶 한복판으로 들어가는 것은 쉬운 일이 아니다. 그래서 개미 집단의 공간을 위한 실험실을 차리는 수밖에 없었다. 이 개미가 나뭇잎 조각을 자르고 나르는 것 외에 노천의 굴에서 하는 행위에 대해 알려진 것이라고는 그 안에서 버섯을 키운다는 것밖에 없었다. 굴을 파보면 주변에 널따랗게 퍼져 있는 버섯밭이 겉으로 드러났기 때문이다. 쓰레기 더미에서 버섯이 자란 것일까? 굴속으로 날라 간 나뭇잎에서 도대체 무슨 일이 일어난 것일까? 처음에는 개미가 이 잎을 먹는 것으로 추정했다. 하지만 왜 먼 길을 이동해 가며 땅속 둥지로 먹을 것을 나르는 것일까? 그들이 덮치는 나무나 유용식물의 현장에서 직접 먹을 수도 있지 않은가. 단지 부화를 위해서라면 안으로 운반할 필요가 있겠지만 가위개미가 잘라 간 잎사귀를 먹는 모습이 관찰된 적은 한 번도 없었다.

그러다가 플렉시글라스 용기에 차린 인조 개미굴 안에서, 그리고 표면에 개미에게 먹일 식물을 연결해 놓은, 같은 소재로 된 관 위에서 비밀은 드러났다. 이 개미는 버섯을 재배하고 있었다. 이를 위해 가위개미는 부화를 위한 방과 완전히 분리된 독특한 버섯 농장을 운영한다. 이 속에서 개미는 통풍과 환기를 통해 버섯이 자라는 데 최적화되도록 온도와 습도를 조절한다. 그리고 둥지 밖 어딘가에서 잘라서 굴 속으로 날라 온 나뭇잎 조각을 꼼꼼하게 깨물어 부순 다음 녹색의 죽으로 만든다. 이들은 정확하게 버섯이 자라고 '번식'을 하도록 이 죽을 버섯 배양에 이용한다. 서로 정교하게 짜인 섬유소에서 형성된 균사체가 단추 같은 모양의 작은 자실체를 키워내기 때문이다. 가위개미는 이 자실체를 먹고사는데 오직 이것만 먹으며 유충에게도 이것을 먹인다. 이들이 본격적인 농업 경제를 실현한다고 말할 수 있을 것이다. 단 그 대상은 보통의 식물이 아니라 버섯이다. 이들의 버섯밭은 미니 버섯 재배농장 같은 작용을 한다. 그리고 그들이 스스로 키우는 버섯에 완전히 의존할 정도로 성과도 뛰어나다. 만일 이 버섯 농장이 파괴되고 제때에 새 재배지를 가꾸지 못한다면 이 개미 집단은 살아남지 못할 것이다.

가위개미가 본격적인 농업 경제를 실현한다고 말할 수도 있을 것이다. 단 그 대상은 보통의 식물이 아니라 버섯이다.

가위개미는, 곰팡이처럼 방해가 되거나 위험한 다른 균류로부터 그들의 농장 시설이 훼손되지 않도록 보호를 한다. 또 어떤 잎이 버섯에 '맛이 있는지' 그리고 어떤 것이 버섯의 성장에 적합지 않은지 시험하면서 그들이 재배하는 자원을 끊임없이 돌본다. 전혀 쓸모없는 것도 많다. 개미가 잎사귀를 내다 버리는 것을 보면 알 수 있다. 쓸모없다는 것을 알면 다시는 그런 잎 조각을 둥지로 가져오지 않는다. 가위개미를 퇴치하기 위해 버섯의 성장을 막는 작용물질을 개발하려는 화학자들의 아이디어는 전혀 간단치 않다는 사실이 드러났다. 개미는 작용물질을 뿌린 잎사귀가 뭔가 (더 이상) 맞지 않는다는 것을 눈치 채고 그들이 키우는 버섯 중에 손상된 것들과 함께 밖에 버리거나 그들이 땅 밑에 만든 폐물 창고로 치워 놓았다. 더 이상 자라지 않는 버섯을 따로 치워 놓은 바로 그곳이다. 개미굴에서는 사료로 쓸 물질을 들여오고 내다 버리고 하는 일이 끊임없이 일어난다. 달리 표현하면, 이 개미들은 사료를 조달하는 것 못지않게 쓸모없는 것을 제거하는 데도 열심이다.

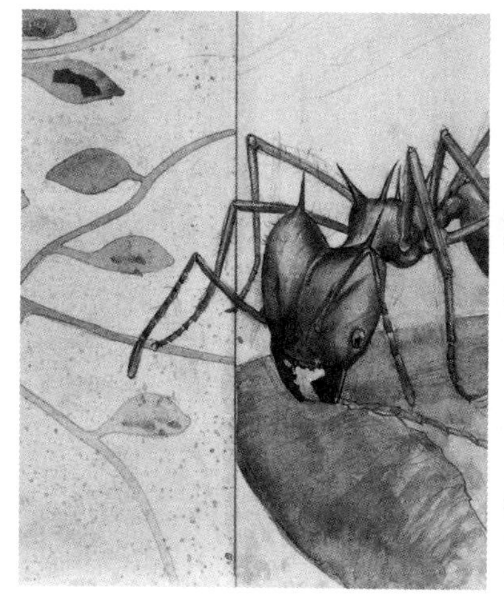

가위개미는 그들에 의해 성장 및 번식이 촉진되는 버섯과 매우 긴밀한 공생을 하며 살아간다. 새 둥지를 건설할 때는, 이후로 발전해 나갈 집단 전체의 식량을 처음부터 확보하기 위해 버섯을 가져간다. 여왕개미도 일개미 떼와 마찬가지로 식량으로서 버섯 요리가 필요하다. 병정개미에게도 먹이로 버섯을 주어야 한다. 커다란 턱을 가진 병정개미는 스스로는 버섯의 자실체를 따서 먹을 수 없다. 병정개미는 가위개미의 사회 내에서 식량 공급을 통해 훈련이 된 자체의 계급 질서를 만든다. 가위개미종의 경우, -생활방식이 조금씩 다른 많은 종의 가위개미가 있다- 작은 일개미의 특별한 계급 서열이 적용되는 경우가 많다. 이 작은 개미는, 앞에서 암시한 대로 보통의 일개미가 둥지로 나르는 잎 조각 위에 '올라탄다'. 이 감시 행위는 일개미들을 향해 날아와서 알을 낳으려고 하는 기생 곤충을 막는 역할과 관계가 있다. 따라서 일개미 입장에서는 경호원을 거느리고 다니는 셈이다.

열대 아메리카에서 가위개미는 유럽인이 들어와서 자연을 변형시키기 전에는 현재보다 개체수가 훨씬 적었다. 자연 그대로 존재하는 나무와 관목, 지표식물은 독성이 있거나 소화를 방해하는 내용 물질 덕에 가위개미와 일종의 무승부 상태에 도달했다. 대대적인 공생의 성공에 저절로 자연의 제한이 가해진 것이다. 초목이 애써 비싼 대가를 치러야 하는 항체를 개발할 수 있는 까닭은 열대의 조건하에서는 이에 필요한 에너지를, 광합성을 위한 햇빛의 형태로 사실상 무제한으로 확보하기 때문이다. 식물은 페놀과 밀랍, 유액, 그 밖의 많은 물질을 그야말로 무제한으로 만들어 낼 수가 있다. 그리고 이런 식물의 목재는 규산염을 축적함으로써 쇠처럼 단단해진다. 그래서 열대 목재를 누구나 탐내는 것이다. 열대 밖의 산림에서 훨씬 빠르게 자란 목재보다 열대 목재는 단단하고 저항력이 강하다.

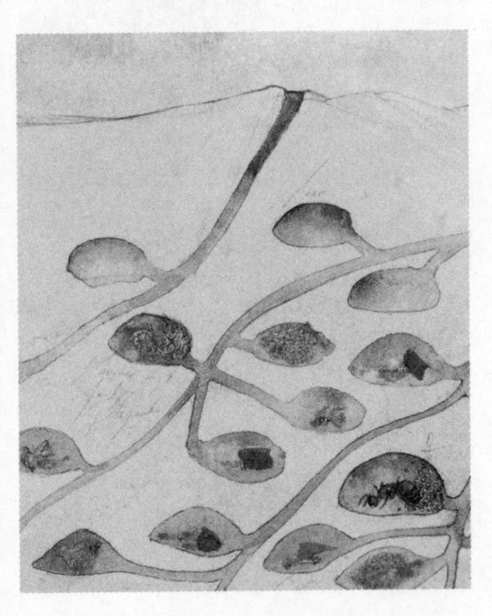

열대의 숲에서는 이런 특징에 제한을 가하는 것이 있다. 특히 나무가 자라는 토양이 척박할 때 그런 일이 발생하는데, 그것은 질소 및 인 화합물이다. 그러면 열대식물에는 영양이 풍부한 단백질이 결핍된다. 개미가 버섯의 사료로 쓰는 나뭇잎 죽으로 배를 채울 경우 독성 물질에 노출될 수 있다. 하지만 버섯은 이 독성을 견디며 방해를 받지 않고 개미에게 식량으로서 소화가 잘 되는 자실체를 만들어 낸다. 개미의 재배 작물을 요구르트에 비유할 수도 있을 것이다. 버섯의 자실체 내에서 일어나는, 더 많은 (버섯의) 단백질과 더 적거나 전혀 없는 독성의 결합은 개미의 영양을 위해 보다 나은 방법임이 확실하다. 이것으로 열대 아메리카의 습한 숲에서 나뭇잎을 먹는 곤충이 왜 세크로피아, 즉 개미나무의 잎을 그렇게 탐내는지 이해가 된다. 이 나무는 빨리 자라고 항체는 많이 만들지 않는다. 이 나무는 속이 빈 세크로피아 줄기에 사는 '아즈테카' 개미 덕에 큰 위협이라고 할 가위개미로부터 몸을 지킬 수가 있다.

유럽인들은 500년 전쯤 갑자기 완전히 낯선 식물과 함께 가위개미의 생존 공간으로 밀고 들어왔다. 그들은 자연의 균형 상태를 허물고 개미를 해충으로 만들어 버렸다. 그 이전에 개미는 아메리카의 열대 자연 속에서 파괴적인 영향을 주지 않은 채 살고 있었다. 기초적인 공생은 수백만 년이 흐르는 동안 형성되어 왔던 것이다. 가까운 장래에 가위개미가 직면한 문제가 해결될 전망은 보이지 않는다. 대신 그때그때 단기간 반짝하는 성공만 있을 것이다. 이 개미는 화학과의 싸움에서 아직은 패배한 것이 아니다.

15. 세입자로서의 개미

- 아카시아와 개미의 주거 공동체

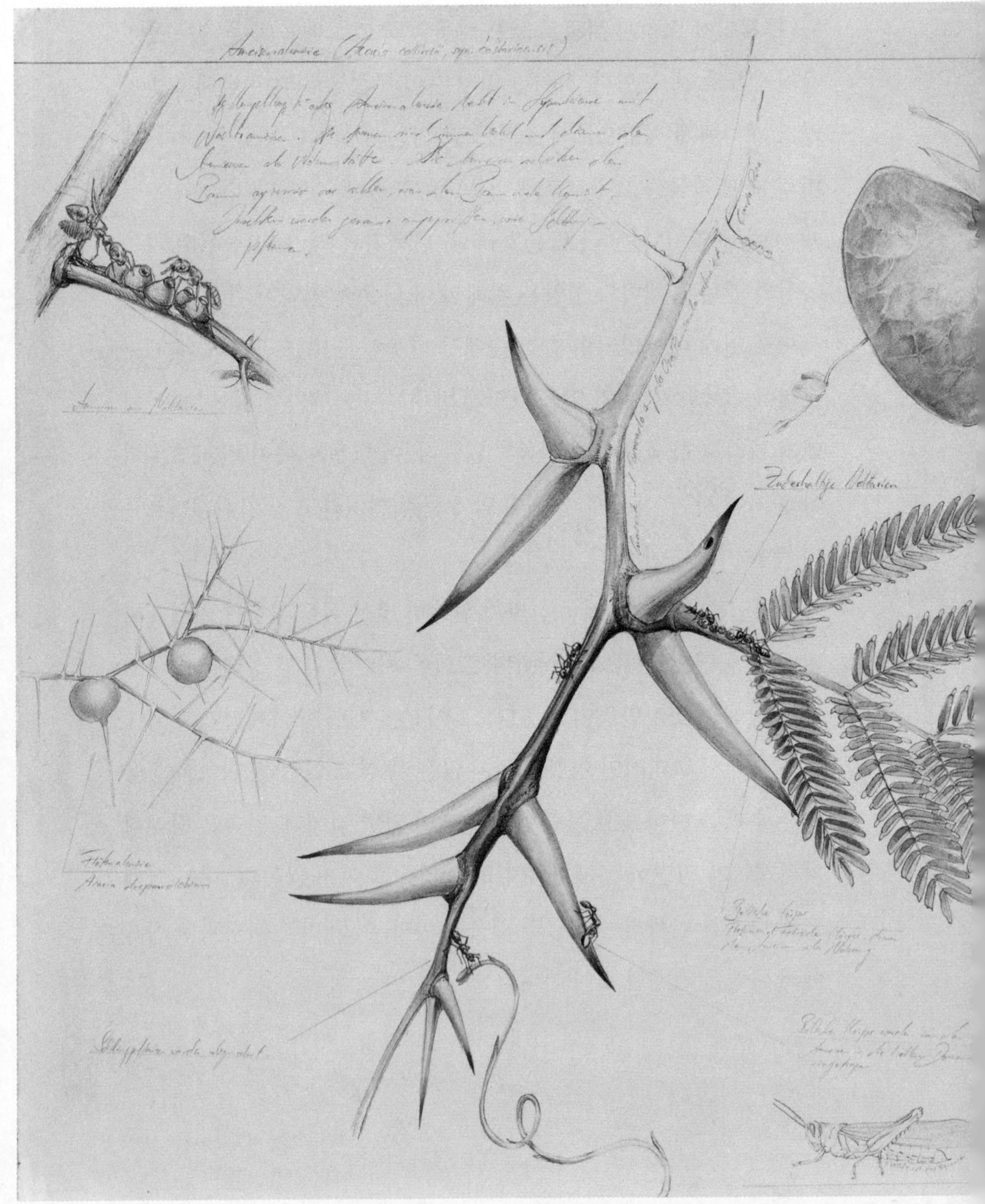

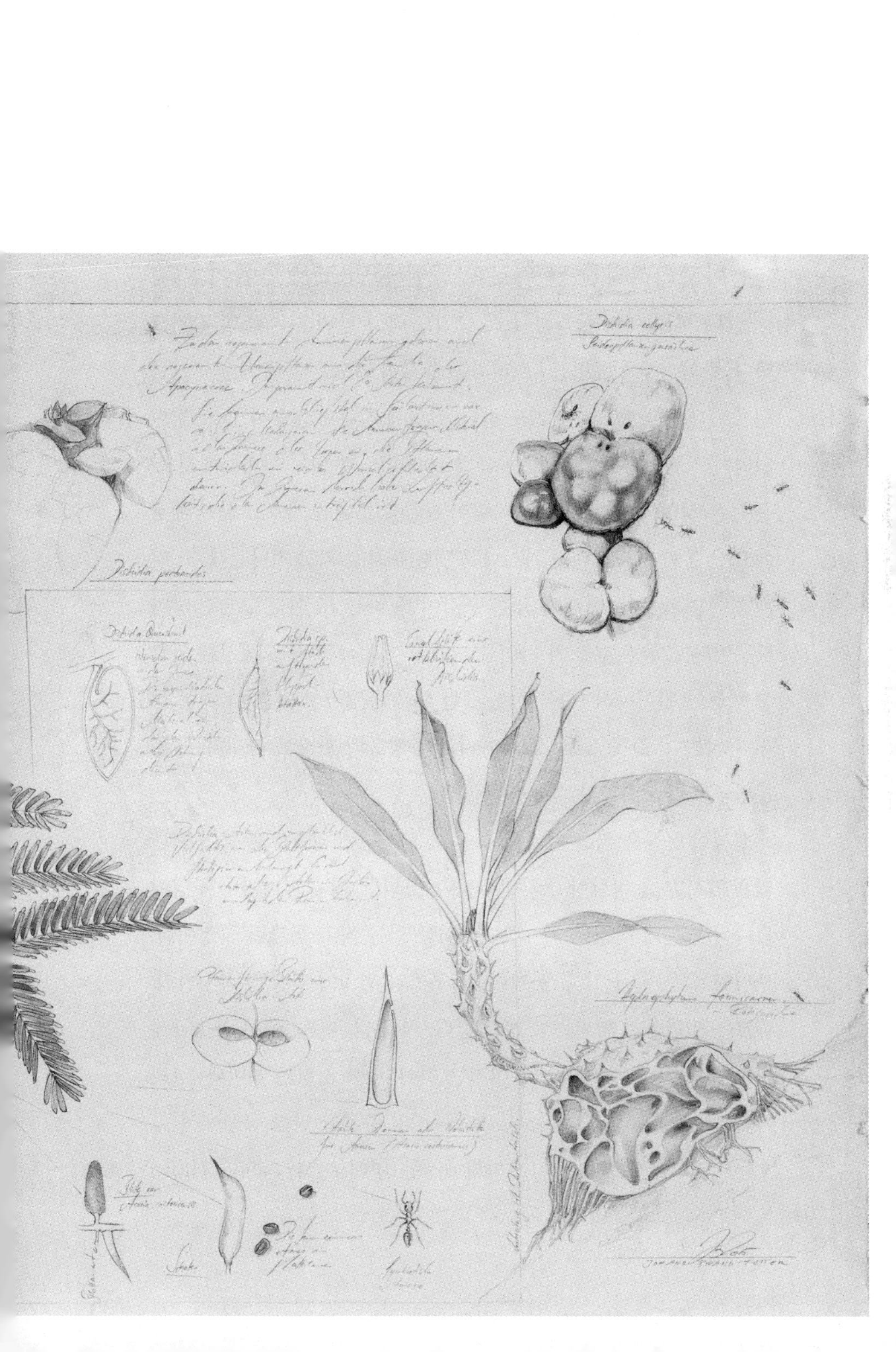

Dischidia collyris

Dischidia pectenoides

Hydnophytum formicarum

동아프리카의 초원 위로 미풍이 불면 고운 음률이 퍼져 나간다. 사방에서 들리는 소리 같기도 하고 난데 없는 소리 같기도 하다. 무의식중에 풍명금[31] 소리라는 생각이 떠오른다. 존재하지 않는 현으로 내는 바람소리 같기도 하다. 상상에 지나지 않을까? 야트막한 언덕이 지평선까지 뻗어 있는 해발 1000미터가 넘는 사바나에서 잘못 들은 것일까? 그곳에서는 바람이 황금빛 초원을 가르고 환한 배경에 검은 윤곽을 드러내는 가시나무 덤불 위를 스치고 지나간다. 그 밖에 보이는 것은, 풀밭과 흰 구름 조각이 뜬 하늘, 그 아래 그늘진 땅바닥뿐이다. 그늘은 온도의 차이를 만들고 거기서 바람은 생기를 되찾고 한동안 일어나려 애를 쓴다. 그런 다음 풍명금 소리는 더 이상 들리지 않는다. 잘못 들은 것도 아니고 음향상의 환각도 아니다. 물론 풍명금 소리도 아니다.

섬세한 음률은 작은 아카시아 덤불, 포자낭 모양으로 부풀어 오른 많은 가시 위를 바람이 스치면서 내는 소리다. 이 주머니마다 구멍이 하나씩 있는데 직경이 약 1밀리미터쯤 되는 작고 동그란 구멍이다. 주머니 속은 비어 있다. 풍향이 이 구멍의 위치에 맞으면 나지막한, 때로는 멀리까지 퍼지는 소리가 난다. 이 수많은 구멍에서 풍명금에서 나는 것 같은 음률이 만들어지는 것이다. 이 소리는 개미와 '피리가시나무아카시아(Acacia drepanolobium)'의 주목할 만한 공생에서 나오는 부수 현상이다. 동아프리카에서는 영어로 'Whistling Thorn

Tree(휘파람가시나무)'라고 부르는 그 나무다.

아카시아 덤불 중에는 검게 변하고 노화한 포자낭 모양의 주머니로 가득 찬 것이 많은데, 이 주머니에서 바늘처럼 뾰족하고 연한 회색의 가시가 튀어나와 있다. 조금 떨어진 곳에서는 까만 덩어리처럼 보인다. 이에 비해 작은 깃 모양의 잎은 각 구멍 사이에서 제대로 차지할 자리가 없는 것처럼 보인다. 이 주머니는 개미의 집으로 이용되는데, 조그만 개미에게 지나치게 많은 구멍을 만들도록 하는 것이 아카시아에게는 손해될 것이 없다는 생각을 하기는 쉽지 않다. 바로 이 구멍 속에 작은 일꾼 집단이 살고 있다. 개미는 실제로 아카시아에게 이익이 된다. 개미가 없으면 아카시아 덤불은 발육 상태가 훨씬 더 열악하고 아카시아 가시의 거주자로서 둥지를 확보하려고 하는 개미가 있을 때보다 다른 동물들에게 더 쉽게 먹힌다.

하지만 이들의 관계는 생각보다 복잡하다. 전기 담장을 설치해 기린과 코끼리 같은 포식자가 피리가시나무아카시아의 덤불을 갉아먹는 것을 막아 주면, 아카시아는 즉시 개미와의 협력을 중단한다. 새로운 구멍, 즉 개미의 주거 공간을 지칭하는 '소혈(巢穴)'을 더 이상 만들지 않는 것이다. 또 공생하는 개미가 먹고사는, 나뭇잎에 붙은 특별한 과실체를 만드는 것도 멈춘다. 포식압이 존재하지 않을 때, 그런 비용은 명백히 보람이 없기 때문이다. 연구자들이 놀랄 정도로 상황은 급변한다. 그러면 아카시아에는 다른 개미종이 찾아온다. 하지만 이 개미는 곤충의 공격으로부터 아카시아를 보호해 주지 않는다. 이들이 관심을 쏟는 것은 오로지 딱정벌레 애벌레뿐이다. 이 애벌레는 수피에 구멍을 뚫고 아카시아를 해치기 때문에, 값비싼 대가를 치르며 주거지를 제공하는 것처럼 보이는 공생 관계의 '프세우도미르멕스(Pseudomyrmex)' 속 개미가 보호할 때에 비해 나무는 두 배나 일찍 죽는다. 즉 딱정벌레 애벌레를 제거하는 것만으로는 아카시아를 충분히 보호하지 못한다. 그 때문에 아카시아에게는 프세우도미르멕스속 개미가 필요한 것이다. 공생에 맞는 개미가 나무의 소혈에 살 때, 공생에 어울리지 않는 개미는 아카시아에 접근하지 않는다.

또 뮌헨대의 생물학자들은 속이 빈 가시에 사는 개미와 아카시아의 상호관계에 대하여 더 자세하게 조사를 했다. 연구진은 이 결과를 2004년, 7월 9일 언론에 기고했다.

"뿔이 달린 아카시아는 1만 3000명까지 경호원을 거느릴 수 있다. 이를 위해 나무는 특정 종의 개미로부터 선발한 수비대를 위해 먹이와 숙소를 마련해 준다. 개미는 나무 한 그루당 한 집단씩 거주하며 초식동물이나 아카시아와 경쟁을 벌이는 초목에 맞서 공격적으로 이 구역을 방어한다. [……] 이에 대한 보답으로 아카시아는 개미 집단에 총체적 지원을 해준다. 개미는 대폭 확대된 이 식물의 턱잎가시에 산다. 새 둥지를 지으려고 하는 여왕개미는 먼저 다른 개미가 살지 않는 아카시아를 찾는다. 그것을 찾으면 가시에 구멍을 내고 알을 낳기 시작한다. 이 주거 공동체가 일정한 규모에 이르면, 개미들은 똑같은 식물의 다른 가시를 찾아 떠나고 그곳에 둥지를 만든다. 개미에게 가장 중요한 당분 공급원은 아카시아가 생산하는 내용이 알찬 엽밀이다. 잎사귀 끝에 달린 이른바

뿔이 달린 아카시아는 경호원을 거느릴 수 있다. 이를 위해 나무는 특정 종의 개미에서 선발한 수비대를 위해 먹이와 숙소를 마련해 준다.

과실체가 개미에게 단백질과 지방을 공급한다. 그 외의 기능은 알려지지 않았다. 이토록 개미와 아카시아는 서로 잘 조화하기 때문에 쌍방 모두 상대가 없이는 더 이상 생존하지 못한다. 동물이 아카시아 안팎에서 생활하는 것에 최적화되는 사이에 식물은 이 경호원이 없으면 발육이 위축되고 급기야 -손상되고 경쟁 식물에 치여서- 말라죽는다. 이 아카시아종에는 다른 방어 수단이 없기 때문이다."

포유류는 어린 신록의 아카시아 잎을 먹으려고 할 때, 깨물면서 산을 분비하는 개미로 그들의 입을 채우고 싶어 하지 않는다. 그렇다고 개미가 숙주 아카시아를 방어하는 일이 포유류만을 대상으로 하는 것은 아니다. 아카시아를 위해 한층 더 중요한 것은 다른 방어 수단인지도 모른다. 개미는 어린 싹을 위해 화학물질을 분비하는데 이것이 아카시아의 잎사귀에 해로운 '슈도모나스(Pseudomonas)' 박테리아가 생기는 것을 막아 준다. 개미가 그런 화학적인 방어에 특별히 적응하는 이유는 그들의 둥지에 박테리아와 곰팡이가 자라고 창궐하는 것을 직접 저지해야 하기 때문이다. 만일 항체 효과가 있는 이런 화학적인 제거 수법으로 막지 않는다면, 아카시아 가시에 있는 소혈 같은 미세한 주거 시설뿐 아니라 커다란 독일 홍개미 굴처럼 거대한 둥지까지도 아주 빠른 시간에 박테리아로 뒤덮이고 곰팡이가 슬 것이다. 그런 화학물질은 심지어 공생과 상관없는 다른 개미가 아카시아를 덮치는 것을 막아줄 수도 있다.

식물과 개미가 공생하는 예는 얼마든지 있다. 이 개미가 아카시아와 긴밀한 관계를 발전시킨 것은 이 나무의 독특한 성질에 이유가 있다. 이 나무는 뿌리혹박테리아와 뿌리 공생을 하며 살아가는데, 여기서 질소화합물이 공급된다. 이것은 공중질소와 결합하고 화학적인 전환을 해서 단백질의 생산을 위해 식물이 이용하도록 해준다. 높은 단백질의 함량 때문에 아카시아 잎은 초식동물들에게 매혹적인 먹이가 된다. 아카시아 및 그와 가까운 종은 따라서 다른 나무나 관목보다 유난히 높은 포식압에 노출되어 있다. 특히 아프리카 사바나나 중남아메리카 및 오스트레일리아의 반(半)건조 지대처럼 대체로 균등한 조건에서 서식할 때는 정도가 심하다.

아카시아의 서식 상태는 단순히 우리 눈에 비치는 경치로서뿐 아니라 초식동물에게 이용 가능하다는 특징을 띠고 있다. 동시에 아카시아 덤불숲은 천연의 단종 재배 식물단지를 형성한다. 아카시아를 선호하는 초식동물은 여기에 초점을 맞춘다. 그러면서 분명하고도 효과가 뛰어난 가시처럼, 특별한 방어 수단으로 대응책을 마련하도록 아카시아를 강요한다. 코끼리는 뻣뻣한 가시가 돋은 아카시아 가지를 그 억센 이빨로 으스러트리면서 먹어도 가시는 뱉어 내는데, 아마 보지 않으면 믿으려고 하지 않을 것이다. 기린은 높이 내뻗은 긴 혀로 가시 사이에 있는 잎사귀를 뜯어먹는 법을 알고 있다. 그리고 나비 애벌레는 방어 무기로서의 이 가시에 접근하기를 좋아하는데 그 사이에서 안전한 자리를 찾기가 쉽기 때문이다.

그러므로 방어 도우미로서, '수비군'으로서 개미는 아카시아에게는 이상적인 상대다. 이 나무가 개미를 위한 특식으로서 잎사귀에 단백질이 풍부한 첨가물을 만들어 낼 수 있는 것도 잎사귀 자체에는 단백질이 부족하지 않기 때문이다. 파트너 관계는 물론, 양측이 언제나 손실을 감수해야 할 때가 있음에도 양측에 이익이 된다. 개미는 굶주린 코끼리에 의해 그들의 둥지인 소혈과 함께 통째로 먹히기도 하고 긴 건기에 아카시아가 새 잎을 만들지 못할 때면, 굶어 죽을 수밖에 없다. 성장 조건이 열악한 상황에서 아카시아가 소혈을 만들고 암브로시아라고 불리는 개미 먹이를 생산하는 것은 어쩔 수 없이 손실을 의미한다. 그러므로 비교적 오랜 기간 천적의 위협이 없었을 때, 새 소혈을 만들고 암브로시아 덩어리 같은 과실체를 생산하는 것은 앞에서 기술한 대로 위험이 따르는 일이다.

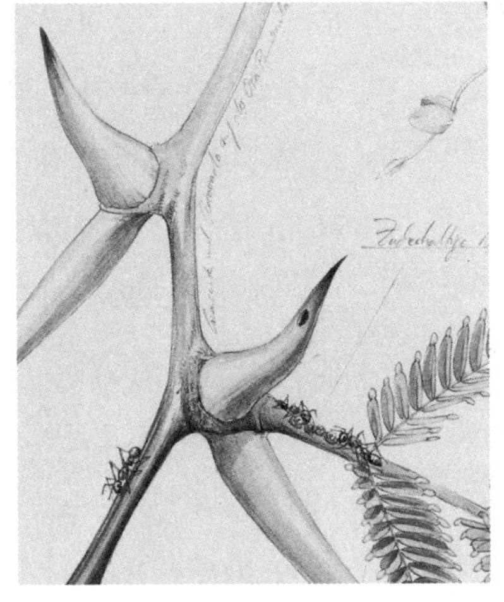

알레르기 환자들이 기피하는 '돼지풀(Ambrosia-Pflanze)'은 이 과실체와 아무 상관도 없다. 이 밖에 개미의 공생은 특정 식물의 뿌리 부분과 관계가 있다. 이런 식물은 구형에 가까운, 축구공만 한 개미둥지에서 자라는 것처럼 보인다. 뿌리는 '꼬리치레개미속(Crematogaster deformis)과 '흰발마디개미속(Iridomyrmex cordatus, Iridomyrmex myrmecodiae)', '혹개미속(Pheidole javana)' 등 개미가 버리는 다양한 물질을 이용한다. 이 정도 이름만 거론해도 뿌리와 개미의 주거 공동체가 해당 식물에 큰 장점일 수밖에 없다는 사실이 암시된다.

앞장의 그림이 예를 보여 준다. 그림 중앙에는 개미아카시아 혹은 '소뿔아카시아(Acacia collinsii syn. costaricensis)'와 '경비개미(Pseudomyrmex)'가 보인다. 속이 빈 가시는 주거 및 부화 공간의 기능을 한다. 깃 모양을 한 각각의 작은 잎에는 개미에게 단백질과 지방이 풍부한 첨가물로서 식량 기능을 하는 과실체가 달려 있다. 뿐만 아니라 잎자루 바닥에는 납작한 완두처럼 보이는 꿀샘이 있다. 즉 개미에게 아카시아는 3식을 제공하는 숙소인 셈이다. 가지 밑에서는 개미 한 마리가 돌돌 말려 자라는 덩굴을 제거하고 있다. 왼쪽 위에는 꿀샘에 붙은 개미들이 보이고 그 밑으로는 아프리카의 '피리아카시아(Acacia drepanolobium)'가 있다. 위쪽 중앙에는 아시아의 '개미초(Dischidia pectinoides)'를 그렸고 그 오른쪽과 오른쪽 밑으로 각각의 '개미식물속(Dischidia collyris, Hydnophytum formicarum)'이 보인다. 이런 개미식물(Hydnophytum)종도 개미들이 버린 물질을 이용하며 영양분 조달을 쉽게 한다.

---

31 아이올리아 하프(Aeolian harp)라고 하는 목제 공명상자로서 바람으로 작동하는 현악기를 말한다.

16. 벌새와 꿀벌 그리고 브라카팅가-개각충

- 나무의 수액을 만드는 자와 소비하는 자

겨울, 브라질 남부의 산림에서는 이상한 일이 일어난다. 해안 산악 지대인 남동부 대서양림 보호지역(Serra do Mar)의 비탈은 독일의 겨울 숲처럼 조용하다. 물론 이 아열대 지역의 나무는 대부분 잎을 그대로 간직하고는 있지만 더 이상 꽃은 없다. 차가운 안개가 비탈로 밀려온다. 남대서양의 구름이 이 안개를 싣고 와서는 습한 냉기를 만들어 낸다. 아침저녁으로 시끄럽게 외치는 고함원숭이조차 조용해진다. 그저 나비만 날아다닐 뿐이다. 나뭇잎에서는 안개구름에서 내려앉은 물방울이 끊임없이 뚝뚝 떨어진다. 이때 큰 잎사귀에서 자란 적하선단(滴下先端)[32]의 중요성이 뚜렷해진다. 이 뾰족한 잎사귀가 하루 종일, 어쩌면 한 주 내내 나뭇잎을 덮고 있을지도 모를 물을 흘러내리게 하기 때문이다. 습기를 막으려고 무릎까지 오는 긴 장화를 신으니 기분이 한결 낫다. 숲에 들어갈 때는 이것이면 충분하다.

좀 있으니 윙윙거리는 소리가 들린다. 사방에서 윙윙거리지만 어디서 나는 소리인지 알 수 없어 궁금증이 커진다. 그때까지 숲은 계속 조용했기 때문이다. 뭔가 움직이는 것이 눈에 들어온다. 바로 그 순간 윙윙거리는 소리가 어디서 들리는 것인지 분명해진다. 벌새 한 마리가 옆에서 날아간다. 아니 두 마리, 세 마리, 그 이상이다. 그런데 비행 동작이 아주 이상하다. 꼭 미친 듯이 나무 줄기에서 불과 몇 센티미터도 안 되는 간격을 유지한 채 아래위로 오르내리고 있다. 어두컴컴한 숲에서 날갯짓으로 윙윙거리는 소리를 내는 그 작은 녀석의 모습을 분간하기는 어려웠다. 갑자기 나타났다가 다시 사라지곤 하던 평소와는 달리 녀석들은 계속 주위를 떠나지 않고 끊임없이 오르내렸다. 오르내리기만 하는 것이 아니라 옆에 있는 나무 줄기로 옮겨가서 똑같은 동작을 하다가 다시 돌아온다. 다른 벌새가 공격을 하고 뒤늦게 접근하는 벌새를 쫓아냈기 때문이다. 벌새가 나무 줄기를 방어하다니! 도대체 무엇을 하는 건지 궁금해진다. 그러다가 벌새보다 훨씬 작은 것까지 나무 줄기 주변을 날아다니는 것이 눈에 들어온다. 여러 마리가 줄기에 앉아 있고 나머지는 또 정지 비행을 시도한다. 하지만 이런 일이 일어나는 곳은 오로지 특정 나무 줄기로, 그것은 마치 거무튀튀한 점들처럼 보인다. 위쪽 나뭇가지에 달린 잎사귀는 아카시아처럼 깃털 모양이라는 것을 알 수 있다.

이 나무는 아카시아와 가까운 종으로서 범위를 좁혀서 말하면(식물학적으로) 미모사에 속한다. 학명은 '미모사 브라카팅가(Mimosa bracaatinga)'다. '미모사'라는 속명(屬名)은 잘 알려진 것이어서 자세한 설명은 필요 없을 것이다. 수많은 미모사 중의 한 종이다. 그와 반대로 '브라카팅가'라고 하는 종명은 이상하다. 이 명칭은 브라질 원주민의 말에서 온 것인데 '흰 줄기의'라는 뜻이다. '팅가'는 하얗다는 의미고 '(브라)카'는 목재 혹은 줄기라는 뜻이다. 브라질의 원주민이 이 수종을 그렇게 불렀을 때, 적어도 처음에는 별다른 뜻이 있었던 것이 아니다. 또 군데군데 은빛으로 반짝이기는 하지만 나무 줄기가 하얀 것도 아니다. 거무튀튀하고 더러운 층이 비교적 넓은 곳을 뒤덮고 있는데, 수피에 속한다고 볼 수도 있고 껍질에 달라붙었다고 할 수도 있다.

나무에 접근하려고 하자 윙윙거리는 벌새의 반응이 화를 내는 것처럼 보인다. 인간이 지나치게 가까이 접근했기 때문이다. 하지만 말벌과 다른 곤충은 상관치 않고 나무에 붙어서 하던 일을 계속한다. 그 이유는 곧 알게 된다. 줄기에는 수많은 모세관이 돌출되어 있는데 수 센티미터 길이의 희끗희끗한 모세관 끝에는 유리처럼 반짝이는 물방울이 달려 있다. 말벌은 이 방울을 빨아먹고 있는 것이다. 또 개미와 파리도 달려들려고 한다. 하지만 물방울의 무게를 견디며 줄기에 붙어 있는 모세관에 접근해야만 가능한 일이다. 그리고 접근을 포기한

벌새는 그 사이에 부근의 다른 줄기를 찾든가 나뭇잎 어딘가에서 잠시 휴식을 취한다. 벌새는 녹색부터 회색까지 깃털의 색깔이 나뭇잎과 완벽하게 어울리는 보호색을 갖추고 있기 때문에 잘 보이지 않는데, 일단 눈에 띄면 끊임없이 '물방울을 뚝뚝 떨어트리는' 모습을 볼 수 있다. 사실 이것은 벌새가 밀랍 모세관 끝에서 나오는 수백 수천의 물방울을 핥고 나서 지나치게 많은 수분을 다시 배설하는 모습이다. 물방울에 포함된 당분은 비록 중요한 성분이라고 해도 얼마 되지 않는다. 달콤한 맛이 나는 이 물방울이 벌새와 말벌, 개미, 파리, 꿀벌에게는 관심의 대상이다. 이것은 밀랍 모세관을 통해 분비되는 '감로'다. 감로는 브라카팅가의 껍질 속에 있는 개각충이 만들어 낸다. 이 작은 벌레로부터 밖으로 통하는 것은 밀랍 모세관밖에 없다. 모세관을 통해 개각충은 더 이상 쓸모가 없는 것을 밖으로 배설하는데, 그것은 브라카팅가의 수액에서 나온

당분이 포함된 많은 물로서 잎의 광합성에서 만들어진 것이다.

개각충에게 필요한 것은 수액에 미량 들어 있는 아미노산인데, 여기서 그들은 단백질을 구성해 자신의 성장에 이용한다. 소량을 제외하고는, 이들이 당분으로 할 수 있는 것은 하나도 없다. 그 많은 물로 할 수 있는 것은 그보다도 더 없다. 이들이 나무의 관다발 조직을 흡수할 때는 당분과 수분을 함께 받아들여야 하는데, 이렇게 해야만 아미노산에 접근할 수 있기 때문이다. 이들은 껍질 속에 달라붙어서 보호를 받지만, 더 많이 나는 곳을 찾아내기 위해 머무는 위치를 바꾸지는 못한다. 대신 이들에게는 시간이 있다. 남회귀선 부근의 브라질 산림에 찾아오는 남국의 겨울에도 수액의 물줄기는 끊임없이 흐른다. 그곳에는 아열대의 빛과 온화한 기온의 환경이 존재한다.

감로 방울을 이용하는 동물들에게 중요한 것은 당분이 든 내용물이다. 배설물을 '감로'라고 하는 낭만적인 표현은 아마 '야생 꿀'의 원천이라고 할, 진딧물에서 나오는 단물의 정체가 무엇인지를 감추고 싶었기 때문이 아닐까. 브라카팅가의 경우에도, 독일에서 가문비나무의 수액을 빨아들이는 진딧물의 배설물과 성분은 비슷하다. 그것은 더 진한 색을 내고 특별한 향기를 풍길 뿐이다. 똥에 포함된 당분은 꿀벌과 말벌 그 밖의 다른 곤충을 비롯해 벌새가 신진대사를 할 때, 연료 역할을 한다.

브라카팅가-개각충의 물방울은 분명히 효과가 뛰어나기 때문에 비용이 많이 드는 벌새의 '승강 비행'은 보람이 있다. 이때의 공중 정지에는 휴지대사에 비해 약 10배의 에너지가 소비되고 정상 비행에 비해서는 3~5배의 에너지가 들어간다. 나무 줄기를 자세하게 살펴보면, 감로 에너지원은 사실상 풍부하게 흐른다는 것이 드러난다. 줄기는 밀랍 모세관으로 덮여 있는데 위치에 따라서는 거의 솜털처럼 빽빽하게 나 있다. 벌새는 꽃을 방문할 때처럼 여기저기 찾으면서 꽃에 화밀이 들어 있는지 다른 동물이 이용을 한 뒤에 다시 생산이 되었는지를 확인할 필요가 없다. 물방울이 보이면 하나하나 아주 쉽게 핥기만 하면 된다. 다만 이들은 같은 목표를 위해 힘들게 경쟁을 벌이는 것은 좋아하지 않는다. 그 때문에 이런저런 대치 상황이 뜨겁게 발생한다. 이것은 경쟁자를 물리쳐야 끝나며 벌새 외에 비교적 큰 나비나 큰 말벌도 접근을 못하게 해야 한다. 벌이 수적으로 우세할 때는 벌새가 감당하지 못한다. 그러면 벌떼가 감로의 상당 부분을 확보하는 것을 받아들일 수밖에 없다. 그 결과 이들은 차라리 나무 줄기를 서로 분할하게 되며 브라카팅가에서 개각충과 더불어 한 마리 이상의 벌새의 활동을 바탕으로 한 감로의 양에 따라 '수확'을 하게 된다.

이 모든 과정은 생물학적 먹이 경쟁의 범위에서 진행된다. 다양한 이용 동물은 각각 제 나름의 방법에 따라 개각충이 분비한 감로를 가능하면 많이 얻어내려는 시도를 한다. 이들의 방법에 따라 이들의 능력은 정해진다. 말벌과 꿀벌은 정지 비행을 오래 견디지 못한다. 그러므로 이들에게는 줄기 쪽으로 쏠리거나 이미 줄기 위로 떨어진 방울을 핥는 것이 더 낫다. 반면에 다리가 짧고 부리가 긴 벌새는 이런 식으로 감로를 받아들이기는 어려울 것이다. 정지 비행을 하는 것이 이들에게는 비교할 수도 없을 정도로 유리하다. 꿀벌과 말벌 혹은 날지는 못해도 이 경쟁에 가담하는 개미가 이 분비물 총량에서 얼마나 차지하는가는, 벌새가 얼마나 적극적인가 혹은 나무 줄기를 찾는 벌새가 많은가, 적은가에 달려 있다. 날씨와 정확한 계절 및 하루 중의 각 시간, 늘 똑같지는 않은 각 동물종의 참여 빈도가 이용 총량에 영향을 주기 때문에 이용 동물 간에 고정된 비율이 없는 것은 분명하다. 다만 한 가지 분명한 효과는 벌새가 감로를 더 많이 더 집중적으로 이용할수록, 줄기 표면에 떨어지는 감로의 양은 그만큼 적다는 것이다. 하지만 표면에는 당분의 영향으로 거무튀튀한 세균 및 균류 띠가 형성되는데, 여기서 브라카팅가의 '하얀 줄기(나무 이름을 생각하라)'에는 실제로 검은 점이 생긴다. 따라서 감로를 가능하면 자신이 자리를 차지하고 있는 수피보다는 밀랍 모세관을 통해 밖으로 배설함으로써 개각충이 뭐든 이득을 꼭 볼 것이라는 추정을 할 수 있다. 넓게 번지는 균류 층은 호흡을 방해할 것이고 급기야는 호흡을 못하게 차단할지도 모른다. 하지만 이미 개각충은 몇 밀리미터 안 되는 짧은 모세관으로도 감로를 밖으로 배출할 수 있을 것이다. 다만 이들은 항문에서 5~8센티미터 정도 길이의 배설물을 만들어 내는데, 이것은 아주 단단해서 줄기에 붙지 않는다. 모세관은 자체의 안정성이 있으며 감로 방울의 무게에 눌려 끝으로 향하는 성질이 있지만 쉽게 부러지지는 않는다. 이런 상태의 물방울은 정지 비행을 하며 줄기에서 충분한 거리를 확보할 수 있는 벌새에게는 이상적이다. 또 물방울의 형태는 스스로 분비한 즙이 쉽게 달라붙지 않는다는 점에서 개각충에게도 가장 잘 맞는다. 따라서 문제는 공생이다. 다양한 동물종이 참여한 가운데 중복된

브라카팅가-개각충의 물방울은 분명히 효과가 뛰어나기 때문에 비용이 많이 드는 벌새의 '승강 비행'은 보람이 있다. 이때의 공중 정지에는 휴지대사에 비해 약 10배의 에너지가 소비된다.

경쟁을 벌이는, 이용을 위한 공생이 중요하다는 말이다.

유럽인이 남아메리카로 꿀벌을 들여감으로써 이렇게 뜨거운 경쟁은 새로운 단계에 접어들었다. 독일의 숲에서 꿀벌이 진딧물의 배설물을 모으듯이, 이들은 브라질 남부에서도 브라카팅가-개각충의 감로를 집중적으로 이용한다. 남국의 겨울, 꽃을 보기 힘든 시기에 몇 주씩 사료를 먹여야 하는 대신 특별한 꿀을 얻는 양봉가는 대대적인 성공을 거둔다. 이것이 연간소득을 높여 준다. 하지만 훨씬 더 중요한 것은 브라카팅가-개각충으로부터 얻은 꿀이 브라카팅가의 내용 물질 및 미각 성분에서 혜택을 보는 특별한 유형이라는 것이다. 세계 시장에서 이 꿀은 높은 가격을 받는다. 꿀벌이 들어옴으로써 벌새에게는 새로운 경쟁자가 생겼다. 이에 대해 벌새가 어떻게 대응할지는 불확실하다.

겨울 식량의 중요한 원천이 줄어들어서 많은 벌새종의 개체수가 감소하는 결과가 나타날까? 아니면 벌새는 남쪽의 겨울, 어디서나 꽃이 피는 남대서양 연안에서 겨울을 나기 위해 이동을 해야 할까? 이들의 동종 일부는 이미 산림에서 해안으로 오래전에 단거리 이동을 한 적이 있다. 남아 있는 것이 남국의 봄에 가깝다는 이유로 짝짓기 및 부화 구역에서 가장 잘 지낼 수 있다는 장점이 있는지 여부를 우리는 알지 못한다. 또 봄의 귀환을 위해 독일에서 겨울을 나는 유럽울새처럼 남아 있는 수가 보잘 것 없는지 아닌지도 모른다. 철새의 겨울 서식지에 대해서는 철저한 연구가 부족한 실정이다. 다만 이 분야에서 결정적인 것은 이듬해 봄에 부화의 수가 얼마나 되는가, 그리고 이동에서 귀환하는 새가 부화 지역에서 어떤 조건에 있는가이다.

이렇듯 브라카팅가-개각충과 벌새와의 공생은 근본적인 의문을 불러일으키지만, 이에 대해, 특히 우리의 위도에서 자주 보는 새와 관련해서는 올바른 대답을 충분히 듣지 못하고 있다. 다만 이 주제와 관련해서는 다른 측면을 하나 더 강조해야겠다.

브라카팅가의 경우 미모사에 속하며 미모사는 모든 아카시아와 마찬가지로 콩아과나 콩과(Leguminosen)에 속하는 식물이다. 이들 종은 뿌리에 있는 뿌리혹박테리아와 공생을 하며 살아간다. 이 과정에서 이들에게는 흔히 다른 식물 집단보다 질소화합물의 공급이 더 잘 이루어진다. 이것은 단백질 형성을 위한 아미노산을 더 많이 함유한다는 의미다. 그리고 이 때문에 그런 식물들은 브라카팅가의 껍질 속에 사는 개각충 같은 이용 동물에게 매혹적으로 보인다. 따라서 바로 브라카팅가가 이런 개각충의 대규모 집단에게 숙소를 제공하고 이들이 잘 자라게 함으로써 개각충이 흘러넘치도록 많은 감로를 생산하는 것은 우연이 아니다. 이렇게 뿌리에서 시작된 공생은 벌새로 이어지고 그 사이에 브라질의 특별 상품으로 전 세계에 수출되는 벌꿀에까지 영향을 미치는 것이다.

---

32 길쭉한 잎의 뾰족한 끝.

---

17. 난초 벌의 수수께끼

- 수컷 벌은 암컷 벌을 어떻게 유혹하는가?

[illegible] zarten Duft. Es gibt auch welche, die kräftig stinken. Das ist von Art zu Art verschieden.

Acanthopus palmatus

Euglossa intersecta

Aglae caerulea

Euglossa mixta

Eulaema mocsaryi

Euglossa piliventris

Mesoplia azurea

Eulaema bombiformis

Selbst bei Menschen bestimmt der Geruch über Sympathie oder Antipathie. Aber die Prachtbienen benutzen Düfte ganz gezielt, um den Artgenossen zu gefallen. Wie sind die Tiere zu dieser Strategie gekommen? Die Prachtbienen leben in Mittel- und Südamerika. Aber die ♂ sammeln die Duftstoffe der Orchideen, um bei den ♀ das Balzverhalten auszulösen. Es war verblüffend am Anfang, wie der zufällige Augen- [illegible], die als [illegible] bei den ♀ [illegible] vom [illegible]. Ich habe die Beobachtung der [illegible] in Costa Rica, [illegible] gemacht. Die [illegible] beobachteten, wie die Bienen gezielt den Duftstoff sammelten und dabei von der Orchidee die Pollenpakete auf den Rücken geklebt wurden. Jede [illegible] Prachtbienenarten bevorzugen eine spezielle Orchidee. Die Abhängigkeit von Biene und Blüte ist in den meisten Fällen so groß, daß die eine Art ohne die andere nicht mehr überlebensfähig ist.

Pollenpakete

Eulaema cingulata

꿀벌은 뜻하지 않게 꿀 공급원 역할을 할 뿐만 아니라 꽃의 수분(受粉)을 위해서도 중요한 존재다. 물론 전부는 아니라고 해도 이것을 아는 사람은 많다. 그리고 많은 사람이 이것을 굳이 알려고 하지 않는데 그 이유는 농업에 엄청나게 쏟아 붓는 유독물질의 생산 및 판매와 결부된 자신들의 이해관계가 이 문제와 상충되기 때문이다. '벌'에 대해 토론할 때는 가축처럼 되어 버린 꿀벌에만 관심을 두지, 가지각색의 특별적응에 저마다 특색을 갖춘, 수없이 다양한 야생벌에 대해서는 관심을 갖지 않는다. 야생벌은 독일에서만 수백 종이 있다. 이것들을 구분할 수 있는 전문가는 극히 소수에 지나지 않는다. 독일 야생벌 전체 종의 생존 방식은 제대로 알려진 것이 거의 없다. 침으로 쏠 수 있다는 것이 벌에 대한 평가에 영향을 주고 일정한 거리를 두게 만든다. 또 벌들은 꿀벌 마야[33]의 경우처럼 과소평가되기도 한다.

벌을 알기 위해서는 자세하게 관찰해야 한다. 그들의 섬세한 아름다움을 확인하려면 확대해서 보는 것이 가장 좋다. 하지만 종의 보호라는 규정이 이런 접근을 가로막는다. 모든 야생벌은 그들에게 거의 이득이 되지 않는데도 공식적으로는 종의 보호를 받는다. 이런 조치는 야생벌에 관심을 두고 이들에 대해 심층 연구를 하려고 하는 소수의 생물학자를 방해할 뿐이다. 야생종 벌에 대한 연구를 위해 자연보호법에서 예외적으로 접근을 허용하는 규정을 두어야 한다. 농업 분야에서 스프레이 살충제를 사용해 마구잡이로 벌을 죽이는 마당에 종의 보호가 무슨 소용이 있겠는가. 야생벌 연구자들은 벌을 죽이는 유독물질보다도 못한 취급을 받으면서도 연구를 멈추지 않고 연구에 방해를 받지 않는 곳을 찾아다닌다. 이런 곳에서 그들은 화려함으로 선두를 달리는 나비나 딱정벌레와 견줄 수 있는 벌을 발견한다. 이 벌은 보석처럼 반짝이면서, 스스로 자연 속에서 가장 아름다운 모습을 뽐내는 꽃이라고 할 난초를 향해 날아간다. 이들의 몸은 햇빛의 반사를 받아 금속성의 파란색이나 녹색 빛으로 영롱하게 반짝인다. 이 벌의 아름다움을 말로는 형용할 수 없다. 이 난초 벌은 아메리카의 열대 자연에서 직접 경험해 봐야 그 아름다움을 제대로 알 수 있다. 난초 벌에게 그 이름이 붙은 것은 지극히 당연하다. 그동안 난초 벌의 생존의 비밀을 둘러싸고 많은 것이 밝혀졌다고는 하지만 여전히 이 벌은 수수께끼 같은 존재다. 대체 이들은 어떤 벌인가?

'난초 벌(Euglossini)'속으로 간주되는 것 중에 지금까지 학술적으로 정리된 약 200종의 벌은 '꿀벌과'에 속해서 사실상 꿀벌과 꽤 가까운 종이라고 할 수 있다. 이들은 꿀벌처럼 뒷다리 구조가 특이해서 꽃가루바구니라고 불리는 것이 달려 있다. 꿀을 모으는 꿀벌은 이 꽃 저 꽃 날아다니는 동안, 꽃가루를 보관하고 나르는 데 이것을 이용한다. 두 바구니가 모두 가득 차면, 꿀벌은 벌집으로 돌아가 자신이 모아둔 짐을 내어 준다. 그런데 난초 벌의 경우에는 '바구니 벌'과 가까운 종이기는 해도 다르게 행동한다.

수컷 난초 벌도 뒷다리에 채집통으로서 특수한 구조의 바구니가 달려 있는데, 여기에 꽃가루 대신 난초 꽃에서 방향물질을 받아 담고 다닌다. 수컷 꿀벌은 보통 꿀 채집은 하지 않고 단기간 번식을 위해서만 생존하는 것이 특징이다. 생물학자들은 수컷 난초 벌이 꽃가루도 화밀도 제공하지 않는 난초 꽃을 찾는 것을 오랫동안 궁금해 했다. 이들은 난초의 경우 종종 나타나는 특수한 유인물질에 아무런 반대급부도 없이 속은 것일까?

이런 일은 알프스 이북의 중부 유럽에서도 소수의 종이 서식하는 '벌난초(Ophrys sp.)'에서 보듯이 다양한 난초에게 수없이 일어난다. 즉 난초가 야생벌이나 암컷 말벌의 성적 유인물질을 만들어 내는 것인데, 이것으로 암컷과 짝짓기를 할 수 있는 것처럼 수컷을 유혹하지만(220쪽 그림 참조) 실제로 그것은 난초 꽃의 일부에 지나지 않는다. 이른바 '순변(脣弁)'[34]이라고 하는 것이다. 난초 벌이 난초 꽃을 찾는 경우도 이와 비슷한 관계가 아닌가 짐작해 볼 수 있다. 하지만 이 경우는 거기에 해당하지 않는다.

후각이 발달한 사람은 난초 꽃의 향기와 수컷 난초 벌이 이 꽃을 집중적으로 방문한 뒤에 내는 냄새가 비슷하다는 것을 알 수 있다. 이 벌은 방향물질을 받아들이는 것이 분명하다. 그러면 벌은 이것으로 직접 난초 꽃 향기를 내려는 것인가? 난초 벌의 행동을 다시 면밀하게 관찰하고 나서야 정확한 사실이 드러났다. 실제로 벌은 향기를 몸에 바른다. 이들은, 미량화학의 조사를 통해 입증되었듯이, 뒷다리에 붙은 특별한 용기에 향기를 모은다. 이때 각각의 향기 성분이 많이 모이면서 마치 향수가 특정 향을 발산하

수컷 난초 벌의 뒷다리에는 채집통으로서 특수한 구조의 바구니가 달려 있는데, 여기에 꽃가루 대신 난초 꽃에서 방향물질을 받아 담고 다닌다.

는 것 같은 효과가 나타난다. 여기에는 스카톨(Skatol)이라고 불리는 악취를 풍기는 물질도 미량 들어 있다. 미세한 농도가 함유되었을 때, 스카톨은 상쾌한 향기를 강화시키는(사람의 후각 능력으로는) 작용을 한다.

그렇다면 수컷은 이 향기로 암컷을 유혹하려는 것일까? 그것은 분명히 아니다. 아무튼 직접 유혹하려는 것은 아니다. 수컷은 이 향기를 가지고 특정한 장소로 보이는 곳에 표시를 한 다음, 주변을 집중적으로 살피면서 부근에 머무른다. 그곳에서 암컷과의 짝짓기가 목격되었다. 난초 향기로 만남의 장소에 표시를 하는 것인가?

난초 벌종은 모두 특별한 장소를 가지고 있다. 다만 그것이 난초 벌이 가진 수법 중 하나라고 하기에는 특징이 너무 약해서 소모적으로 보인다. 게다가 불합리할 정도로 복잡하다. 하지만 어떤 식으로든 이것이 일정한 작용을 하는 것은 사실이다. 아직도 세부적인 지식이 몇 가지 부족하기는 하다. 그렇다고 해서 단순하게 어떤 관측기구를 휴대하고 남아메리카의 열대림을 탐사하면서 그곳에 이런저런 수컷 난초 벌의 특별한 향기 세트가 표시되었는지 조사할 수도 없는 노릇이다. 다시 좀 더 세밀한 관찰을 한 결과, 번쩍이는 난초 벌의 색깔은 오히려 거추장스럽다는 것이 입증된다. 이들은 녹색과 파란색, 황금색 섬광처럼 나타난 뒤에 다시 사라진다. 어슴푸레한 저녁이나 새벽이 아니라 한창 햇빛이 환하게 비칠 때다.

난초 벌이 지리적으로 분포한 지역도 수수께끼다. 난초 벌, 특히 몹시 반짝이는 수컷의 난초 벌속은 중남 아메리카에서만, 이른바 신열대구에서만 서식한다. 이곳에는 여러 종의 난초도 집중적으로 분포돼 있는데, 이 꽃은 찾아오는 벌을 화밀이 아니라 방향물질로 유혹한다. 이것을 찾는 벌은 주머니(꽃가루덩이)에 쌓여 있는 꽃가루 용기를 받아서 몸에 붙인다. 이어 동종의 다른 난초 꽃을 방문할 때, 이 꽃가루 용기가 암술머리에 달라붙으면서 꽃가루를 전파하게 되는 것이다. 이 점에서 꽃가루 전파 수법은 독일 난초의 수분 방식과 거의 차이가 없다.

문제는 다른 데 있다. 열대 및 아열대의 아메리카에는 다양한 종의 난초만 사는 것이 아니라 다른 꽃들도 많다는 점이다. 게다가 이곳에서 난초는 대부분 이상하리만치 보기 드물다. 꽃가루 주머니의 전파는 종의 특징에 정확하게 맞아야 한다. 종 특유의 꽃향기는 꽃 자체만으로는 충분히 발산되지 않는다. 꽃이 피어나야만 벌이 다양한 꽃을 찾아다니며 경제적 활동을 할 수 있다. 그런데 열대 및 아열대에서는 난초가 희귀하기 때문에 난초의 꽃가루가 막 형성될 때 벌이 찾아오지 않을 수도 있다.

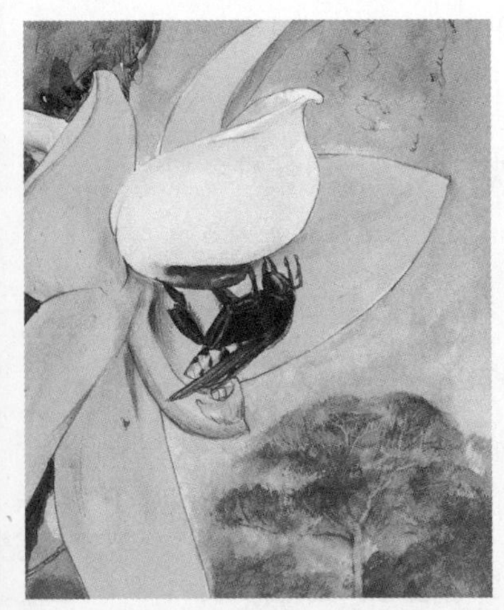

이때 난초는 성질이 다른 향기의 결합이라는 형식으로 꽃가루 전파의 문제를 해결한다. 그렇다면 수컷 난초 벌은 어떻게 이런 한 가지 향기 유형에 적응하며, 어떻게 그 향기를 풍기는 것일까. 어떻게 그럴 수 있고 어떻게 그런 일이 벌어질까? 가장 그럴듯하고 가장 확실한 것은 암컷을 상대로 하는 것이다. 짝짓기 말고는 달리 할 일이 없는 것처럼 보이는 '시간이 많은' 수컷은 암컷을 찾아 헤매는 것이 목표다. 암컷은 부화를 담당한다. 이들은 대개 국가 같은 대규모 단위를 형성하는 꿀벌이나 어리뒤영벌과는 달리, 따로(혼자서) 지내거나 좀 더 느슨한 작은 집단을 이루며 산다. 뚜렷한 계절의 구분이 없고 거의 연중 내내 번식이 가능한 열대의 외적 조건임에도 이곳에서 어린 암컷은 독일과는 달리 봄철, 대개 짤막한 특정 시간에 부화를 한다. 수컷은 갓 부화한 어린 암컷과 짝짓기를 하기 위해 여러 주, 어쩌면 경우에 따라 여러 달을 준비해야 한다. 이때 수컷이 향기로 어린 암컷을 끌어들이는 접선 장소를 표시하는 수법은 충분히 장점이 있다. 아마 이 표시는 수컷의 태도와 함께 짝짓기 장소일 수도 있는 현장에 영향을 줄 것이다. 수컷의 날갯짓을 통해 발산되는 향기의 종류와 강도는 암컷에게는 짝이 맞는다는 신호일 수도 있다. 인간적으로 표현하자면, 특별히 좋고 희귀한 향기를 모은 수컷은 살아남는데 유용한 존재임을 입증한 것이다.

암컷은 수컷이 향기를 모은 그 난초를 향해 절대 날아가지 않는다고 하면, 이의를 제기할 지도 모르겠다. 그렇다면 암컷은 어떻게 수컷에게 유인되거나 '매혹당하는' 것일까? 수컷 난초 벌은 난초의 방향물질에 독특한 성분을 추가하는 것으로 짐작된다. 이런 혼합 과정을 거쳐서 비로소 매혹의 효과가 나타난다는 말이다. 그러면 왜 직접 유혹하지 않느냐는 회의적인 반응이 나올지도 모른다. '독특한 성적 유인물질을 위해서'라는 것이 대답이 될 수도 있을 것이다. 이렇게 해서 쉽게 모방하지 못하게 하는 것이다. 어쩌면 위조가 불가능한 것일 수도 있다. 이것은 수컷 난초 벌이 난초와는 거리가 먼 다른 꽃의 향기를 모을 수도 있다는 것을 의미한다. 수컷은 이 경우에 착오가 없다. 그렇기는 해도 이들이 모으는 향기 세트의 주요 성분은 난초 꽃의 특징을 띤다.

난초와 벌 양쪽에 이 상호작용은 필요할 때 대안이 되고 선택의 여지를 둔다는 점에서 미완의 잠정적인 상태라고 할 수 있다. 이런 태도는 장기적으로 생존을 보장해 주기 때문에 의미가 있는 경우가 많다. 특별하고 화려한 이 예는 이쯤해서 여러 생각과 추측으로 만족하고 끝내기로 하자. 새로운 연구가 진행된다면, 좀 더 확실한 통찰을 제공할 것이다. 항상 그렇듯, 냄새에 관한 한, 인간은 시각이나 음향의 신호 영역에서보다 훨씬 더 큰 어려움을 겪는다. 개를 볼 때 잘 알듯이 이것이 인간에게는 수수께끼다.

---

33 1912년 발데마르 본젤스가 발표한 동화『꿀벌 마야(Die Biene Maja)』의 주인공.

34 입술 모양의 꽃.

18. 꽃이 필요한 유카나방

- 그리고 꽃이 나방을 필요로 할 때

북아메리카 남서부에서는 살기 힘들다. 여름이면 열기가 심해 낮 기온이 섭씨 40도를 넘어간다. 그러다가 밤이 되면 금세 추워진다. 이 건조 지대에서는 습도가 유난히 낮으며 비가 오는 경우는 드물고 대개 겨울에 눈이 내리는데 녹아서 물이 되기도 전에 증발해 버린다. 겨울밤에는 기온이 어는점 이하로 뚝 떨어지고 서리가 내린다. 이 지역에 서식하는 식물은 열기나 건조한 대기뿐만 아니라 추위와 매서운 바람도 견뎌내야 한다. 그런 생존 조건과 잘 맞는 식물 성장 방식의 세 가지 유형은, 선인장이나 시들고 바짝 마른 것처럼 보이지만 습도가 충분하면 잎만 싹 틔우는 관목 그리고 단단하고 잎이 칼처럼 생긴 용설란 같은 식물이다. 이런 것들은 한 번 꽃을 피우기 위해 오랜 준비 기간이 필요하다. 수십 년을 필요로 하는 종도 많다. 꽃차례는 인상적으로 높이 뻗어 오른다. 그리고 멀리서 곤충을 유혹한다. 바람은 도처에 그 씨를 전파할 수 있다.

용설란은 잎의 크기와 두께가 그렇게 대단한 것은 아니지만 가까운 종인 봉미란과 구조가 비슷하다. 봉미란은 대개 원주민이 부르는 '유카(Yucca)'라는 이름으로 더 잘 알려져 있다. 유카는 미국 남서부에 있는 소노라 사막이나 치와와 사막에도 있지만 주로 멕시코 고원에 서식한다. 유카도 꽃을 피우기까지 오랜 시간이 걸린다. 유럽에서 키우는 종은 좀 더 잘 알려져 있는데 꽃을 피우기까지 10년이 넘게 걸린다. 때가 되면 길고 뾰족하게 뻗어나는 잎의 빽빽한 모양을 한 1미터 높이의 수관 위로 꽃차례가 솟아오른다. 그 자리에서 종처럼 생긴 하얀 꽃들이 한 아름 피어난다. 유카 꽃이 피는 것은 정원사에게 특별한 사건이다. 아주 다양한 나이의 식물을 재배하는 경우가 아니라면 경험하기 힘든 일이기 때문이다.

이 꽃에는 특별한 사정이 숨어 있다. 꽃은 '유카나방(Tegeticula yuccasella)'이라는 미소나방류의 협력 아래서만 씨를 퍼트릴 수 있다. 이 과정은 독특한 방식으로 일어난다. 짝짓기를 한 암컷 유카나방은 유카 꽃의 암술에 알을 낳는다. 허물을 벗은 애벌레는 꽃차례 안에 구멍을 뚫고 들어가 핵의 일부를 먹는다. 암컷을 통한 수분은 종자 형성을 유발하는 수단이다. 암컷이 긴 촉수로 꽃가루주머니의 꽃가루를 스치고 이것을 암술에 묻히기 때문이다. 꽃가루 알갱이는 발아관을 통해 수술의 핵을 암술의 밑씨로 가지고 간다. 이런 수정 과정에서 종자가 나오는 것이다. 유카 꽃은 많은 종자를 생산한다. 비록 많은 부분을 애벌레가 먹는다고 해도, 살아남아 번식을 할 때까지 성장하는 종자는 충분히 남는다. 수술 꽃가루를 암술머리에 전달하는 과정이 없다면 종자는 형성될 수가 없다.

유카나방은 미소나방류에 속한다. 암컷은 꽃이 피는 유카를 발견하면 긴 촉수로 꽃가루주머니의 꽃가루를 모으고 이것을 옮겨갈 수 있도록 동그랗게 만든다. 그리고 이것을 다른 유카 꽃의 암술에 묻혀서 수분을 하게 해준다.

너무도 이상해 보이는 이런 수정의 형태가 어떻게 실현될 수 있었을까? 이 과정을 좀 더 자세하게 살펴볼 필요가 있다. 이 과정은 매우 차별화된 단계를 거쳐 진행된다. 유카나방은 미소나방류에 속한다. 여기서 비교적 가까운 관계를 이루는 나방들은 약

30종 정도가 있는데, 그 애벌레는 꽃의 안팎에서 먹고사는 데 특화되어 있다. 유카 꽃과 결합하는 나방종은 건조 지대에 적응하는 이 식물의 성장 주기와 유난히 긴밀하게 결합한다. 번데기 상태에서 갓 빠져나온 암컷 유카나방은 성적 유인물질을 발산한다. 이 물질은 주변에 있는 수컷들에게 날아가서 암컷과 짝짓기를 하도록 만든다. 그런 다음 암컷 유카나방은 꽃이 피는 유카를 찾아다닌다. 이 수색 과정은 해당 지역에 꽃을 피우는 유카가 있는지, 또 얼마나 많은 유카가 꽃을 피우는지에 따라 오래 걸릴 수도 있다. 앞에서 언급한 대로, 이때 유카나방은 긴 촉수로 꽃가루주머니의 꽃가루를 묻히고 이것을 옮겨갈 수 있도록 동그랗게 만든다. 이어 유카나방은 꽃가루를 몸에 지니고 다른 꽃을 찾아 날아간다. 꽃을 찾으면 자세히 살핀 다음, 3겹의 씨방에 다른 알을 낳은 흔적이 없으면 그곳에 자신의 알을 낳는다. 이때 가지고 간 꽃가루를 암술에 묻힌다.

이런 방법으로 보통 이화수정, 즉 서로 다른 꽃 간의 꽃가루 이동이 실현된다. 가장 유익한 것은 바로 옆자리 대신 좀 떨어져 있는 다른 꽃차례의 꽃가루다. 나방은 다른 나방이 화밀을 찾을 때 그렇듯, 어떤 꽃이 그들에게 방해가 되는지 살피는데 이것은 우연이 아니라 의도적인 것이다.

꽃을 선호한다는 점에서 나방의 태도는 꿀벌과 비슷하다. 그리고 종자 형성에서는 수백 개의 종자가 만들어지는데, 3겹의 꽃차례에는 각각 200개씩 들어 있고 이 중에 유카나방 애벌레가 5분의 1이나 10분의 1만 먹어도 이 식물로서는 좋은 결과를 맺을 수 있다. 또 꽃바닥에 있는 화밀과 분리된다면 수정은 한층 더 유리해지는데, 유카나방은 화밀에는 관심을 두지 않는다. 오히려 꽃을 찾는 다른 곤충의 관심을 돌리도록 유도함으로써 유카나방의 활동은 방해받지도 않고 전혀 피해를 보지도 않는다.

애벌레는 탈바꿈을 할 정도로 크면 바닥에 견사를 깔아 나방의 방식대로 고치를 짓고 번데기가 되어 숨는다. 계절이 바뀌면 나방은 허물을 벗는다. 다시 비가 내리면 충분히 나이를 먹고 힘이 생긴 유카는 꽃을 피우기 시작한다. 그러면 짝짓기를 한 암컷은 꽃을 찾아 날아가고 새로운 생존의 순환을 시작한다. 그러므로 이들의 삶은 전적으로 유카에 의존한다고 할 수 있다.

유카 또한 비록 이 꽃을 찾는 벌과 다른 곤충이 아주 사소한 범위에서 종자 형성에 영향을 줄 수 있다고 해도 나방이 필요하다. 종자 형성은 믿음직할 만큼 충분하지는 않다. 벌은 대부분의 다른 곤충처럼 기상 상태에 매우 민감한 반응을 보이기 때문이다. 이곳의 건조 지대에서는 강수량이 매우 불규칙하다. 이런 환경에서 유카와 유카나방은 좋든 나쁘든 공생을 벌이는 협력자가 된 것이다.

구대륙에는 이와 유사하면서도 지중해와 중동 문화권 사람들에게는 엄청나게 중요한 의미를 갖는 '무화과나무(Ficus carica)'와 무화과 혹벌 사이의 공생이 있다. 무화과꽃은 특별한 혹벌이 제때에 구멍을 뚫고 기생할 때만 이 나무의 열매, 즉 무화과를 맺을 수 있다. 그러려면 무화과나무의 두 가지 변종이 있어야 한다. 그런 다음 열매가 형성된다.

열매를 맺기 위해 독특한 기생을 하는 혹벌을 필요로 하는 것은 비단 독일에 잘 알려진 지중해의 무화과나무뿐이 아니다. 세계적으로 분포하는, 특히 열대에 널리 퍼진 종도 마찬가지다. 열대 종은 대개 사람이 먹을 수 있는 무화과는 생산하지 않지만, 이 야생의 무화과를 먹는 조류는 많다.

그중에는 아즈텍 문명에서 신성시되었던 중앙아메리카의 새인 케찰(Quetzal)도 있다. 수컷 케찰은 꼬리 위에 에메랄드빛으로 반짝이는 아주 긴 깃털이 나 있다. 수컷이 날아갈 때는 마치 긴 옷자락을 꽁무니 뒤로 파도를 치듯 끌고 가는 모습이 정말 매혹적이다. 먹이로서의 무화과와 사람은 먹지 못하는 작고 기름진 아보카도가 이처럼 아름다운 새의 생존을 가능하게 해준다. 인간이 달콤한 무화과를 맛볼 수 있는 것은 길이가 불과 몇 밀리미터도 안 되는 작은 말벌 덕분이다. 이 공생에서 얼마나 멋진 생명의 순환이 이루어지는가!

무화과는 나무로서 성공적인 속에 속한다. 이 나무는 습도가 교차되는 건기와 우기 사이의 계절에 따른 차이가 뚜렷한 생존 공간에서 가장 잘 자란다. 부처는 무화과나무 아래서 수행을 하다가 깨달음을 얻었다.[35] 무화과의 신비로운 비밀에 대해서 부처는 몰랐을 것이다. 하지만 수행의 깨달음을 기반으로 하는 불교는 생명의 밀접한 연관성에 대해서는 기독교와 이슬람보다 아는 것이 훨씬 많다. 부처의 가르침은 "땅을 정복하라!"[36]라는 메시지와는 거리가 멀다. 과학적인 생태학의 메시지가 그렇듯, 지속성은 기생적인 자연의 착취가 아니라 공생에서 표현되는 협동에서 나오는 것이다. 옛날 같으면, 무화과혹벌과 유카나방의 효과는 종교적인 비유의 소재가 되었을 것이다. 그와 반대로 '계몽된' 우리 시대는 이들을 생명의 불합리로 속아 냈다.

35 불교에서 흔히 말하는 보리수는 무화과나무의 아종인 인도산 보오나무로 알려져 있다.

36 성경 창세기 1장 28절.

19. 파인애플청개구리

- 파인애플에서 자라는 독성 개구리

Bromelie Querschnitt

Systematik
Klasse: Amphibien
Ordnung: Froschlurche
Überfamilie: Ranoidea
Familie: Dendrobatidae
Gattung: Oophaga
Art: pumilio
(Schmidt, 1857)

다리에 검푸른 점이 박히고 몸집이 새빨간 이 청개구리는 몸길이가 2.5센티미터밖에 안 된다. 중앙아메리카의 우림에 서식하는 이 종은 그 일대 곳곳에 분포한다. 빨간색 때문에 이 청개구리에게는 '딸기독개구리'라는 이름이 붙었다. 정확한 표현이 추가된 영어에서는 '독화살개구리'라고 한다. 학명으로는 이미 오래전부터 '덴드로바테스 푸밀리오(Dendrobates pumilio)'라고 부른다. 그러다가 최근에 와서 다른 속명이 생겼는데 요즘에는 '오파가 푸밀리오(Oophaga pumilio)'라고 한다. 명칭을 바꾼 것은 성가실 뿐만 아니라 항상 옳은 것도 아니지만, 종의 상호관계에 대한 지식의 진보를 드러내는 표현일 때가 많다.

딸기독개구리가 속한 '덴드로바테스'속으로서 독개구리라는 명칭을 더 자세하게 연구한 결과 범위를 너무 넓고 느슨하게 잡았다는 것이 입증되었다. 속(屬)은 실제로 가까운 관계에 있는 종(種)을 간추린 것이고 그것도 가능하면 근친의 거리가 동등해야 한다. 하지만 최근에는 분자생물학의 도움으로 외형적인 유사성에 대해서 전보다 훨씬 비판적인 평가가 나오고 있다. 게다가 유전적인 차이의 영역도 조사할 수가 있다. 딸기독개구리는 '덴드로바테스'속과는 너무 먼 종이라는 것이 증명됨에 따라 '오파가'라는 고유한 명칭을 얻게 되었다. 이 이름을 붙인 것은 보기 드물게 올바른 선택이라 이 자리에서 좀 더 자세하게 다루고자 한다. 오파가는 '알을 먹는 종'이라는 뜻이기 때문이다.

이 속명이 꼭 들어맞는다는 것은 딸기독개구리가 번식하는 방식에서 연유한다. 이 개구리가 이 책에 포함된 데에는 충분한 이유가 있다.

이 빨간 청개구리는 중앙아메리카의 열대우림에 산다. 뒷다리의 검푸른 색, 그리고 앞다리의 바깥 부분과 극명하게 대조되는 빨간색은 독이 있다는 신호다. 경계색을 가진 다른 독개구리종처럼 이 독이 적으로부터 독개구리를 보호해 준다. 실제로 이 독개구리의 독은 화살촉에, 특히 바람총알에 독을 묻히는 데 사용되어 왔고 지금도 마찬가지다. 중앙아메리카의 원주민은 수천 년 전부터 이 기술을 익혀 왔으며 무엇보다 사냥에 활용했다. 독개구리의 독으로 사람도 죽일 수 있다. 이를 피하려면 독개구리와 적당한 거리를 유지하는 것이 상책이다. 독성은 또 뚜렷한 색깔 때문에 아주 매혹적인 딸기독개구리를 비교적 쉽게 관찰할 수 있다는 장점이 있다. 이 개구리는 독이 없는 다른 개구리와 달리 천적이나 호기심을 가진 사람의 눈을 피해 숨을 필요가 없다. 이 청개구리의 짤막한 삶을 요약해 보기로 한다.

딸기독개구리는 숲 바닥에서 나뭇잎에 덮인 습기 찬 곳을 찾는다. 우기에는 이런 곳이 도처에 널려 있다. 부근의 나지막한 대기 장소에서 수컷은 끊임없이 울어 댄다. 곤충 같은 수컷의 울음은 높은 음정으로 "바스, 바스…"라고 하는 것 같은, 말로는 형용하기 힘든 소리를 낸다. 이런 소리로 이들은 먼 동종 관계에 있는 독일 청개구리처럼 암컷을 유혹하려고 하는데 울음소리는 훨씬 더 요란하다. 청개구리의 번식에 적합한, 가능한 한 물고기가 없는 웅덩이가 독일의 하안 부지나 저지에는 드물다. 그러므로 독일이라면 소리를 멀리 보내야 하는데 그러려면 집단적인 울음으로 합창을 하는 것이 좋다. 하지만 코스타리카나 파나마의 우림처럼 바닥까지 흠뻑 젖어 있고 어디를 가나 나뭇잎이 깔려 있는 곳에서는 한 군데 혹은 비좁은 장소에 밀집하는 것은 분명히 편치 못할 것이다. 각각의 수컷이 위치를 나누어 차지하는 것이 더 좋다는 말이다. 흩어진 장소가 알이 발견되거나 천적에게 잡아먹힐 위험을 줄여주기 때문이다.

열대우림에서는 곳곳에 위험이 도사리고 있으며 특히 상대를 속일 만큼 풀이 우거진 밀림과 노출된 바닥이 위험하다. 또 곤충처럼 수컷이 짝을 찾는 소리가 위치 파악을 힘들게 하는 것도 장점이다. 동종 암컷은 번식 파트너를 구하는 것에 관심이 있는 한, 언제든 울음소리를 내는 수컷을 찾아가기 마련이다. 더욱이 열대에서는 독일에서처럼 시간이 촉박하게 흐르지도 않는다. 겨울이 가면 짧은 봄이 오면서 한 해가 시작되고 모든 동물이 이 흐름에 적응해야 하는 독일과는 다르다는 말이다.

암컷은 올챙이를 한 마리씩 우림의 나뭇가지 꼭대기에 있는 파인애플로 데리고 간다. 반관형의 파인애플 잎은 빗물이 고인 미니 수족관이 된다.

빨간 수컷이 암컷을 유혹하는 데 성공하면, 암컷은 짝짓기를 하면서 알을 습기 찬 바닥의 나뭇잎에 낳는다. 그리고 이 알을 수정시킨 수컷은 알에서 올챙이가 나올 때까지 알을 지킨다. 그러면서 놀라운 번식 과정이 시작된다. 암컷은 우림의 나뭇가지 꼭대기에서 자라고 있는 파인애플이 있는 곳으로 올챙이를 한 마리씩 옮긴다. 반관형의 파인애플 잎은 빗물이 가득 고이면 미니 수족관이 된다. 청개구리는 이 안에 올챙이를 들여보낸다. 어미가 올챙이를 등 위에 올린 채 수관 위로 데리고 가는 것은 무척이나 힘든 일이다. 20미터 높이에 오르기 위해 조그만 청개구리는 몸길이의 약 2000배나 되는 거리를 기어 올라가야 한다.

그러면 올챙이는 단지 빗물만 고여 있는 파인애플 꼭대기의 깔때기에서 무엇을 한단 말인가? 비록 위협적인 바닥의 천적에게서는 벗어났다고 하지만 먹고 살 것은 하나도 없다. 먹이가 없는 것이다. 끊임없이 깔때기를 채우는 비와 함께 먹이가 하늘에서 떨어질 리는 없다. 열대림에서 흔히 쏟아지는 폭우는 종종 깔때기 위로 흘러넘친다. 하지만 공기와 물만으로 올챙이가 자랄 수는 없고 개구리로 변할 수도 없다. 이들에게 필요한 것은 먹이이며 무엇보다 단백질이 있어야 한다. 그런데 올챙이는 어미로부터 단백질을 얻는다. 올챙이의 성장에 소요되는 9~10주 동안, 이 청개구리는 끊임없이 파인애플 깔때기로 올라가서 수정되지 않은 알을 넣어 준다. 이것을 올챙이가 먹는 것이다. 새끼를 양육하는 방식치고는 정말 놀랍지 않은가!

청개구리가 되기 위한 준비를 마친 올챙이는 높은 공중에서 땅바닥으로 내려와 여기서 2센티미터 이상의 몸길이가 되어 스스로 번식할 만큼 자랄 때까지 직접 먹기에 적당한 작은 동물을 찾는다. 조금 복잡하지 않느냐는 냉소적인 질문이 나올지도 모르겠다. 너무 소모적이라는 주장이다. 생명으로 충만한 열대우림에서 이런 낭비가 꼭 필요한 것일까? 암컷은 밑에 있는 다습한 숲 바닥에서 훨씬 쉽게 알을 올챙이에게 먹일 수도 있지 않은가? 아니면 정상적인 개구리의 방식대로 하천에서 산란한 다음, 올챙이 자신에게 성장을 맡길 수도 있을 것이다. 이런 일은 개구리와 두꺼비의 세계에서 얼마든지 가능하고 수도 없이 벌어진다. 이런 식으로 우리는 딸기독개구리의 비용을 지나친 것으로 간주할지도 모른다. 하지만 작은 청개구리가 열대림에서 어떤 위험에 노출되어 있는지 모른다면, 우리의 판단은 성급하다고 해야 할 것이다. 게다가 이런 판단은 잘못일 가능성이 크다. 딸기독개구리는 생존에 반드시 필요한 것이 아니라면, 이렇게 어처구니없어 보이는 비용을 스스로 부담하지 않을 것이기 때문이다.

주변 환경과의 관계 속에서 이 청개구리를 관찰해 보자. 딸기독개구리는 독이 있다. 이들은 몸통의 새빨간 색으로 독성의 신호를 보낸다. 유독물질은 이들이 독이 있는 곤충으로부터 받는 것이다. 그 곤충이 독이 있는 식물을 먹이로 삼기 때문이다. 이런 예는 열대림에서 얼마든지 볼 수 있다. 다른 개구리나 조류는 그 독성 곤충을 피한다. 하지만 독화살개구리는 이 독을 다스릴 줄 알 뿐만 아니라 독을 받아서 방어 수단으로 삼기까지 한다. 이때 개구리의 몸속에서 일어나는 현상은 화학적, 병리학적으로 복잡하다. 그 상세한 과정을 다루는 것은 이 책의 범위를 벗어나는 일이다. 딱 두 가지만 확인하면 충분하다. 유독물질은 개구리의 몸이 그것을 통제한다고 해도 부담을 준다. 그것은 더 많은 알을 생산하는 것을 제한한다. 즉 유독물질은 개구리의 번식 능력을 약화시킨다. 거미나 나비, 개구리, 두꺼비, 또 조류를 막론하고 어떤 동물의 것이든, 알은 모두 매력적인 먹이에 속한다. 알에는 동물의 성장에 필요한 모든 것이 들어 있기 때문이다. 더욱이 영양소가 이상적인 비율로 섞여 있기까지 하다.

수많은 천적이 득실거리는 생존 공간에서 알의 손실 및 그와 결부된 번식의 피해를 줄이는 방법은 두 가지가 있다. 우선 알을 대량으로 생산해서 천적으로부터 큰 피해를 당한 뒤에도 충분히 남게 하는 것이다. 또 하나는 소수 정예 양육 방식으로 적은 수의 알을 가능하면 잘 보호하며 키우는 것이다. 대량생산 방식은 암컷이 충분한 단백질을 확보해야 한다는 전제가 따른다. 알이 주로 단백질로 구성되기 때문이다. 하지만 독화살개구리처럼 먹이가 부족할 뿐 아니라 독성까지 있는 경우는 좀 다르다. 적에 대한 선택압(Selektionsdruck)[37]은 알이나 올챙이를 특별히 보호하는 방향으로 바뀐다. 이런 예를 딸기독개구리에게서 발견할 수 있다. 파인애플 깔때기의 미니 수족관에는 적이 거의 없지만 올챙이에게 적합한 먹이도 거의 없다. 단 미량의 이끼가 그 속에 있을 수는 있다. 비가 오면 그곳에 필요한 식물 영양소가 자라기 때문이다. 다만 그것은 올챙이가 빨리 자라기에는 너무 적은 양이다. 게다가 비가 부족한 건기에는 파인애플 깔때기가 전반적으로 말라버릴 수도 있다. 자신의 알을 새끼의 먹이로 내어줌으로써 암컷 개구리는 스스로의 몸을 지나치게 소모하지 않고 알을 천천히 재생산하는 상태로 변한다. 독이 있는 곤충이 알을 빨리 생산하지 못하는 것과 같은 이치다. 눈에 띄는 두드러진 색깔은 딸기독개구리를 잘 보호해 준다. 또 나무를 기어오를 때도 이들에 대한 위험은 없다. 이들의 개체수가 비교적 많은 것을 보면 딸기독개구리의 독특한 번식 방법은 원활하게 작동한다고 할 수 있다.

단 나무에 어느 정도 풍족한 파인애플이 자라고 있어야 한다. 아메

리카 열대우림이라고 해서 어디나 이런 조건이 갖춰진 것은 아니다. 코스타리카, 파나마, 그 밖의 중앙아메리카 지역에서는 유난히 파인애플이 풍족하게 자란다. 그것은 대양에서 불어오는 바람, 특히 계절풍이 많은 습기를 몰고 오기 때문이다. 이 습기가 산악 지대에 비를 내리면서 고온다습한 열대의 생존 조건을 만들어 낸다. 그렇다고 해도 비가 인산염이나 칼륨 같은 무기질을 실어 오지 않는다면, 나무 위의 파인애플이나 난초, 양치류는 있을 수 없을 것이다. 물론 이런 영양소가 극히 적은 양이기는 해도 땅바닥에 뿌리를 내리지 못하고 공중에 얹혀사는 식물에게는 충분한 양이다. 지난 수십 년간의 포괄적인 연구를 통해서 더부살이 식물이나 착생식물뿐만 아니라 아마존 유역의 전체 우림이 바람과 비로부터 양분을 공급받는다는 것을 알고 있다. 양분이란 남대서양 위로 계절풍이 몰고 오는 사하라 사막의 먼지다. 아마존의 우림이 형성된 바닥은 영양 염류가 씻겨나가 오로지 숲이 딛고 있는 터전의 역할만 할 뿐이다. 수관 및 뿌리와 함께 자라며 버섯과 공생을 하는 나무는 넉넉지 않은 영양 염류를 가둬두어야 하고 그것을 가능하면 아껴야 한다. 이 나무들은 거의 손실이라고는 없는 영양의 순환 방식을 발전시켰다. 물과 함께 숲에서 하천으로 흘러나가고 최종적으로 대서양으로 흘러드는 불가피한 손실은 공기 중의 영양소가 보충해 준다. 우리는 기상이변으로 사하라의 먼지가 유럽까지 날아올 때면

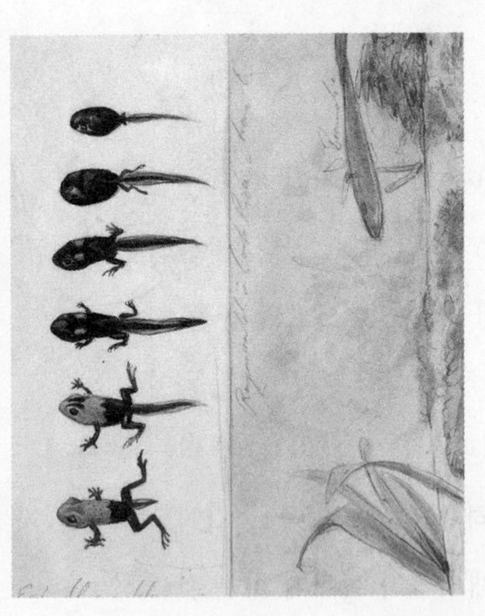

알프스 이북의 중부 유럽에서도 때로 이와 비슷한 경험을 한다.

새롭게 발견한 이런 결과에서는 파인애플도 딸기독개구리의 올챙이가 그 잎의 깔때기에 살기 때문에 이익을 본다는 사실이 드러나고 있다. 더부살이하는 동물은 그들의 배설물로 파인애플에 대한 영양염류의 공급 상황을 개선해 주고 있다. 앞에서 강조한 대로 더부살이식물은 땅바닥에 뿌리를 내리지는 않는다. 착생식물은 독일의 겨우살이처럼 기생근을 통해 숙주나무로부터 자신에게 없는 것을 빼앗는 기생식물이나 반(半)기생식물이 아니다. 파인애플이 꽃을 피우고 생존하는 데 필요한 모든 것은 공기 통로를 통해 전달될 수밖에 없다. 혹은 그들의 더부살이 동물들에게 보충받기도 한다. 알을 올챙이에게 가져다주는 것은 파인애플에게는 영양 보충이라는 의미가 있다. 열대우림에서는 그만큼 영양분이 넉넉지 못하기 때문이다. 이렇게 결핍의 결과로서 보기 드문 생존 방식이 발전하게 된다. 한층 더 발전된 형태는 다음의 예에서 동남 아시아의 벌레잡이식물이 보여 줄 것이다.

---

37 서식처의 각종 환경 조건이 종 또는 개체들에게 살아남도록 하는 압력.

---

20. 벌레잡이식물

- 동물과 육식식물의 상충되는 이해관계의 접점

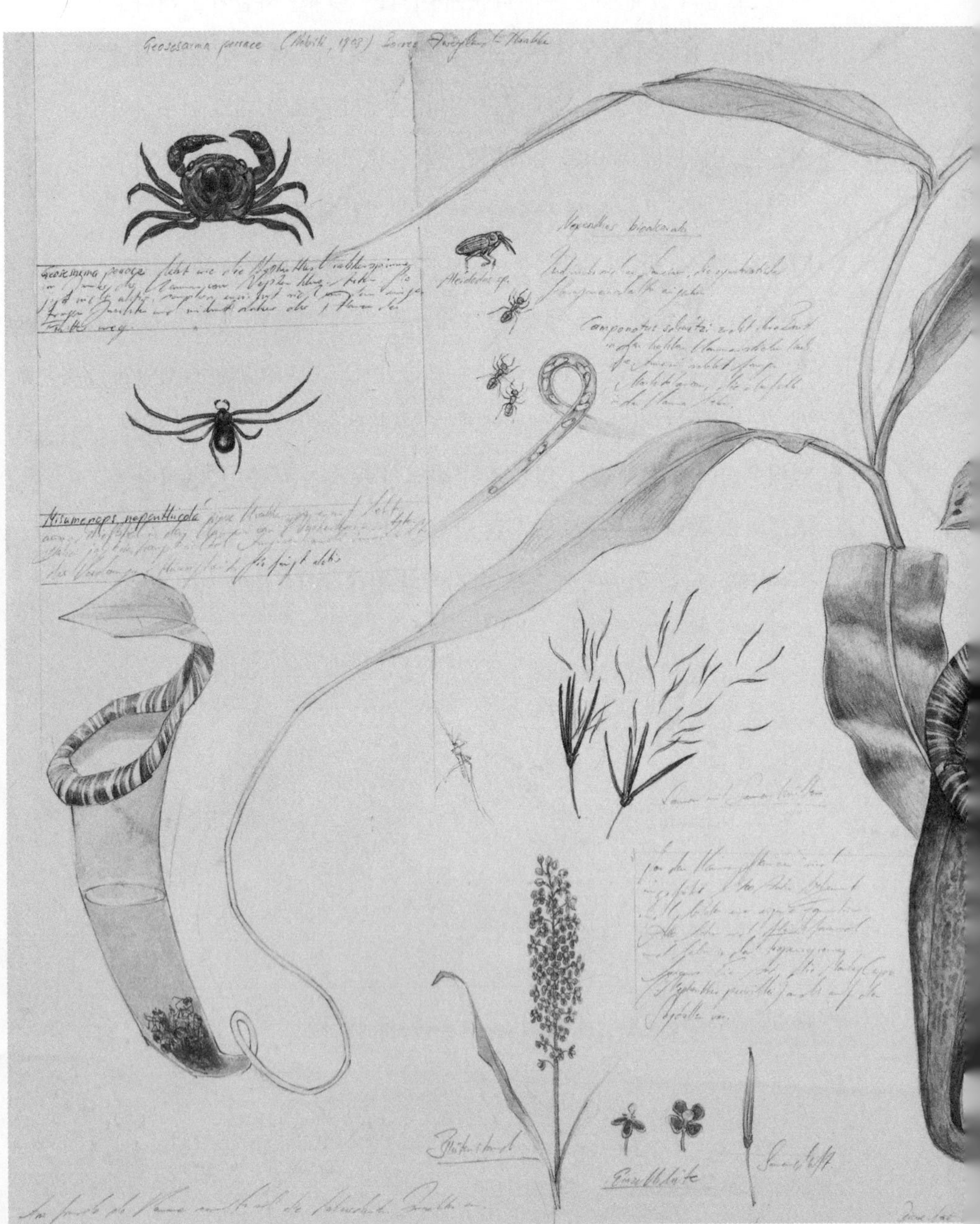

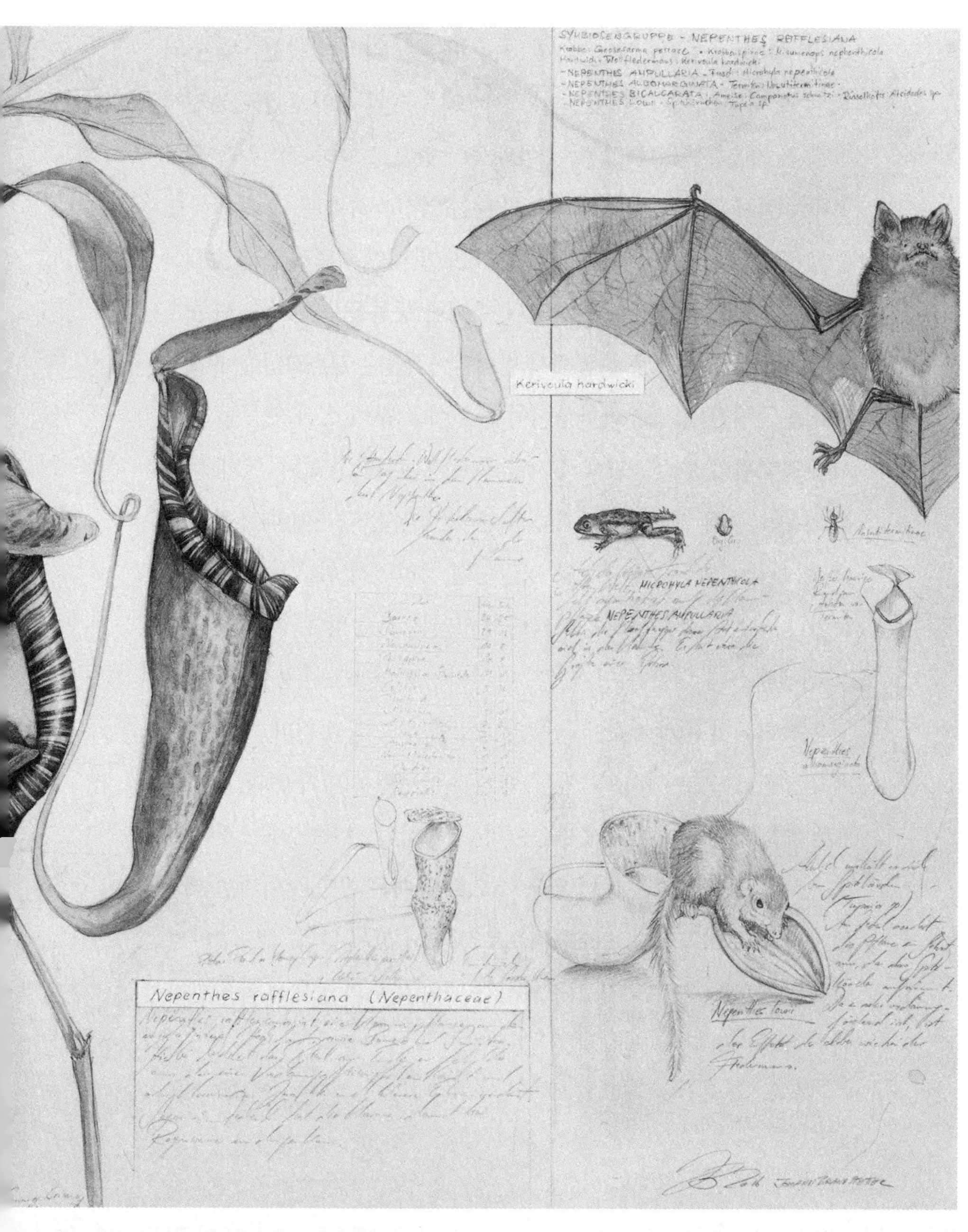

SYMBIOSENGRUPPE - NEPENTHES RAFFLESIANA
- NEPENTHES AMPULLARIA
- NEPENTHES BICALCARATA
Keriyoula hardwicki
MICROHYLA NEPENTHICOLA
NEPENTHES AMPULLARIA
Nepenthes rafflesiana (Nepenthaceae)

'벌레잡이식물(벌레잡이통풀Nepenthes속)'의 통 덫은 식물의 왕국에서 가장 이상한 발달 형태에 속한다. 이 풀은 자라면서 먼저 긴 자루를 형성하고 이어 아래쪽이 안으로 향하게끔 잎을 원통 형태로 말아 올린다. 형태가 변하지 않는 엽선(잎의 끝)은 그 위에서 일종의 뚜껑 역할을 한다. 통 안으로는 효모가 섞인 강력한 산성 수액을 분비해서 안으로 들어온 곤충이나 미세한 동물을 녹여서 소화한다. 이런 동물성 영양 보충을 통해서 벌레잡이식물은 질소화합물에 대한 수요를 충당한다. 질소화합물이야말로 이 식물이 살아가는 동남 아시아 열대림의 생존 공간에서 가장 부족한 것이라고 할 수 있다. 이때 통 덫은 외부에 달린 위(胃) 기능을 한다. 이 통은 나무에 매달려 있는데, 벌레잡이식물종이 대부분 덩굴처럼 자라면서 위로 올라가기 때문이다. 하지만 단순하게 땅바닥에서 자라는 것도 많다.

'네펜테스'속 식물은 현재까지 알려지기로 약 100여 종이 있다. 통 덫은 빨간색이 많기 때문에 녹색의 우림에서 눈에 잘 띈다. 하지만 이 색깔은 통 안으로 걸려드는 곤충에게는 아무런 의미가 없다. 곤충은 빨간색을 구분하지 못하기 때문이다. 결정적인 역할을 하는 것은 아주 평탄하고 미끄러운 내벽이다. 통으로 들어온 곤충은 의지할 데가 없기 때문에 미끄러져서 소화액으로 빠질 수밖에 없다. 산도 3의 소화액은 사람이 음식을 먹고 소화시킬 때의 위산의 농도에 해당한다. 이런 유형으로 된 덫의 장치를 '솥 올가미'라고 부른다.

하지만 벌레잡이식물이 흔히 이와 가까운 관계에 있는 육식식물종에 속하는 것은 아니다. 벌레잡이식물의 접착식 및 개폐식 올가미는 육식식물종과는 다른 유형의 덫 장치다. 여기서 중요한 것은 언제나 질소화합물의 결핍을 극복한다는 것이다. 그러므로 이런 육식성 식물은 늪이나 산성 하천에서처럼, 자연 상태의 질소결합이 드문 생존 공간에서 발견할 수 있다.

녹여서 소화를 시켜버리는 산성액에 들어가는 것은 이 식물 위를 기어 다니는 벌레로서는 가능한 한 피해야 할 재난에 해당한다. 하지만 벌레잡이식물은 덫으로 사용하는 용기의 유인 효과를 눈에 띄게 극대화하기 때문에 여기에 걸려드는 사냥감은 부족하지 않다. 단 유혹과 회피 행동 사이에는, 적어도 이론적으로는 시간이 가면서 균형이 유지된다. 원칙적으로 그런 식물성 사냥꾼과 사냥감 사이에 '진화에 따른 경주'가 벌어졌다는 것을 반박할 증거는 없다. 그럼에도 불구하고 위험에서 벗어나서 이 통 덫을 아주 독특한 방법으로 이용하는 '승자'는 존재한다. 때때로 이 통으로 물을 퍼마시는 보르네오 우림지대에 사는 인간이 아니라, 통 속에서 살면서도 소화액에 용해되지 않은 동물을 말하는 것이다. 이 동물은 너무도 많고 다양하기 때문에 단순하게 한 줄로 나열할 수는 없다.

가령 '게오세사르마 말라야눔(Geosesarma malayanum)'이라는 이름의 작은 게는 이 통 덫을 아주 매력적으로 본다. 민꽃게의 아종으로서 집게가 새빨간 이 뭍게는 비록 습한 하천이나 강가에 주로 살기는 하지만 어느 정도는 규칙적으로 '네펜테스 암풀라리아(Nepenthes ampullaria)'의 통을 찾아가 소화가 덜 된 노획 동물이 남았는지 살핀다. 그리고 찌꺼기가 있으면 게는 그것을 꺼내 먹는다. 이 게는 짧은 방문 시간에 소화액을 견뎌내고 아무런 피해도 입지 않는 것이 분명하다. 또 가까운 종으로서 '게오세사르마 페라카에(Geosesarma perracae)'라는 다른 게도 이 통을 찾는 것이 목격되었는데 이제까지 알려진 것보다 이 식물을 더 집중적으로 영양의 원천으로 이용하는 것으로 보인다. '네펜테스 암풀라리아'의 통은 종종 땅바닥에 있기도 하고 반쯤 낙엽에 싸여 있기 때문에 뭍게는 쉽게 접근할 수 있다. 이 식물의 통은 게다가 곤충이나 거미류뿐만 아니라 식물성 찌꺼기까지 소화하기 때문에 다른 벌레잡이식물보다 소화액이 더 부드럽다. 다만 노획물을 탈취하는 것이 늘 쉬운 것은 아니다. 그래서 이 작은 게도 종종 소화를 당할 때가 있다. 아무튼 게와 통 덫의 관계는 어느 한쪽으로 쏠리는 일방적인 관계라 먹이기생으로 표현할 수 있다.

박쥐는 단순하게 낮의 은신처에서 휴식하는 것이 아니라 그 속에 자신의 배설물을 제공한다. 그리고 이 배설물에는 벌레잡이식물에게 부족한 질소화합물이 들어 있다.

이 통 덫과 긴밀한 관계를 맺는 동물로는 '미수메놉스 네펜티콜라(Misumenops nepenthicola)'라는 거미도 있다. 불그레한 색의 이 거미는 독일의 작은 하천변에서 사냥을 하는 '닷거미(Pisaura mirabilis)'와 비슷하기는 하지만 게거미에 속하는 종으로서 지속적으로 다양한 '네펜테스'종의 통에서 산다. 이들은 통 내벽에 그들에게 적당한 크기로 그물망 같은 거미줄을 치고 벽에 숨어서 곤충이 미끄러지기를 기다린다. 이들은 또 소화액으로 잠수해 들어가 바닥에서 이미 소화가 된 동물 사체의 찌꺼기 밑에서 사는 모기 애벌레를 잡을 수도 있다. 그럴 목적으로 바닥층을 휘저으면서 그때 허우적거리는 애벌레를 잡아먹는다. 덫으로 빠지는 베짜기개미도 이들의 사냥감이 된다. 개미는 이미 통 속의 액에 마비가 된 상태다. 이 개미는 저항력이 강하기 때문에 밖에서는 거미가 감당할 수 없을 것이다. 또 모기 애벌레도 얼마든지 덫의 분비액에서 살 수 있으며 어느 정도는 규칙적으로 유입되는 유기물을 이용할 수 있다. 이들의 더부살이는 직접 식물의 덫에 걸린 동물을 먹고사는 기생에서 공생으로의 발전 과정을 보여 준다. 벌레잡이식물은 애벌레가 소화해서 배설한 것을 비교적 손쉽게 흡수해서 이롭게 활용할 수 있기 때문이다. 이들에게 필요한 것은 작은 동물 그 자체가 아니라 질소가 함유된 화학적 화합물이다.

속명으로 '미크로힐라 네펜티콜라(Microhyla nepenthicola)'라고 부르는 '초소형 개구리'는 최근에 인터넷과 전문 문헌에서 '미크로힐라 보르넨시스(Microhyla borneensis)'라고 부르기도 하는 가장 작은 개구리과 동물의 하나다. 몸길이가 1센티미터를 넘지 못하는 이 보잘 것 없는 동물은 보르네오의 '네펜테스 암풀라리아' 통 속에서 산다. 더 정확하게 말하면, 이 암컷 개구리가 통 속에 알을 낳는다. 알에서 나온 올챙이는 통 안의 '물' 속으로 들어가 비록 느리기는 하지만 소화를 당하지 않은 채 미니 개구리가 될 때까지 성장한다. 이들은 멀건 죽 같은 통 속에서 미세한 먹이 조각을 먹고 산다. 개구리 알의 젤라틴과 함께 유기물이 통 속으로 들어오면, 올챙

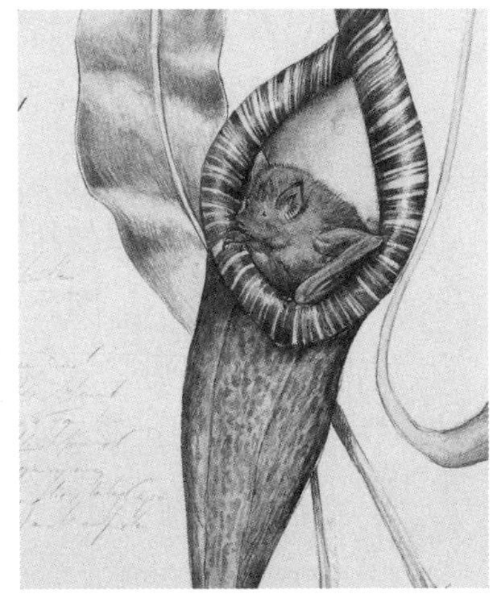

이는 곤충 찌꺼기를 이용하면서 '도우미' 역할을 한다. 이들이 배설한 것을 소화함으로써 벌레잡이식물이 이용할 수 있기 때문이다. 이것으로 더부살이 동물은 벌레잡이식물에게 확실한 이익을 안겨주게 된다.

벌레잡이식물의 줄기에 사는 바구미도 벌레잡이식물에게 이익을 가져다준다. 어쩌면, 아마 분명히 '캄포노투스 슈미치(Camponotus schmitzi)' 종의 개미도 이 식물에 유익할 것이다. 이 개미는 '네펜테스' 특히 '네펜테스 비칼카라타(Nepenthes bicalcarata)'의 줄기 홈에 살면서 통의 바깥 모서리에서 분비되는 화밀을 먹는다. 화밀은 보통 훔쳐 먹으려고 하다가 통 속으로 빠지는 곤충을 유혹한다. 독일의 왕개미(Rossameisen)와 가까운 종인 '캄포노투스 슈미치' 개미는 이 곤충 노획물을 가져오기 위해 심지어 통 덫의 액 속으로 잠수하기까지 한다. 이들은 먹이 기생동물로 활동하기도 하는 셈이다. 식물의 안팎에서 사는 대부분의 개미처럼, 이들은 벌레잡이식물에게 해를 끼치는 곤충을 방어해 주기 때문에 이 경우에는 이미 공생이 이루어진다고 볼 수 있다.

249쪽의 그림에서 묘사한 것처럼, 밖을 내다보는 박쥐의 경우에도 그런 공생이 주된 역할을 한다. '하드위크 멋쟁이박쥐(Kerivoula hardwickii)'는 다양한 '네펜테스'종, 특히 '네펜테스 헴슬레야나(Nepenthes hemsleyana)'의 통 덫을 낮의 휴식처로 이용한다. 박쥐는 통 속에서 낮 시간에 그 분비액 덕분에 안전한 보호를 받으며 밤이 되어 활동을 하는데, 곤충 사냥을 하기 전에 그들에게 유리한 미기후(微氣候)[38] 속에서 시간을 보낸다. 상단의 분비물과 깔때기 덫의 유인 효과에 이끌릴 수도 있는 대부분의 곤충이 지나가는 낮 시간에 박쥐가 하필 통을 차지하고 있다는 것은 벌레잡이식물에게는 엄청 불리한 것으로 보인다. 하지만 이런 인상 역시 잘못된 것이다. 실제로 이것은 통에서 발생할 수 있는 일 중에 최선의 결과라고 할 수 있다. 박쥐는 단순하게 이 낮의 은신처에서 휴식하는 것이 아니라 그 속에서 자신의 배설물을 제공하기 때문이다. 그리고 이 배설물에는 벌레잡이식물에게 부족한 바로 그 질소화합물이 들어 있다. 질소화합물은 통 안쪽의 세포가 수용하고 흡수할 수 있는 상태로 주어진다. 곤충의 단백질 성분이 벌레잡이식물에게 유익하기 때문에 박쥐는, 최종 결과로서 벌레잡이식물을 위해 곤충을 함께 모은다고 할 수 있다. 이것이 진정한 공생으로서 양쪽에 모두 이익을 주는 '상리 공생'이다. 최근의 연구 결과는 이런 상리 공생이 올바른 통을 휴식처로 찾아내는가에 좌우된다는 것을 밝혀냈다. 만약 '네펜테스 헴슬레야나'의 통 덫이 보기 드물다면 멋쟁이박쥐는, 말라비틀어지다시피 했지만 강인한 생명력 덕분에 아직도 버티고 있는 '네펜테스 비칼카라타'를 대용으로 선택할 수밖에 없다. 만일 이 식물이 소화액으로 가득 차 흘러넘칠 정도라면, 박쥐는 들어가지 못할 것이다. 또 말라비틀어진 식물에 박쥐의 배설물은 더 이상 도움이 되지 못할 것이다. 게다가 벌레잡이식물은 낮의 엄청난 열기로부터 박쥐를 보호해 주지 못하며 박쥐에게 필요한 습도를 만들어 내지도 못할 것이다. 이 습도는 벌레잡이 식물이 섭씨 30도 정도의 기온에 말라죽지 않기 위해 필요한 것이다. 따라서 이 메마른 식물은 임시 거처로서의 역할밖에 하지 못한다.

벌레잡이식물이 그 밖의 포유류에게 매우 주목할 만한 적응을 하는 것을 보면 박쥐의 배설물이 얼마나 중요한 역할을 하는지를 알 수 있다. 이 공생은 '튜파이아(Tupaia)'속의 나무두더지와 벌레잡이식물 '네펜테스 로위이(Nepenthes lowii)' 사이에서 일어난다. 이 식물은 휜 통 덮의 마개 쪽에서 아래로 튜파이아에게 매혹적인 물질을 분비하고 나무두더지는 이것을 욕심껏 빨아들인다. 이것을 먹은 두더지는 설사를 하게 된다. 하지만 그 과정이 너무 빨라서 배설물이 곧장 통 속으로 쏟아지기가 일쑤고 이것이 '거름'이 된다. 나무두더지는 통 가장자리에 앉아 있기 때문이다. 통의 마개를 어떻게 사용하느냐에 따라 나무두더지의 엉덩이는 안쪽으로 향하기도 하고 바깥쪽으로 향하기도 한다. 털을 펼쳐서 자신의 흥분 상태를 알리는 나무두더지는 털이 무성한 꼬리를 적시지 않으려고 하기 때문에 배설물은 자연스럽게 통 안으로 떨어질 때가 많다.

조그만 흰개미도 마찬가지 방법으로(그림에서 묘사하듯) 통 가장자리의 분비물에 유혹을 당하는데, 이때의 유혹은 그들에게 재앙이 된다. 통 속으로 떨어져서 이 식물에 소화되기 때문이다. 즉 동물과 육식식물의 상충되는 '이해관계'가 벌레잡이식물에게서 다양한 방법으로 나타난다고 할 수 있다. 그리고 여러 가지 상황에서 균형이 실현된다. 그 상황은 통 덮에서 직접 '함께 먹는' 즉 먹이기생에서부터 동물 쪽에 압도적으로 유리한, 식물의 부분적인 공동 이익을 거쳐 배설물이 역할을 하는, 그리고 우리의 눈에 이상하게 비치는 박쥐 및 두더지와의 공동생활에 이르기까지 다양하게 펼쳐진다.

공생은 쉽게 실현되는 것이 아니다. 그것은 양쪽 협력자에게 이익이 된다는 단순한 이유로 일어나지 않는다. 그렇게 될 수 있다는 것은, 구조(형태)와 물질(화학), 그리고 행동을 기반으로 한 수만 년, 혹은 수백만 년의 진화를 거친 이후, 추후에 비로소 알려진 것이다. 진화는 '무엇을 하기 위한' 것이 아니다. 진화상의 발전에는 정해진 목표라는 것이 없다. 모든 변화는 때가 되면 찾아올 미래가 아니라 끊임없이 또 예외 없이 바로 지금 이 자리에서 효과가 입증되어야 하는 것이다. 이런 진화의 기본 원칙은 수많은 공생을 작동시키는 불완전성에서 표현된다. 공생은 아주 오래된 생명의 초기 형태처럼 완벽할 때만 아주 조화롭게 진행되기 때문에, 완전히 다른 생존 형태의 결합으로 공생을 인식한다는 것은 현대의 연구로서도 힘든 일이다. 예컨대 식물의 녹색색소를 2중, 3중의 결속체로서 공생 관계의 녹청색 박테리아 혹은 이끼로 보듯이, 버섯과 이끼와 효모가 연합한 결과로 보듯이 말이다.

---

38 지표면에서부터 지표면 위 수 미터까지, 상대적으로 좁은 범위의 기후 조건.

21. 시체꽃

- 딱정벌레를 보호하는 거대한 꽃

독일에서는 시체꽃[39]을 '거인식물(Titanenwurz)'이라고 부른다. 뿌리가 크기 때문이 아니라 꽃이 크기 때문이다. 이 꽃은 3미터가 넘도록 자라는데 정말로 거대한 것이 기록적인 크기라고 할 만하다. 활짝 필 때는 짙은 자줏빛에 적갈색이 섞인 꽃받침이 밖으로 휜 모양을 형성한다. 이 꽃받침 사이로 1미터 높이의 꽃차례가 솟아오른다. 학술적인 속명 '아모르포팔루스(Amorphophallus)'는 이 꽃의 구조와 관계가 있다. 이 말은 '형태가 일정치 않은 남근'이라는 뜻이다. 명칭이 썩 마음에 드는 선택이라고는 할 수 없다. 이 속에 속하는 꽃은 200종이 넘으며 꽃차례의 형태도 모두 제각각이다. 단 그 어떤 종도 시체꽃의 크기에 견줄 수 있는 것은 없다. 이런 이유로 시체꽃은 '티타늄(titanum)'이라는 매우 적절한 종명을 얻게 되었다. 자연 속에서 최고 기록을 찾는 사람이 이 꽃을 본다면 큰 성공을 거둘 것이다.

'아모르포팔루스 티타늄(Amorphophallus titanum)'은 천남성과(天南星科)에 속하는 식물이다. 시체꽃은 또 독일 '천남성과 식물(Arum maculatum)'의 일종의 확대판이라고 볼 수 있다. 천남성과 꽃은 독일에서 4월말부터 5월 중순까지 강변 저지대의 수풀이나 그 밖의 습한 숲에서 핀다. 꽃이 필 때는 총포엽이 흐린 녹색이라 쉽게 눈에 띄지 않는다. 총포엽은 맨 밑에 자리 잡은 꽃차례에서 높이 솟아 오른 짙은 보라색의 날씬한 곤봉을 봉지처럼 감싸고 있다. 그래서 이 꽃은 신록이 돋아나는 봄의 숲에서 사람 눈에 잘 띄지 않는다. 단 육수꽃차례

(Kolben)[40]는 시체 썩는 냄새를 풍긴다. 이 냄새는 작은 곤충, 특히 나방파리를 끌어들인다. 이 꽃으로 날아드는 곤충은 주머니 모양으로 펼쳐진 꽃의 아랫부분으로 미끄러진다. 이때 이들이 빠져나가지 못하게 고기잡이 그물처럼 좌우로 벌어진 강모 모양의 혹(털)이 막는다. 그리고 곤충이 수술의 꽃가루를 충분히 묻힐 때까지 가둬 놓는다.

고기잡이 그물처럼 생긴 털은 번식력이 없는 꽃에서 만들어진다. 즉 많은 꽃에서 보는 예와는 달리 천남성과 꽃의 털은 줄기와 잎에서 형성되는 순수한 털로 이루어진 것이 아니다. 수꽃이 때가 되어 꽃가루를 분비하면 이 털은 수축하게 되고 갇혔던 작은 곤충은 빠져나올 수 있다. 하지만 이들은 곧 그다음의 천남성과 꽃 냄새에 다시 유혹된다. 다른 꽃에 빠질 때, 이들은 이미 수용력이 있는 암술에 꽃가루를 전달한다. 말하자면 암꽃은 수꽃 앞에서 성숙해진다. 수개월 뒤면, 식물학에서 불염포佛焰苞(Spatha)[41]라고 불리는 총포엽은 쪼글쪼글해지고 대신 한여름에 천남성과의 열매라고 할 빨간 장과가 반짝이며 익는다. 이 열매는 매혹적으로 보이지만 사람에게는 독이 있다. 다만 새는 틀림없이 찾아와 이것을 먹고 똥을 통해 저지대 숲 어딘가에 씨를 퍼트릴 것이다. 이 정도로 간단하게나마 독일 천남성과의 화훼식물학에 대해 요약하면 시체꽃을 이해하는 데 큰 도움이 될 것이다. 시체꽃의 경우에도 많은 것이 이와 비슷하게 전개되기 때문이다.

이런 상태의 시체꽃이 폐쇄된 온실에서 꽃을 피울 때는 문제가 발생한다. 유난히 코를 찌르는 악취가 진동하기 때문이다.

시체꽃은 인도네시아 수마트라섬의 열대우림 지대에 있다. 습한 열대야말로 천남성과 식물의 고향이라고 할 수 있다. 열대 밖에서 생존 가능성을 추구하는 종은 극소수에 불과하다. 중부 유럽의 경우, 천남성과 식물은 단 한 종밖에 없다. 하지만 지중해 지역만 해도 지리적인 경계에 따라 이미 20여 종이 자라고 있다. 물토란 혹은 '산부채(Dracunculus vulgaris)'[42]종의 경우, 꽃이 50센티미터가 넘는 당당한 높이로 자란다. 길고 뾰족한 육수꽃차례는 짙은 자줏빛 갈색의 꽃싸개에서 혀를 날름거리는 모습이라 '뱀풀(Schlangenwurz)'이라는 이름도 생겼다. 모든 천남성과 식물에 통용되는 원칙 하나는 꽃이 솥 올가미 기능을 한다는 것이다. 시체가 썩는 냄새는 단기간의 포로 역할과 관련해 꽃가루 전달을 하는 곤충을 유혹한다. 또 두드러진 것은 대개 정상적인 시간 외에 그것도 독특한 방식으로 꽃이 핀다는 것이다. 뱀풀의 '혀를 날름거리는 주둥이'는 다른 초목이 거의 자취를 드러내지 않는 이른 봄에 벌어진다. 이것이 유혹을 느끼는 곤충의 비행 통로를 열어 준다. 꽃이 모습을 갖추는 것은 오직 땅 밑에 있는 이 식물의 구근이 충분히 저장 물질을 모았을 때뿐이다. 꽃이 자라는 데는 잎보다 훨씬 많은 물질이 들어가기 때문이다. 그러자면 여러 해 동안 저장 물질을 축적해야 한다.

천남성과의 꽃 중에 많은 것은 동시에 형성되는 잎이 전혀 없이 모습을 드러낸다. 시체꽃의 경우, 이런 비율이 특히 극단적이다. 해마다 혹은 12개월에서 20개월까지 비교적 오랜 간격을 두고 시체꽃에서는 잎이 생기는데 이 잎은 꽤 오랜 뒤에 말라 죽는 작은 나무처럼 자란다. 잎에 함유된 물질은 다시 땅 속의 구근으로 흡수된다. 구근은 계속 자라서 여러 해가 지나면 100킬로그램이 넘는 거대한 크기가 된다. 구근의 무게가 20킬로그램이 되기 전까지 시체꽃은 꽃을 피우지 않는다. 그러다가 구근이 마침내 충분한 크기가 되면 시체꽃은 잎이 아니라 두툼하고 그루터기가 뾰족한, 그리고 가지는 없는 나무 줄기를 형성한다. 이 줄기는 높이 커가면서 배가 더 불룩해진다. 꽃싸개 밑부분은 녹색이 되고 곧 밖으로 휘는 윗부분은 육수꽃차례처럼 짙은 보라색이 된다. 육수꽃차례는 활짝 벌어진 종 모양의 꽃싸개 위로 솟아나면서 2~3미터 높이까지 자란다. 이런 형태의 시체꽃이 폐쇄된 온실에서 꽃을 피울 때는 문제가 발생한다. 유난히 코를 찌르는 악취가 진동하기 때문이다.

수마트라의 우림에서 이 냄새에 유혹을 당하는 것은 여린 모기나 파리가 아니라 큼직한 송장벌레(딱정벌렛과)다. 열대 밖의 식물원에서는 시체꽃이 악취를 풍겨봤자 소용이 없다. 딱정벌레는 꽃으로 날아와 소리를 내며 깔때기로 들어간다. 저희들끼리 서로 부딪칠 때도 드물지 않다. 이때 깔때기는 커다란 수집 용기처럼 이들을 붙잡아둔다. 그러면 혼잡한 와중에 딱정벌레가 꽃가루를 묻히고 이것을 암술에 전달하는 효과가 발생한다.

따뜻한 숙소와 동종끼리 짝짓기를 할 기회를 주는 것 말고 이 꽃이 딱정벌레에게 제공하는 것은 더 이상 없다. 봄의 숲에서 독일의 천남성과 식물이 그렇듯, 육수꽃차례 아랫부분에서는 수꽃(위층)과 암꽃(아래층)이 서로 떨어져서 자란다. 이들은 뚜렷한 시간차를 두고 자라는데 암꽃이 먼저고 수꽃은 그다음이다. 이 때문에 암꽃이 특별히 수분 준비를 갖춘 상태에서, 꽃가루가 바로 옆에 있는 수꽃에서 오는 경우는 드물거나 아예 없다. 이런 식으로 이화수정의 확률이 급상승한다. 따라서 식물학적으로 매우 불확실하지만, 시체꽃의 거대한 꽃은 가능하면 동일한 지역에서 동시에 많이 피어야 한다. 그래야만 이화수정에 적합한 꽃가루 교환이 실현될 수 있기 때문이다. 이때 딱정벌레가 거들어준다. 이들은 시체 썩는 냄새에 속았다는 것을 깨닫지 못한다. 그리고 꽃 깔때기에 동물 사체가 없다는 것을 알고는 다시 날아간다. 다른 아모르포팔루스를 찾아가는 것이다.

이 외에 작용하는 특징이 하나 더 있다. 육수꽃차례에서는 순수한 화학적 과정으로 온기가 발생한다. 밤이면 꽃의 온도가 주변의 온도를 훨씬 능가한다. 밤에 수마트라의 우림은 습하고 서늘하다. 아마 십중팔구 이때의 따뜻한 신호가 딱정벌레에게 영향을 줄 것이다. 아종관계에 있는 브라질의 천남성과 식물의 경우에 이런 사실이 알려져서 측정을 한 적이 있기 때문이다. 어쨌든 온기 생산은 시체 썩는 냄새를 더 멀리 퍼트린다. 열을 받은 육수꽃차례는 마치 이 냄새를 '증발'시키는 것 같은 작용을 한다. 물론 화학적으로 복잡한 구조를 지닌 휘발성이 강한 물질이라 비교적 발산이 쉽게 되기는 하지만 바람이 없는 야간의 열대림에서는 냄새가 멀리 퍼진다.

열대성 뇌우가 요동치고 폭우가 쏟아질 때면 서늘한 공기 때문에 온기 생산은 줄어든다. 이런 상황에서는 곤충을 유혹하려고 해도 헛수고다. 악취를 풍기는 물질은 이황화메틸이나 삼황화메틸, 푸트레신, 카다베린처럼 황이 섞인 화학결합물에서 발생하는 것이다. 이것을 상쾌한 향기로 느끼고 향수의 첨가제로 사용하려는 사람이 있다면, '독하다'고 여길 것이다. 실제로 그와 유사한 물질을 화학적으로 결합하면 그야말로 사체 썩는 냄새가 퍼져나갈 수도 있다. 단 바람이 멎을 때는 잘 퍼지지 않을 것이다. 열대우림 지대에서는 바람이 드물고 불어도 아주 약하기 때문에 냄새는 근처에만 영향을 미칠 때가 많다. 하지만 특별한 방향물질의 경우, 미세한 농도라고 해도 찾아오고 수 킬로미터 떨어진 거리에서도 이 냄새를 찾아내는 전문가들이 있다. 금파리 같은 파리가 여기에 속한다. 또 송장벌레도 있다. 시체꽃에는 파리보다 송장벌레가 더 잘 어울린다. 파리는 밤에 휴식을 취하지만 딱정벌레는 밤이 되어야 비로소 작은 동물의 사체를 찾아 나서기 때문이다.

온실재배를 통해 알 수 있는 사실은 시체꽃이 매우 불규칙하고 여러 해가 지난 다음에 꽃을 피운다는 것이다. 자연의 생존 공간에서는 비전형적인 이런 상태를 통해 그 기간의 변화가 얼마나 되는지는 알려지지 않았다. 그렇기는 해도 자연 속에서도 구근이 꽃을 피우는 데 충분한 크기를 갖기까지는 여러 해가 걸리는 것이 분명하다. 시체꽃이 자라는 토양은 영양소가 부족하다. 그러므로 식물원에서는 수마트라의 우림에서보다 아마 더 빈번하게 꽃이 필 것이다. 개별적으로 곳곳에 분산된 시체꽃이 어떤 방법으로 제때에 꽃이 피는지는 아직 알려진 바가 없다. 북아메리카 남서부의 사막과 반(半)사막 지대[43]에서 자라는 유카의 경우에서처럼(18장 참조) 강우가 그 조건에 해당될 리는 없다. 어쩌면 개화가 전혀 동시에 일어나지 않을 수도 있다. 이때 딱정벌레는 고마운 협력자다. 크고 힘이 세며 오래 사는데다가 개화된 꽃을 찾아내 멀리서 날아올 능력도 있기 때문이다. 시체꽃은 바로 수분과 수정이 되지 않을 때는 더 오래 버틴다. 이 점에서 시체꽃은 똑같은 문제에 직면하는 난초를 닮았다. 예컨대 여기저기서 꽃 하나가 핀다. 이 꽃은 동시에 꽃이 피는 동종이 부근에 있을 수도 있고 없을 수도 있다. 이 꽃을 찾는 곤충은 꽃가루주머니가 확실하게 전달될 때까지 오래 살면서 주변을 날아다닐 수 있어야 한다. 독일에서는 이런 일이 일어나지 않기 때문에 대부분의 난초는, 특히 큰 것은 유난히 오랫동안 수정이 안 된 채 '순결' 상태를 유지한다.

시체꽃은 수정이 되면 아주 빨리 시든다. 시체 썩는 냄새는 사라지고 깔때기 모양을 형성하는 총포엽도 시들며 많은 사람에게 음란한 인상을 주는 육수꽃차례는 축 늘어진다. 딱정벌레가 찾아오지 않아 수정이 되지 않을 때는 훨씬 더 빨리 말라버린다. 그러면 꽃은 3일만 지나도 시든다. 분명히 화학적으로 열을 발산하는 데 저장된 힘을 다 '연소'시켜 버렸기 때문이다. 하지만 이와는 다른 아주 중요한 배경이 또 작용했다고 봐야 한다. 꽃이 피고 처음 며칠 밤 동안에 자연 속에서 수정이 되지 않으면, 이것은 가까운 곳에 개화된 다른 시체꽃이 없다는 의미다. 물론 딱정벌레가 적당한 방법과 규모로 날아올 수는 있다. 하지만 이들은 다른 시체꽃의 꽃가루를 가져오지 않기 때문에 수분에 성공하지 못한다. 그러면 꽃피는 시점을 잘못 선택한 것이다. 그렇다고 해도 이런 시도가 전혀 허사는 아니다. 열매를 위해 사용할 필요가 없는 저장물질을 다음번의 시도를 위하여 다시 구근으로 보낼 수가 있기 때문이다.

수분에 성공하면 꽃이 시들면서 커다란 열매가 자란다. 이 열매는 육수꽃차례 맨 아랫부분의 빽빽한 층에서 형성된다. 그리고 8개월 동안 오렌지 색깔의 장과가 차츰 익어간다. 그런 다음 이 시체꽃의 생명은 끝난다. 필요한 모든 것은 구근이 제공한 것이다. 장과로부터 어딘가에서 새로운 구근이 생겨날 것이다. 그러기 위해서는 동물이 장과의 씨를 전파해 주어야 한다. 더 멀리 전파할수록 그만큼 더 좋다. 지구상에서 가장 큰 이 꽃은 따라서 이중으로 도우미의 공생에 의존한다고 볼 수 있다. 송장벌레를 통한 꽃의 수분에서, 그다음에 비교적 큰 조류를 통한 익은 장과의 전파에서 보듯이 말이다. 씨의 전파는 숲 바닥에서 장과나 열매를 찾는 더 작은 포유류를 통해서도 가능할 것이다. 아직 세부적인 과정이 다 알려진 것은 아니지만 이 정도만으로도 시체꽃의 삶은 충분히 놀랍다.

---

39 꽃 냄새가 동물 사체가 부패할 때 나는 역한 냄새 같아서 흔히 '시체꽃'이라는 속명으로 불린다.

40 꽃대가 굵고, 꽃대 주위에 꽃자루가 없는 수많은 작은 꽃들이 피는 꽃차례를 말하는 것으로 육수화서(肉穗花序)라고도 한다.

41 육수꽃차례의 꽃을 싸는 포가 변형된 것.

42 물토란의 독일어 명칭 'Schlangenwurz'는 '뱀풀'이라는 뜻이다.

43 초목이 거의 자라지 않는 사막과 초원의 중간 지대.

22. 낯설고 기이한 뱅크시아

- 오스트레일리아에서의 동식물 적응기

AUSTRALIENS
PYROPHYTEN
Delias harpalyce

오스트레일리아의 자연은 다른 대륙의 삶과 무척 다르기 때문에 유럽인이 남태평양의 이 대륙에서 발견한 동식물에 적당한 명칭을 붙여 주기가 쉽지 않았다. 포유류의 경우, 유럽에서 낯익은 동물의 외형과 일정한 유사성이 있을 때는 '유대(有袋)'라는 말을 앞에 붙여서 그럭저럭 변통을 했다. 이런 방법이 통한 것은, 박쥐와 큰박쥐, 난생포유류를 제외하고는 오스트레일리아 원산의 모든 포유류가 유대류에 속했기 때문에 가능했다. 또 유럽인은 캥거루나 코알라처럼 원주민이 부르는 명칭을 이용하기도 했다. 많은 동식물에는 달리 쓸 만한 것이 없기 때문에 일상어에서 차용한 학명을 붙여 주었다. 앞장의 그림 가운데 있는 꽃도 그렇게 학명이 생긴 것으로서 노란 뱅크시아라는 의미의 '뱅크시아 아테누아타(Banksia attenuata)'다. 이 꽃은 식물학자 조지프 뱅크스(Joseph Banks)를 기리기 위해 일상어에서 수용한 약 90종의 '뱅크시아' 중 하나다. 노란 뱅크시아는 오스트레일리아와 인근의 태즈메이니아섬에만 있다.

그림에서 묘사한 이 꽃을 찾는 동물로는 고대에 하찮게 여기는 표현 방식대로 날래게 드나들며 맛나게 냠냠거리는 노란발(Gelbfuß-Beutelmaus)의 '웜뱃(Antechinus flavipes)'이 있고, 조류로서 '흰눈꿀빨기새(Phylidonyris novaehollandiae)'가 있다. 흰눈꿀빨기새의 종명에도 옛날에 오스트레일리아를 의미하던 '뉴홀란드(Neuholland)'라는 말이 들어가 있다. 오스트레일리아와 뉴기니, 그 밖에 인근의 남서태평양 섬에만 약 180종의 '꿀빨기새(Meliphagidae)'가 살고 있다. 이들은 아프리카와 남부 아시아, 동남 아시아의 태양새에 상응하는 오스트레일리아의 병행 진화를 보여 준다. '쥐(Maus)'라는 말은 독일어에서 말하는 의미가 아니라 쥣과의 유대류를 말하는 것이며 진화사 측면에서 볼 때, 순수한 쥐와의 관계는 인간과 집쥐와의 관계보다 훨씬 더 멀다.

뱅크시아는 루나리아에 속하는데, 루나리아 중에서는 프로테아가 가장 잘 알려져 있다(몹시 아름다운 큰 꽃이 달린 '프로테아Protea'속). 오스트레일리아에서만 자생하는 뱅크시아는 아프리카 남단에도 동종이 있는데, 이 꽃은 남부 아프리카가 오스트레일리아 및 남극 일부와 붙어 있던 먼 옛날의 지질 시대에 살아남은 종이다. 따라서 뱅크시아는 지질학적으로 아주 오래된 꽃이다. 이 꽃의 구조는 단순하지만 꽃차례가 솔 모양을 하고 있어서 꽤나 기이한 작용을 한다. 노란색이나 빨간색으로 동물을 유혹하는 이 꽃은 주로 노란색을 보고 달려드는 곤충과 빨간색을 구분하는 조류를 불러들인다. 향기는 웜뱃을 유혹한다. 이로써 전반적인 조화의 특징이 드러난다.

뱅크시아에 관심을 쏟는 동물은 모든 대륙에서 그렇듯, 꽃을 찾는 동물이다. 오스트레일리아에 서식하는 종은 중부 유럽 중심의 시각에서 볼 때, 우리에게 낯익은 종을 대표하는 것 같다. 과학적으로 표현한다면 '수렴'으로서, 이것은 서로 가깝지 않은 종이 비슷한 환경하에서 유리한 진화를 하여 비슷한 특징을 지니게 됨을 말한다. 뱅크시아가 그 꽃차례와 더불어 제공하는 것을 이용하는 조류로는 아프리카의 태양새, 남아메리카의 벌새, 뉴기니와 필리핀의 꽃새, 인도의 동박새, 그리고 그 밖의 작은 조류가 있다. 아프리카 태양새와 오스트레일리아 꿀빨기새의 외형적인 유사성은 유난히 두드러진다. 또한 노란 뱅크시아 안에 있는 작은 웜뱃은 동종 관계가 없는 종 사이의 유사성을 유난히 잘 보여 준다. 우리가 볼 때, 웜뱃은 순수한 쥐와 외양이 매우 비슷하기 때문이다. 그래서 웜뱃이 쥐와 전혀 다른 번식을 한다는 것을 깨달을 때까지 속는 경우가 많다. 웜뱃은 쥐와 달리 새끼를 주머니에 넣고 키운다.

오스트레일리아의 자연이 유럽의 동물 세계와 유사한 점은 나비의 경우에서도 볼 수 있다. 269쪽의 그림에서 묘사한 '흰나빗과의 나비(Delias harpalyce)'는 화밀이 나오는지 여부를 알기 위해 꽃을 확인하는 유럽의 나비와 같다. 흰나비 애벌레는 뱅크시아를 먹지 않아도 된다. 이 애벌레는 사실 겨우살이풀을 먹고산다. 겨우살이는 오스트레일리아에 수많은 종이 있는 데다가 유럽의 겨우살이보다 훨씬 널리 분포한다.

268쪽의 그림에서 왼쪽 위의 분포 지도는 오스트레일리아에서 나타나는 종의 다양성이 주로 이 섬 대륙의 변두리에 분포하고 있음을 보여 준다. 오스트레일리아의 강수량은 건조한 내륙이 아니라, 즉 별로 적절하지 못한 표현으로, '데드 하트'라고 불리는 대륙의 중심이 아니라 변두리에서만 풍부하다. 오스트레일리아에서는 몇몇 지역을 제외하면, 비는 수개월 혹은 수년에 걸쳐 아주 불규칙하게 산발적으로 내린다. 가뭄이 수십 년 동안 지속될 수도 있고 단기적으로 홍수가 나서 내륙에 얕은 호수가 거대하게 형성될 수도 있다. 어떤 대륙도 오스트레일리아만큼 면적이 넓고 예측할 수 없는 자연환경은 없다.

우리 마음에 들든 안 들든, 결핍과 극단적인 기후 변동이 종의 다양성을 촉진한다. 오스트레일리아에는 유럽에 비해 조류종이 두 배 정도 더 많다. 유럽의 경우 오스트레일리아와 기후가 비슷한 남부가 갈가리 찢어진 반면, 오스트레일리아는 대륙으로서 단일 구조를 가졌는데도 그렇다. 보통 구조의 다양성은 종의 풍요를 촉진한다. 그럼에도 불구하고 오스트레일리아는 유럽보다 종이 훨씬 더 다양하다. 파충류나 나비, 다른 곤충도 마찬가지다.

이런 지적은 구대륙의 생존 방식을 향한 수렴과 오스트레일리아의 종에서 드러나는 고도의 다양성이 오스트레일리아의 살아 있는 자연의 특징이라는 사실을 뒷받침한다고 해야 할 것이다. 이런 분류에 따르면 유럽의 반대편에 있는 이 대륙에 수많은 그리고 두드러진 공생이 있는 것이 틀림없다. 꽃과 꽃을 찾는 동물은 없어서는 안 될 상호작용을 대표한다. 웜뱃이나 꿀빨기새와 공생하는 노란 뱅크시아가 전형적인 예다. 하지만 그것은 수없이 반복되는 예의 하나일 뿐이다. 꽃이 피는 곳이면 어디서나 꽃과 곤충 혹은 꽃과 새의 관계가 있기 때문이다. 만일 이런 일이 그 어떤, 매우 특별한 상황과 결부된 것이 아니라면 별난 경우로 볼 수도 없을 것이다. 269쪽의 그림에 보이는 이글거리는 불꽃이 그런 경우를 암시한다. 뱅크시아는 불에 저항력이 있는 이른바 내화성 식물(Pyrophyt)이다. 이 전문 용어는 자연스럽게 발화하는 화재에 성장, 특히 번식을 의존하는 식물을 가리키는 말이다. 긴 건기 동안에 오스트레일리아의 광활한 지역에서는 지표면에 식물의 쓰레기가 쌓인다. 물이 부족하기 때문에 잎과 말라버린 나뭇가지 혹

꽃과 꽃을 찾는 동물은 없어서는 안 될 상호작용을 대표한다. 웜뱃이나 꿀빨기새와 공생하는 노란 뱅크시아가 전형적인 예를 보여 준다.

은 그 밖의 식물의 일부는 분해되어 부식토로 변하는 과정을 거치지 않는다. 균근과 박테리아, 지표면의 잔짐승은 물이 필요하다. 물이 없으면 이들은 활동을 하지 못한다. 이렇게 해서 가연성 물질이 쌓이게 된다. 메마른 것들이 강풍이나 폭우에 쓸려 내려갈 일이 드물기 때문에 덤불과 다년생 초목이 두툼하게 쌓이는 것이다. 그러다가 번개에 불이 붙으면 소규모의 화재가 발생한다. 불길은 가연성 물질이 있는 한, 계속 메마른 벌판 위로 번져나간다. 그 속에 포함된 물질은 재가 되고(즉 무기질화하고) 불길이 지표면을 심하게 훑고 지나간 땅 속에서 새로운 성장을 위한 바탕이 마련된다.

재는 거름이다. 앞서 발생한 화재에서 나오는 자연의 거름이다. 껍질이 두꺼운 식물이나 메마른 잎이 싹처럼 살아 있는 부분을 보호하는 식물은 열을 충분히 견디며 국지적인 화재가 빈번히 발생하는 지역에서 살 수가 있다. 그러나 불에 대한 저항력이 있다고 해도 비교적 긴 가뭄을 견디지 못하는 식물은 살아남지 못한다. 불과 가뭄에 따른 도태의 결과 특별한 초목이 살아남는다. 뱅크시아도 불과 가뭄에 살아남은 식물에 속한다. 그러므로 이 꽃을 '내화식물'로 분류하는 것이다. 물론 '뜨거운' 불길이나 또는 화재가 오래 지속되면 내화성 식물인 뱅크시아도 살아남기는 어려울 것이다.

하지만 국지적인 화재는 뱅크시아 씨로서는 기회이기도 하다. 뱅크시아는 내열성이 있는 덮개 속에 씨를 숨기고 있다가 들불이 꺼진 뒤에 밖으로 씨를 내보낸다. 그런 다음에 비가 오면 -비구름이 뇌우를 부른 것이므로 번갯불에 따른 화재가 난 다음에 비가 오는 경우는 흔하다- 씨가 발아하고 사실상 경쟁자가 없는 가운데 재가 좋은 거름이 되어 준 토양에서 뱅크시아는 자란다. 뱅크시아는 다시 번개로 불이 날 때까지 오랫동안, 때로는 수년간 지속적으로 생존한다. 이런 방법으로 내화성이 있는 동종의 초목들이 자라는 경우는 드물지 않다. 뱅크시아의 경우도 수분을 도와주는 동물과 꽃의 일상적인 공생에 자연현상으로서의 화재가 이어진 도움을 받는다. 씨는 덮개 속에서 오래 기다릴 수 있지만 언제까지나 기다리지는 못한다. 씨가 자연으로 방출되기 위해서는 불길이 필요한 것이다.

4만여 년 전에 동남 아시아 원주민의 조상이 이 대륙에 도착한 이래, 오스트레일리아의 자연에서 발생하는 화재는 인간에 의해 양상이 크게 변한 것이 분명하다. 인간들이 밀려든 결과 그 이전에 이곳에 살던 대형 동물의 멸종 사태가 줄을 지었다. 오스트레일리아에서는 전에 사자와 비슷한 맹수도 살았는데 바로 유대류사자였다. 원주민은 고기를 식량으로 이용하기 위해 온갖 동물을 사냥했다. 이 과정에서 그들은 비교적 대형에 속하는 다수 동물종의 뿌리를 뽑았다.

하지만 멸종된 종의 다수는 사냥보다는 변화된 생존 조건으로 희생된 것이다. 원주민이 불을 지르고 난 뒤에 비가 오지 않았기 때문이다. 들불은 원주민의 생존 전략에 속했다. 오스트레일리아가 원래의 자연 상태보다 들불로 훨씬 더 건조해졌다는 것을 암시하는 증거는 많다. 이런 상황에서 불에 잘 견디는 식물과 이 식물과 관련된 동물은 이득을 보았다. 뱅크시아도 아마 그런 식물이었을 것이다. 또 인간도 뱅크시아의 공생에 영향을 미치고 그런 시스템을 굳혔을 가능성이 크다.

유대류의 대륙에 인간이 발을 딛기 전에 오스트레일리아의 자연이 지금과 달랐다는 것은 확실하다. 원주민의 강력한 영향 하에서 4만 년이 넘는 시간이 지나고 근본적으로 훨씬 더 큰 변화가 생긴 것은 200여 년 전이었다. 오스트레일리아가 유럽화된 것이다. 역사학자 알프레드 크로스비(Alfred W. Crosby)가 적절하게 표현했듯이 이 땅은 '네오 유럽'이 되었다. 원초적인 오스트레일리아의 자연이 남아 있기는 하지만 그것은 극단적인 기후에 속하는 지역에서 퇴화된 상태로 존재할 뿐이다. 이때부터 양이나 밀, 그 밖의 많은 유럽산 동식물종은 근대 초기 뱃사람들이 '남쪽의 땅(Terra Australis)'이라고 부른 이곳의 특징을 이루고 있다. 침략하듯이 밀어닥친 유럽인과 어느 정도 장래성이 있는 오스트레일리아와의 공생은 거리가 멀다. 이런 판단은 동물이나 사람과 마찬가지로 식물에게도 적용된다.

23. 도마뱀과 전갈

- 특이한 짝

Kaiserskorpion: Pandinus imperator
40°
30°
20°

저항력이 강하고 동작이 민첩한 도마뱀과 많은 독을 가진 전갈이 생활 공동체를 꾸린다. 이것은 현실인가 아니면 단지 희망사항에 불과한 것인가? 서로 너무도 다른 이 두 동물은 실제로 똑같은 은신처에서 협력 파트너로서 함께 사는 것인가, 또는 우연히 만나서 서로 관용을 베푸는 것에 지나지 않는 것인가? 이 둘의 관계가 여전히 제대로 설명되지 않는 것은 분명하다. 다음과 같이 추정해 볼 수 있다.

'가시꼬리도마뱀(Uromastyx aegyptica)'과 '황제전갈(Pandinus imperator)'은 때로 북아프리카의 사막에서 같은 굴에 있는 것을 볼 수 있다. 이들은 낮의 열기와 밤의 냉기로부터 보호해 줄 피난처로서 굴을 이용한다. 어떻게 이들이 서로 어울릴 수 있을까? 그것이 의문이다. 그리고 그에 이어 떠오르는 두 번째 의문은 그것이 공생이냐는 것이다. 가시꼬리도마뱀은 북아프리카 전체와 아라비아 반도 일대, 그리고 서인도에 이르기까지 많은 종이 살고 있다. 이들을 좀 더 자세히 관찰하면, 가시가 달린 꼬리와 투박한 생김새가 눈에 띈다. 모든 종은 사막 및 반사막 지대에 서식한다. 아프리카에서는 사하라 남단의 사헬 초원 지대까지 포함된다.

몸길이가 50센티미터에 이르고 이집트가시꼬리도마뱀의 경우 75센티미터까지 자라는 이들은 꽤 크고 아주 인상적인 도마뱀에 속한다. 큰 녀석은 몸무게가 1.5킬로그램에 이른다. 이렇게 인상적이고 또 사람이나 다른 동물에게 위험한 것처럼 보이기는 해도, 가시꼬리도마뱀은 해롭지 않은 초식동물로서 지나치게 덥지 않은 낮에 활동한다. 밤에는 몸을 보호할 은신처로 돌아오는데 대부분 굴이다. 밤의 냉기는 이들을 게으르게 만든다. 사막의 기온이 뚝 떨어지는 것은 아주 흔한 일로서 추위 때문에 이들은 꼼짝하지 않는 것으로 보인다. 육중하고 땅딸막한 형태의 몸은 밤의 사막에서 생기는 복사냉각 속에서 낮에 저장한 온기를 오래 간직하지 못할 것이다. 굴속이 더 안전한 것은 낮과 밤의 심한 기온차가 거기서는 덜하기 때문이다. 순수한 초식동물로서 가시꼬리도마뱀은 밤에 활동한다 해도 별로 얻는 것이 없을 것이다. 이들에게는 한낮의 더위가 오기 전의 오전과 밤의 추위가 오기 전의 저녁때가 먹이를 찾기에 최적의 시간이다. 식물과 식물의 씨가 어디로 사라질 리도 없기 때문에 도마뱀은 작동 온도를 최고로 끌어올린 상태에서 몸을 덥혀가며 활동할 필요가 없는 것이다. 게다가 눈에 띄게 탄탄한 이들의 갑옷은 적의 공격으로부터 몸을 보호해주고 많은 적을 막아 주지만 그렇다고 모든 적을 막아 주지는 못한다.

황제전갈, 즉 '판디누스 임페라토르'는 가장 큰 전갈에 속한다. 몸길이가 20센티미터까지 자라는 이 전갈은 매우 인상적인 외모 때문에 학명으로 '임페라토르(황제)'라는 칭호를 받는 명예를 누리게 되었다. 이름을 붙일 때는, 사육기에 소형 동물을 키우는 사람들 사이에서 인기를 끄는 요소, 가령 '온순한' 혹은 '다루기 쉬운' 같은 특징보다 크기가 사실 더 큰 영향을 준다.

황제전갈은 동종에게는 관용을 베풀며 흔히 느슨한 집단을 이루면서 보통 먹이가 몹시 부족할 때를 제외하고는 서로 공격하지 않는다.

그러다가 일단 싸움이 붙으면 상대를 제압하고 먹어 치운다. 이 '황제'는 전갈답게 밤에 활동하며 작은 동물을 사냥하는데 집게로 잡아 상대를 죽인다. 몸집이 큰 동물을 보면 뒤로 물러나고 공격을 감행하는 일은 드물다. 아마 몸이 커서 밤에 활동하는 포유류에게 쉽게 발각되어 타격을 받을 수 있기 때문일 것이다. 황제전갈의 몸은 자외선을 반사하기 때문에 다른 전갈과 마찬가지로 달빛에서는 하얗게 보이며 지표면과 뚜렷하게 대조된다. 황제전갈은 빨리 달리지만 지구력이 없기 때문에 멀리 가지는 못한다.

또 하나의 특징은 독특한 번식 방법이다. 수정이 된 알은 어미 몸속에서 자라다가 때가 되면 새끼로 태어난다. 이 같은 태생을 위하여 암컷 전갈은 충분히 습도가 확보된 안전한 피난처가 있어야 한다. 새로 태어난 새끼의 피부가 연하고 무르기 때문이다. 모태 속에서 새끼가 자라기 위해서는 1년 가까운 시간이 필요하며 서늘한 기후에서는 이 기간이 한두 달 더 늘어날 때도 있다. 새끼는 10~20마리가 태어나고 이보다 많을 때도 드물지 않다. 암컷의 몸이 아주 클 때는 여러 날 걸려서 50마리의 새끼를 낳는 경우도 있다. 어미 전갈은 새끼를 돌보며 3주간 밤에 먹이를 찾아다니는데 주로 새끼들을 등에 업고 활동한다. 생후 첫 한 달 동안 새끼들은 알에서 가지고 나온 저장물질을 먹고 산다. 이 기간이 지나면 새로운 먹이가 필요하다. 새로운 먹이는 새끼가 자라서 어미 곁을 떠나 혼자 힘으로 먹이를 구하는 능력을 갖출 때까지 어미가 구해 준다. 이 과정에서 어미나 다른 새끼들과 접촉이 이루어진다. 이런 방법으로 황제전갈의 평화로운 집단 생활이 형성된다. 황제전갈의 독침에 들어 있는 독은 본질적으로 방어를 위한 것이다.

황제전갈은 집게로 사냥감을 잡는다. 따라서 비교적 몸집이 작은 쥐라고 해도 마주치기를 꺼리는 것은 이해가 된다. 또 사육기(飼育機) 속에서 얌전한 동물로 간주되는 것도 이해가 된다.

가시꼬리도마뱀은 낮에 활동하고 황제전갈은 밤에 활동한다. 그러므로 이들은 따로 활동하면서 서로 부딪칠 일이 없다. 물론 평균적으로 하루 24시간의 대부분이 이 생활 리듬에 속하기는 하지만 늘 그런 것은 아니다. 가시꼬리도마뱀은 전갈이 저녁 외출 준비를 할 때 굴로 돌아오며 전갈이 밤의 외부 활동에서 돌아올 때면 다시 나갈 채비를 한다. 이들은 교대로 생활하지만 때로 겹치기도 하는 활동 리듬을 조절할 수 있는 것일까? 그리고 왜 도마뱀과 전갈이 그렇게 활동 리듬을 조절해야 하는가?

도마뱀과 전갈이 함께 사는 근거로, 밤에 전갈의 몸에 내린 이슬을 도마뱀이 핥아 준다는 해석이 제기된 바 있다. 이런 방법으로 도마뱀은 물이 몹시 부족한 사막의 조건에서 수분을 확보한다는 것이다. 이렇게 하려면 둘이 서로 친숙해야 한다. 그런데 침을 찌르면 기니피그 두 마리쯤은 너끈히 죽일 수 있을 만큼 치명적인 독을 가진 전갈이 그렇게 쉽게 자신의 몸을 핥도록 허용할 리가 없다. 밤에 너무 추워서 전갈의 동작이 굼떠졌다면 모를까, 쉽지 않은 일이다. 전갈은 도마뱀처럼 냉각된 공기에 지배되지만 온기가 필요한 가시꼬리도마뱀보다 기온 저하에 더 오래 버틸 수 있다. 물론 몸이 습해진 전갈이 도마뱀과 함께 사는 굴로 돌아오면 몸을 말리는 것이 좋을 것이다. 다만 사막의 여우 페넥이 이들 둘을 발견하면, 전갈은 작은 여우에 대항해 독침으로 방어한다. 여우는 높게 조정된 체온과 따뜻한 피 덕분에 사막의 밤에 찾아오는 냉기에 피해를 입지 않는다. 하지만 그에 알맞게 '몸을 덥히기' 위해 열심히 기름진 먹이를 확보해야 한다. 몸이 차가운 전갈에게는 큰이집트뛰는쥐마저도 위험할 수가 있다. 전갈이 돌아갈 수 있는 깊은 굴은, 낮에는 곤충 먹이에 관심이 있는 커다란 도마뱀이 살고 있으며, 밤에는 동작이 빠르고 캥거루처럼 깡충깡충 뛰는 쥐가 전갈을 쫓아오는 것을 막아 주는 은신처 구실을 한다. 이 정도 설명이면 설득력이 있을까?

가시꼬리도마뱀과 황제전갈의 분포 지역은 비교적 좁은 범위로 제한된다. '판디누스 임페라토르'는 주로 모리타니아에서 북부 콩고 지역까지 습도(80퍼센트가량)가 높고 이른 밤 시간의 기온이 섭씨 20도 정도 되는 남북 양회귀선 부근의 숲에서 산다. 그러므로 사막 및 반사막 지대에 적응한 가시꼬리도마뱀이 굴에 사는 상황에서 황제전갈이 그곳으로 돌아갈 수 있는 조건을 갖춘 지역은 많지 않다. 그 때문에 현재까지 알려진 사실로 미루어 볼 때, 도마뱀과 전갈의 동거는 어느 정도는 우연일 가능성이 더 크다. 공생의 실현은 본질적으로 생존의 표현 방식이 서로 충돌하지 않는 이 두 동물의 특성에 유리한 것이다. 도마뱀은 채식 생활을 하고 전갈은 작은 동물을 먹고산다. 활동 시간도 대부분 다르다. 단단한 갑옷으로 무장한 가시꼬리도마뱀은 혹시 전갈의 침에 쏘인다고 해도 별로 피해를 볼 일이 없을 것이다. 전갈은 동종에 대한 관용과 집중적인 부화의 의무가 돋보이는 동물이다. 이 모든 것은 조화로움 속에서 이루어진다. 어쩌면 도마뱀과 전갈의 공생은 지금까지 알려진 것보다 더 넓게 퍼졌는지도 모른다. 또 꽤 널찍한 굴에서 두 동물이 우연히 마주친 것이 계기가 되었을 수도 있다.

그런 경우라면, 처음에는 별로 어울리는 것 같지 않아도 장기적으로는 현실적인 공생이 작동하는 관계가 어떤 상태에서 실현되는지를 보여 주는 예로 삼을 수 있을 것이다.

24. 녹색 히드라

- 식물인가 동물인가?

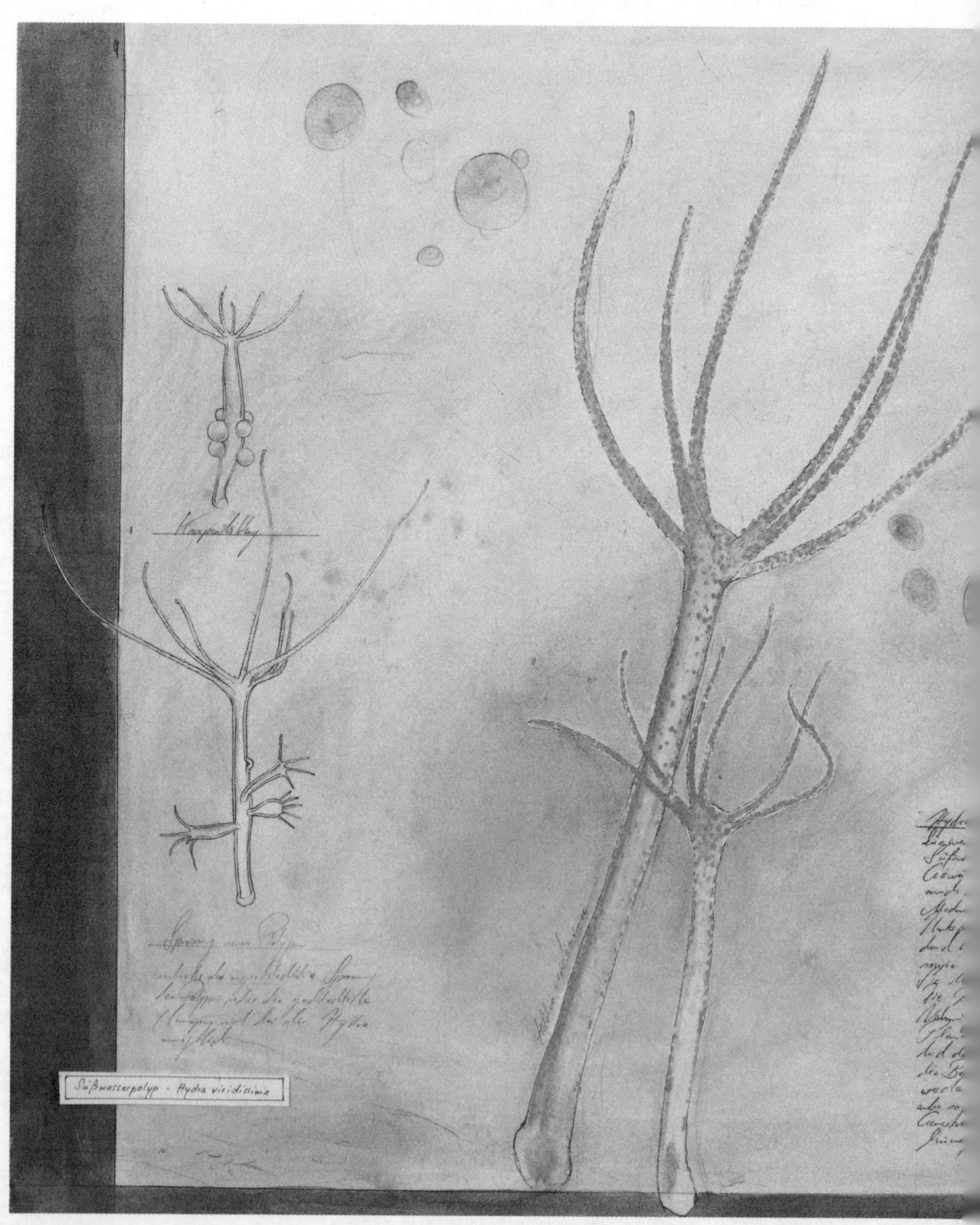

그리스 신화에 따르면 그리스 남부 아르골리스 지방의 레르나 늪에는 뱀처럼 생긴 괴물이 살았는데, 머리가 여러 개 달렸고 머리 하나를 자르면 그 자리에서 두 개씩 새 머리가 나왔다. 헤라클레스는 영웅적인 격투를 벌이며 승리를 거두고 이 레르나의 히드라를 퇴치했다. 앞장의 그림에 묘사한 히드라는 이 괴물과는 전혀 다른 것이다. 이 히드라는 몇 밀리미터도 안 될 정도로 아주 작고 연약해 보이는데 확대경이나 현미경으로 자세하게 관찰하면 예쁜 에메랄드빛을 띤다는 것을 알 수 있다. 히드라는 충격을 주면 가는 촉수를 움츠린다. 심하게 동요할 때는 기다란 대강이까지 수축된다. 그러다가 얼마 지나면 몸을 펼치고 다시 촉수를 내뻗는다. 이런 동작을 반복하며 히드라는 주변의 물속을 뒤지고 다닌다. 미세한 동물이 촉수에 걸리면 그것을 잡고 촉수 사이에 있는 입으로 집어넣는다.

독일에서 '담수폴립(Süßwasserpolyp)'이라고 부르기도 하는 히드라는 그 점에서 바다의 문어와 행동 방식이 비슷하다. 다만, 문어가 몹시 과장된 모험담에서 말하듯 뱃사람을 감아 죽일 만큼 몸집이 큰 것도 있다고 할 때, 히드라의 생활은 물방울 단위의 미세한 규모에서 펼쳐진다는 점이 다를 뿐이다. 아무튼 잠수부와 마주치는 커다란 문어가, 발을 자르면 신화의 히드라처럼 두 개씩 다시 생기면서 생명을 위협하는 적은 아니라고 해도, 인간과의 싸움을 마다하지 않는 심각한 적이라는 것은 틀림없다. 물론 문어가 이 글의 주인공은 아니다. 여기서 살펴보려고 하는 히드라는 보잘 것 없이 작으며 무엇보다 녹색이다. 이것이 히드라의 특징이다. 학명을 정할 때, 이런 특징은 속명인 '클로로히드라(Chlorohydra, 녹색 히드라)'와 종명인 '비리디시마(Viridissima, 녹색이 가장 강한)'와 더불어 3중으로 강조되었다. 이런 특징은 히드라의 특별한 사정과 분명히 관계가 있다고 봐야 한다.

그런 사정이 어디에 있는지는 동종의 생물을 보면 드러난다. 낙지와의 유사성은 피상적인 것에 지나지 않는다. 낙지는 달팽이나 조개처럼 연체동물이지만 담수폴립은 훨씬 단순한 구조의 동물이다. 이들은 광범위한, 특히 바다에 사는 '자포동물문(Cnidaria)'에 속한다. 그 중에서 담수의 생존 방식에 포함되는 종은, 독일의 담수폴립이 그렇듯, 극소수에 지나지 않는다. 담수폴립의 경우 유럽의 하천에는 5종밖에 살지 않는데 모두가 눈에 띄지 않을 만큼 작다.

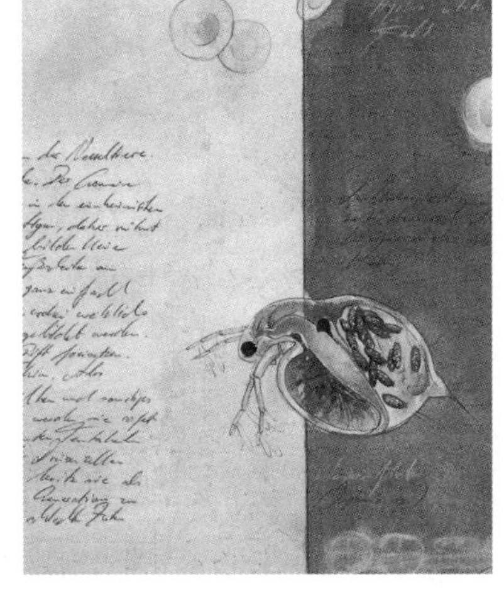

히드라는 몸을 내뻗거나 움츠릴 수 있기 때문에 크기를 단정하기가 어렵다. 몸을 내뻗는 정상적인 상태라면 수 센티미터라고 해야 할 것이다. 덧붙이자면 그럴 때는 투명하게 밝은 색이고 때로는 연갈색으로 보이기도 한다. 유럽의 '녹색이 가장 강한 녹색 히드라'를 제외하면 모두가 그렇다. 히드라의 색깔은 '클로렐라(Chlorella)'속(屬)의 미세한 녹조류에서 생기는 것인데, 이 녹조류는 단지 두 개의 세포층으로만 이루어진 히드라의 몸속에서 산다. 안팎의 세포층 사이에는 젤라틴 같은 층이 있어서 느슨한 신경세포의 연결망이 뒤섞여 있다.

표피에는 쐐기세포가 붙어 있다. 이것은 창 모양의 가는 관이 달린 유난히 복잡한 구조의 세포로서 독이 들어 있다. 이 쐐기세포는 외부의 촉각에 자극을 받으면 폭발한다. 이때 나오는 독은 조그만 물벼룩이나 물진드기 같은 사냥감을 마비시켜 죽인다. 이런 능력에서 히드라는 철저히 바다의 자포동물과 똑같고 그런 점에서 자포동물의 축소판이라고 할 만하다.

하지만 히드라가 산호초나 대양에 사는 동종과 달리 인간이나 물고기에게 전혀 위험하지 않은 것은 이들의 크기가 너무 작기 때문이다. 담수폴립을 따로 찾지 않는 한, 동물성 플랑크톤을 넉넉히 공급해주는 덕분에 수족관에서 대량 번식할 때를 제외하고는 히드라를 거의 볼 수가 없다. 수족관에서는 유리나 식물에 미세한 발판을 붙이고 있는 히드라가 보인다. 끈기 있게 지켜보면 이들이 긴 촉수로 먹잇감을 찾다가 잡는 모습을 관찰할 수 있다. 어느 정도 성공을 거두었다면, 이들은 후속 세대를 만들기 시작한다. 그런데 이 과정이 너무도 식물적이어서 과학자들은 이것을 '발아'라고 부른다. 히드라의 몸에서는 미세한 혹이 생기는데, 이것은 길게 뻗었다가 마침내 촉수의 모양을 갖추고 모체의 축소판처럼 옆에 붙어 있게 된다. 그러다가 그 자리에서 분리되어 독립된 히드라로 계속 살아간다. 이런 발아 혹은 개화는 '식물의 번식'을 나타내는 형태다. 또 그 속에는 결코 동물에는 어울리지 않는 과정이 담겨 있다. 히드라라는 이름은 어떤 면에서는 제대로 붙인 것이라고 할 수 있다. 하지만 히드라는 알을 만드는 생산 방식으로 번식할 수도 있다.

손상되거나 적의 공격으로 상실한 신체의 일부를 재생할 수 있는 능력은 생명체의 원초적인 특징에 속한다. 이런 재생 현상은 유기체가 재생이 되기에는 매우 복잡해질 때까지 계속 작동을 했다. 이런 능력의 마지막 잔재는 도마뱀이 꼬리 바깥쪽의 꽤 긴 부분을 잘라내 버릴 때 표현된다. 도마뱀은 잘려진 꼬리를 계속 버둥거리면서 자신을 잡은 적의 관심을 그쪽으로 유도한다. 잘려나간 부위에서는 손실 부분을 대체할 꼬리가 다시 나오지만 전보다는 훨씬 짧기 때문에 손상되었다는 것을 알 수 있다. 사람도 피부가 손상되면 재생할 수가 있다. 그것도 꽤 넓은 부위에 걸쳐 피부 재생이 된다. 다만 안타깝게도 온전한 형태의 손가락이나 손, 발은 재생하지 못한다.

그런데 히드라는 신체의 모든 부분을 재생할 수 있으며 짧아진 신체를 똑같이 만들어 키우는 방식으로 무성생식의 번식도 할 수 있다. 물론 이런 히드라의 능력은 생물학자나 의학자들의 관심을 불러일으켰다. 현재는 히드라를 모방해서 전 방위적인 능력이 있는 줄기세포를 가지고 새로운 조직이나 기관을 키우려는 시도를 하고 있다. 히드라는 비록 인간과 매우 먼 관계라 단지 원시생물로 분류하고 동물의 왕국에 포함시키기는 하지만 그 속에는 인간이 유전질에 가지고 다니는 것과 마찬가지로 유전자가 들어 있다.

히드라는 신체의 모든 부분을 재생할 수 있으며 짧아진 신체를 똑같이 만들어 키우는 방식으로 무성생식의 번식도 할 수 있다.

히드라를 동물의 왕국에 포함시킬 수 있을까? 이 점에서 히드라는 개념적으로 어려운 문제를 던져준다. 진한 녹색의 히드라와 그 몸속에 들어 있는 녹조류 세포를 보면, 이것을 식물 세계로 분류해 넣을 수도 있을 것이다. 또 마땅히 그래야 하는지도 모른다. 히드라가 발아로 번식하는 것도 식물에 어울린다. 그리고 녹색의 조류(藻類)는 동종인 회갈색의 히드라가 별로 두드러져 보이지 않는다는 점에서 사실 아주 하찮은 수생식물이 뒤엉킨 가운데 나타나는 녹색의 위장일 수도 있을 뿐만 아니라 그것이 광합성을 한다는 사실은 히드라를 식물에 더 가깝게 해준다. 히드라와 '클로렐라' 조류는 서로 긴밀한 공생을 하며 산다. 이것은 양 협력 파트너에게 큰 이점을 주는 공생이다. 담수폴립은 광합성의 생산물을, 무엇보다 운동을 위한 에너지원으로 필요한 당분을 얻는다. 그리고 그들과 함께 물속의 채광 여건이 좋은 곳으로 이동하는 안정된 생활 공간으로서 클로렐라를 받아들인다.

이것으로 '히드라'와 '클로렐라'에 관해 핵심적인 것은 모두 설명했다. 그리고 이들의 공동체를 동물 세계의 것으로 분류할지, 식물 세계로 분류할지 여부는 우리가 마음 내키는 대로 결정할 수도 있다. 식물학자들은 히드라를 명확하게 동물 세계의 것으로 보고 있다. 조류는 단지 방문객에 지나지 않기 때문이다. 폴립은[44] 조류 없이 살 수 있고 다른 담수폴립종도 마찬가지다. 이 때문에 우리가 살펴본 '클로로히드라'도 공동의 히드라속(屬)에 포함된다.

그보다 담수폴립과 조류의 공생으로부터 추정해야 하는 것은, 이런 공생이 소규모 형태로만 작동하고 암소나 '녹색인간'[45]에게는 통하지 않는다는 것이다. 암소는 계속해서 풀을 먹어야 하고 이것을 복잡한 방법으로 제1위 속에서 공생을 하는 미생물의 도움을 받아 이용 가능한 영양소로 바꿔 주어야 한다. 소는 피부 속에 녹조류를 받아들일 수 없고 거기서 생산되는 것을 직접 먹고살 수도 없다. 그것은 살아 있는 자연의 기본 원칙에 어긋난다. 충분한 광합성을 가동하기 위해서는 암소의 체격에 비해 표면적이 엄청 넓어야 할 것이다. 아니면 암소가 아주 미세하게, 폴립의 크기로 줄어들어야 할 것이다.

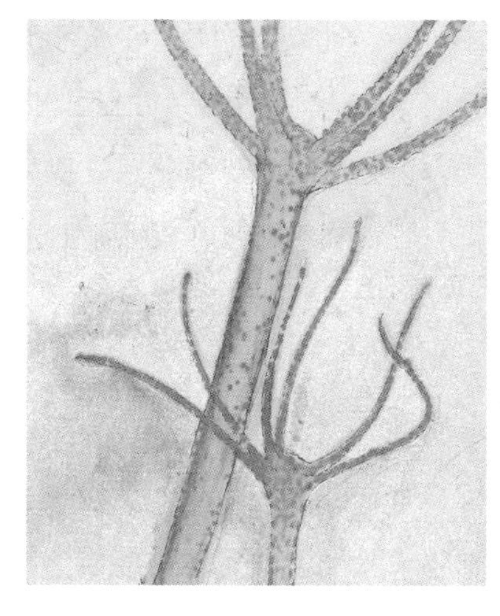

이렇게 주제 외의 것을 잠시 살펴보는 것이 유익한 까닭은 인간이 현재 터무니없이 증가한 에너지 수요를 가능하면 자연친화적으로, 즉 자연에서 직접 재생 가능한 방법으로 충당하려는 시도를 하고 있기 때문이다. 이런 목표를 '클로렐라' 재배를 통해 실현하려면, 인간은 전체 육지보다 더 넓은 땅을 녹조류 재배지로 뒤덮어야 할 것이다. 그렇지만 현재는 효율성이 절망적일 정도로 적다.

그 작은 히드라조차 공생이 항상 가치가 있는 것은 아니라는 점을 보여 준다. 이것은 공생을 하지 않고 살아가는 다른 종의 예에서 살펴볼 수 있다. '녹색 히드라(Chlorohydra viridissima)'로서는 얼음장 밑의 작은 시냇물로 들어오는 빛이 약할 때, 겨울을 넘기는 것이 아주 불가능하지는 않더라도 지극히 어려운 일이다. 조류와 훨씬 더 긴밀하고 효율적인 공생을 하며 사는 산호충은 산호해(코랄해)[46]의 생존 조건에 지나치게 스트레스를 받을 때면 공생 파트너를 추방하고 거기서 빠져나온다. 이 과정을 '산호 백화(Korallenbleiche)'라고 부르며 산호초의 생존 지속성을 우려한다. 또 조류와 산호 사이에 일어나는 이런 공생은 매우 효율적이고 일찍이 생명체가 만들어 낸 것 중 최대의 형태로 발전했음에도 불구하고 보는 것처럼 그렇게 안전하거나 탄탄한 것이 아니다. 사실 이 산호초 지대는 우주에서도 보일 만큼 수천 킬로미터에 이르는 구조다. 산호충은 우리가 살펴본 담수폴립과 가까운 관계에 있다. 식물이 풍부하게 자라는 작은 하천에서 또 대부분의 작은 연못에서 힘들이지 않고 발견할 수 있는 이 보잘 것 없는 생물 속에 인간이 예감할 수 있는 것보다 더 많은 '큰 생명'이 숨어 있는 것인지도 모른다. 그런 의미에서 산호초의 수중 세계로 시선을 돌려보자.

---

44 폴립은 원통형의 몸을 가진 강장동물의 기본 체형을 말한다.

45 식물이 엽록체로 광합성을 하듯이 인간도 식물처럼 녹색으로 만들 수 있지 않을까라는 상상에서 말하는 가공의 인간.

46 오스트레일리아 북동부에 인접한 바다로서, 산호해라는 이름은 산호초 지대인 그레이트배리어리프에서 유래되었다.

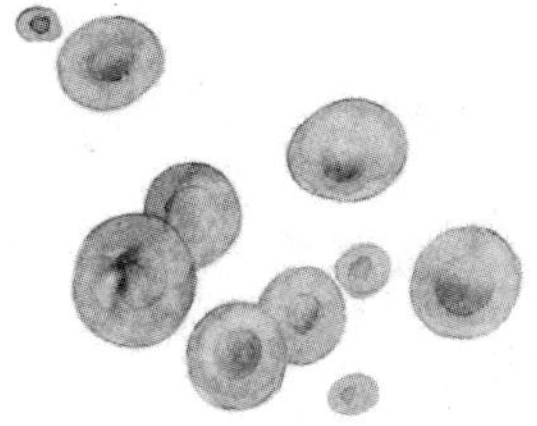

25. 산호충

- 동물이 식물처럼 실행하는 공생

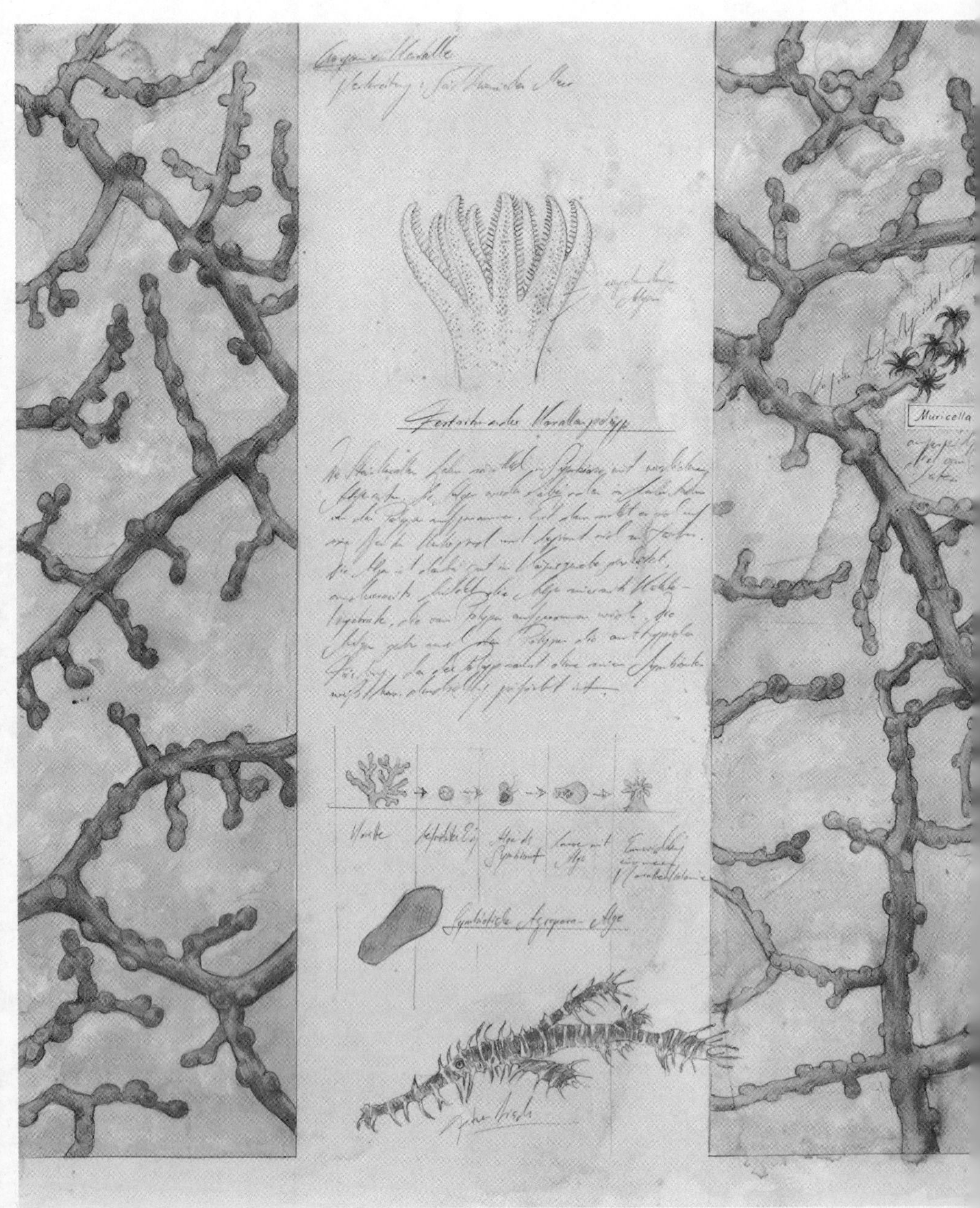

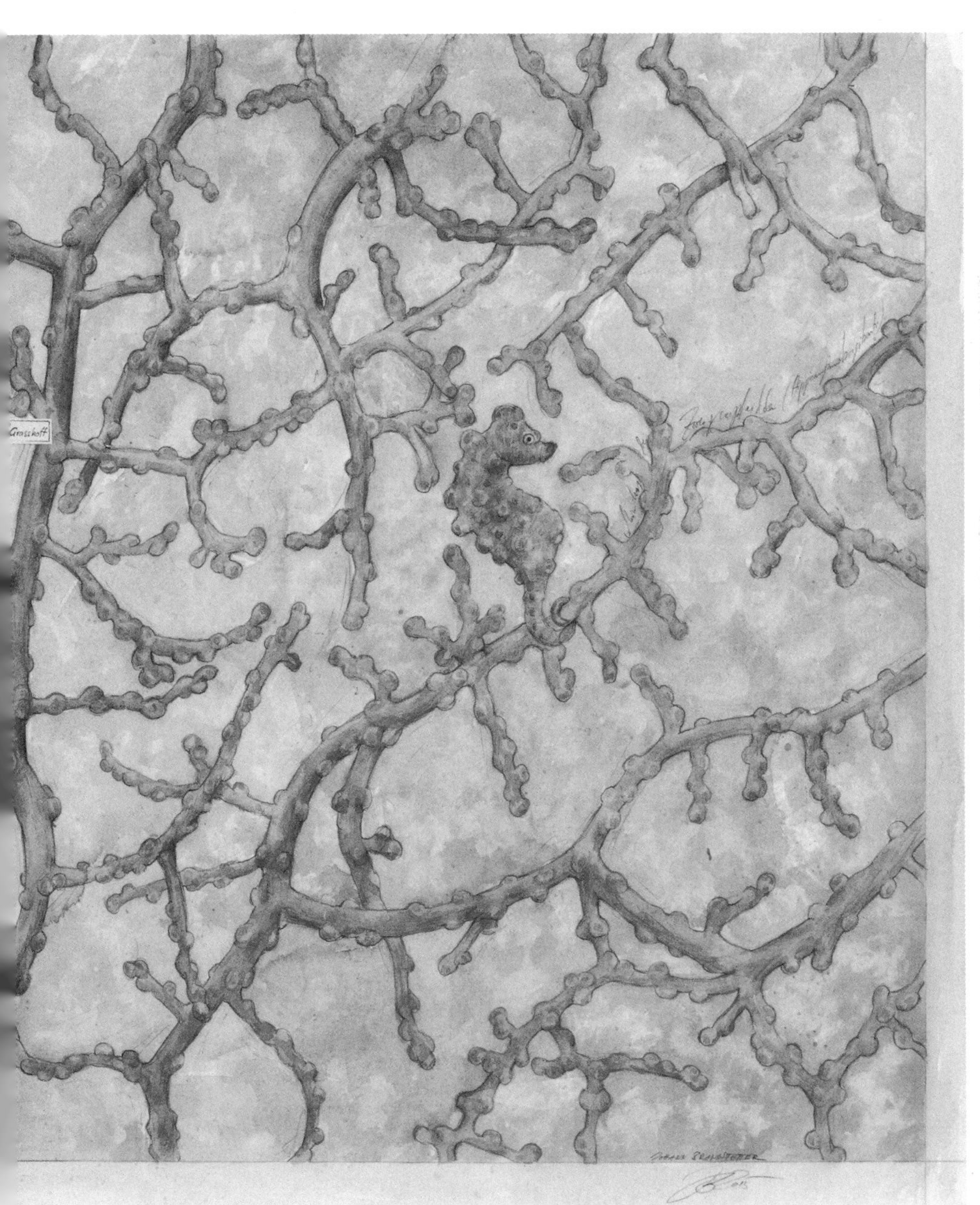

열대의 산호초는 바다에서 종의 풍요를 보여 준다는 점에서 육지의 열대우림에 해당한다. 생물학자와 자연보호 운동가들은 그렇게 말하고 있다. 실제로는 산호초가 동물 생활의 온갖 모습을 보여 준다는 점에서 열대의 숲을 훨씬 능가한다. 산호초 구역으로 잠수해 보면 갖가지 동물로 둘러싸여 있다는 것을 알 수 있다. 산호초가 심하게 손상되지만 않았다면, 이곳에는 크기와 색깔, 무늬가 다양한 물고기가 우글거린다. 게와 조개, 오징어, 소라뿐만 아니라 때로는 동물학자조차 이름을 모르는 수많은 형태의 동물이 있다. 감동적이고 당황스러울 정도로 종이 다양하다. 처음에는 이 속에서 제대로 방향을 찾는 것이 어렵다. 그래도 산호초 속으로 잠수하는 것은 너무도 멋진 일이다. 이 불가사의한 세계로 들어간 사람은 눈앞에 펼쳐진 충만한 생명의 모습에 매혹당하기 마련이다. 많은 사람이 거기서 헤어나지 못하고 끊임없이 다시 돌아가 일시적으로 수중 세계를 탐험하기 위해 바다 속으로 사라진다.

열대우림은 전혀 다르다. 첫인상이 거의 언제나 실망스럽기 마련이다. 다채롭고 조화로운 풍경을 볼 것이라는 기대는 현실로 뒷받침되지 않는다. 열대우림은 음침하고 거의 속을 들여다볼 수 없는 짙은 녹색이 지배하고 있다. 오색영롱한 색깔을 지닌 수많은 나비가 이리저리 날아다니는 모습은 보기 드물고, 있다고 해도 극히 일부 지역으로 제한될 뿐이다. 각종 울음소리와 지저귀는 소리는 들리지만 새 자체는 볼 수 없다. 개구리와 매미도 음향상으로는 뚜렷하게 들리지만, 시각적으로는 모습을 감추고 있다. 열대우림에서 끊임없이 마주치는 것은 개미뿐이다. 아무리 흥미롭다고 해도 개미는 활기차게 온갖 생명이 붐비는 산호초에 비하면 미학적으로 별 자극을 주지 못한다. 그럼에도 불구하고 생물학자들이 공통으로 인정하는 것 하나는 열대우림과 산호초에 각각 최고 가치의 생명의 다양성이 살아 숨 쉰다는 사실이다. 바다와 육지를 막론하고 다른 어떤 유형의 생존 공간에도 그토록 다양한 종이 존재하는 곳은 없다.

숲에서의 삶이 산호초와 전혀 다르게 보인다면, 어떻게 양쪽의 공통점이 조화를 이룰 수 있을까? 연구진이 끊임없이 이런 의문에 매달리는 까닭은 모두가 겪은 경험은 거짓말을 안 하기 때문이다. 결정적인 차이는 첫눈에 알 수 있다. 열대우림은 나무에 의해 형성된다. 산호초에는 나무가 없고 대형 해조류처럼 나무에 비견되는 식물도 없다. 대신 열대우림에는 동물이 드물다. 단지 개미와 흰개미만 예외적으로 늘 보일 뿐이다. 하지만 개미는 물고기나 산호초에 사는 다른 작은 동물과 비교하기에는 크기가 너무 작다. 산호초에는 동물이 단순히 많을 뿐만 아니라 산호초 자체를 만들어 내기까지 한다. 1헥타르 당 식물 질량이 수천 톤에 이르지만 동물은 100~200킬로그램밖에 안 되는 열대우림의 비율과는 반대로, 열대의 산호초에서는 식물을 볼 수가 없다. 거기에는 온통 동물뿐이다. 가도 가도 보이는 것은 동물밖에 없다. 그리고 동물들이 기대고 사는

열대우림에는 동물이 드물지만 산호초에는 동물이 많다. 게다가 바다의 동물은 산호초를 만들어 내고 거기에 기대고 산다.

구조물도 그들이 세운 산호충이다.

산호충은 포크처럼 갈라지고 잎 모양에 부채꼴이나 꽃의 형태를 한 채 식물처럼 자란다. 산호충이 활동을 하고 촉수를 뻗을 때면 활짝 핀 꽃처럼 보인다. 석회석 구조의 단단한 골격이 없는 다른 것들은 너무도 식물 같아서 바다장미나 밀랍장미, 보라색장미로 불린다.[47] 분명히 동물이기는 하지만, 이들의 외형은 식물의 모습에 가깝다. 그런 의미에서 이들을 한 마디로 요약하는 개념으로 '화충류(花蟲類)'라는 말이 있다. 좀 더 정확하게 산호에는 '석산호(石珊瑚)'라는 특별한 의미가 추가된다. 대부분의 산호초를 구성하는 것은 석산호다. 이들이 표면이나 외벽에 식물 같은 모습을 부여하며 전체 형상에, 가장 단단한 나무도 따라오지 못할 견고성과 지속성의 형태를 제공한다. 숲에서는 모든 나무가 그 자체로 나무다. 아무리 덩굴식물을 통해 다른 나무와 밀접하게 결합을 해도, 또 바로 옆에 있는 나무의 수관이 밀고 들어온다고 해도 독립된 나무라는 사실에는 변함이 없다.

산호초는 다르다. 산호충은 바다의 수면 위로 자라나서 섬이 되고 산호섬이나 환초가 될 수 있는 전체적인 형상을 만들어 낸다. 숲을 산호초에 비유하자면, 모든 나무 줄기가 수관 바로 앞에까지 단단한 목재 덩어리로 붙어서 자라는 꼴이라고 할 것이다. 그런 상상이 불합리해 보이는 까닭은 우리는 누구나 나무를 각각의 독립된 생명체로 보는 습관이 있기 때문이다. 단 땅속의 근계(根系)에서는 나무들이 대개 근상균사다발의 실뿌리로 서로 연결되어 있다. 그 밖에 모든 나무는 본질적으로 혼자 자란다.

다만 나무를 산호와 비교할 수 있는 것은 둘 다 대부분, 사실상 죽은 물질로 이루어져 있기 때문이다. 나무는 목재로, 산호는 (석회)석이나 '뿔'로 구성되었다는 말이다. 줄기와 뿌리, 가지에서 나무를 둘러싸고 있는 살아 있는 층은 본래 바깥층이라고 할 나무 껍질과 목재 사이에 난 얇은 막이다. 완벽하게 살아 있는 것은 나뭇잎과 아주 가는 가지 혹은 새싹이다.

산호의 경우, 나무의 잎에 비유할 수 있는 살아 있는 폴립이 그 스스로 만들어 낸 단단한 집의 가장 바깥에 붙어 있다. 산호초는 대부분 폴립이 분리한 죽은 물질로 구성된다. 그러므로 나뭇잎과 폴립은 같은 역할을 한다. 이들 속에서 결정적인 생명의 과정이 펼쳐진다. 그것은 다시금 놀라우리만치 서로 닮은 과정이다.

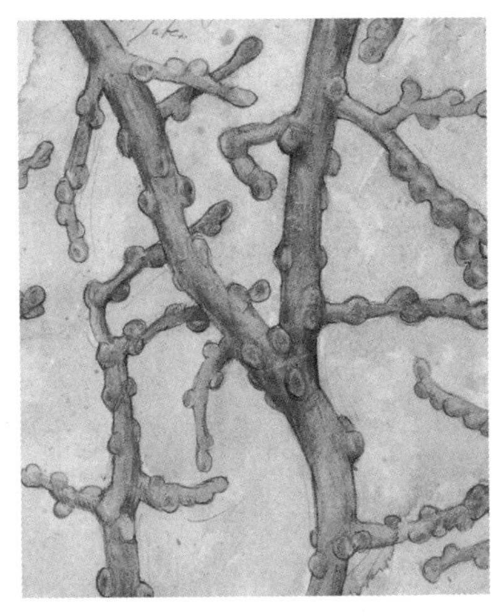

왜냐하면 나뭇잎은 커다란 표면을 통해서 공기 중에 분포된 미세한 양의 이산화탄소를 받아들이기 때문이다. 그것이 식물의 생산을 위한 물질적 토대, 즉 광합성을 보여 준다. 나무는 광합성을 통해 성장에 필요한 물질을 만들어 내기 때문에 자라는 것이다. 나무의 경우에 이 물질은 섬유소, 무엇보다 리그닌이라는 목재 성분이다. 광합성을 위해 나무는 물이 필요하다. 물은 근계에서 위로 올라온다. 또 빛이, 태양빛이 있어야 한다. 나무 줄기는 땅속에 있는 물과, 빛의 작용을 통해 이산화탄소와 물을 광화학적으로 결합하고 유기물로 바꾸는 잎을 연결해 준다.

바로 이런 근본적인 생산 과정이, 모든 유사성에도 불구하고 열대의 산호초에는 없는 것처럼 보인다. 산호충은 그 옆을 흐르는 물에서 미세한 양분 조각을 빨아들이는데, 이것은 나뭇잎이 공기에서 이산화탄소를 받아들이는 것과 비슷하다. 산호충은 물로 둘러싸여 있기 때문에 나무처럼 물을 '끌어올' 필요가 없다. 그렇다고 해도 물을 걸러내서 얻는 수확으로 자라지는 못한다. 혹은 거기서 얻는 수확이 너무 미미해서 물에 의해서는 산호초가 형성될 수 없다. 지중해의 암벽 해안에 있는 빨간 말미잘 같은 동종의 대형 동물도 또 그보다 훨씬 더 크고 물고기를 잡을 수 있는 열대의 말미잘조차 성장 속도가 느려서 산호초를 형성하지는 못한다. 게다가 생태학에서는 모든 고등동물의 삶이 생명사슬을 형성하는 초기에는 식물 및 식물의 생산, 즉 광합성의 존재에 근거를 둔다는 말들을 한다. 산호초를 형성하는 산호충과 그 속에서 완성되는 동물 생활은 생태학의 원칙에 전적으로 어긋나는 것처럼 보인다.

그렇다면 산호초 속에 있는 것은 모두 동물의 세계일까? 절대 그렇지 않다! 산호초 여기저기서 자라는 조류(藻類)가 너무 하는 일이 많아서 생태적인 의미에서 산호초는 조류의 생산 활동을 통해 먹고살 수 있는 것일까? 또 산호초에 영양을 공급하는 것은 사람의 눈에는 보이지도 않을 만큼 작은 물속의 조류인가? 크고 작은 조류가 모두 산호초에 사는 동물에 식물성 양분을 위해 기여하는 것은 확실하다. 게다가 관찰자의 눈에 포착되는 큰 것보다는 현미경으로 봐야 할 만큼 작은 조류가 물속에서 훨씬 더 큰 기여를 한다. 하지만 미세한 조류는 대양이면 어디나 있고 꼭 산호초에만 있는 것은 아니다. 이 조류가 산호초의 생성 원인일 수는 없다. 산호초의 표면적인 역설이 밝혀지기까지는 시간이 걸렸다. 여기서도 근본적인 바탕은 공생이다.

암초를 형성하는 산호는 갈색 색조 때문에 갈충조(褐蟲藻) 또는 조초(藻礁)[48]라고 불리는 조류와 함께 산다. 이 조류는 산호충 몸에 매우 단단히 붙어 있기 때문에 단순히 세포의 내용물질 같은 작용을 한다. 산호충은 심한 스트레스를 받을 때만, 가령 산호초의 물이 너무 따뜻할 때만 공생을 하는 이 조류를 떨쳐 버린다. 이때 산호충은 산호초와 더불어 더 밝은 색을 띤다. 이것이 생물학자나 여행 가이드가 겁을 내는 '산호 백화'다. 산호초 속의 삶은 이런 백화에 의해 뒤죽박죽이 된다. 이 상태가 다시 정상화되기까지는 시간이 걸린다. 산호 백화가 엄습할 때, 산호초의 상당 부분 혹은 전체가 말라죽을 수도 있다. 그런 다음 산호의 성장이 다시 순조롭게 진행되기까지는 수십 년 혹은 그 이상의 시간이 걸린다. 산호초 구역에서 바다가 지속적으로 너무 따뜻하거나 육지의 질소비료 같은 물질에 심하게 오염될 때, 산호초의 미래는 절망적이다.

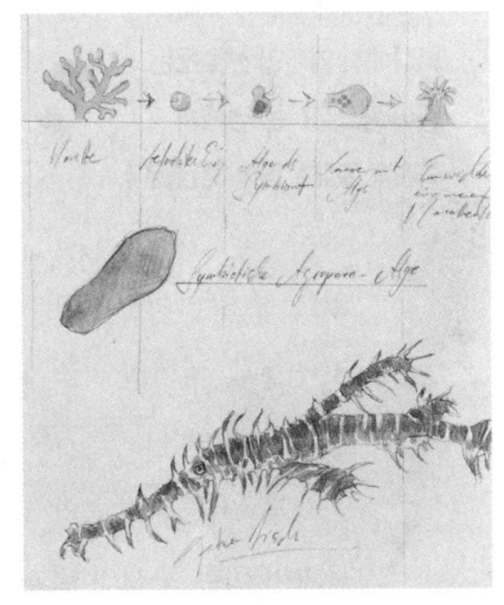

산호초가 형성되는 과정을 이해하기 위해서는 아직 중요한 부분이 빠졌다. 산호충과 조류의 공생은 조류가 특유의 방식으로 광합성을 한다는 것을 의미한다. 조류는 해수면 밑으로 햇빛이 충분히 비치는 구역에서만 광합성을 할 수 있고 그러기 위해서는 육지의 식물과 마찬가지로 이산화탄소가 필요하다. 미량가스로서 우리 시대에 유난히 0.04퍼센트라는(대기를 구성하는 전체 기체 1프로밀의 절반 이하) 높은 농도로 함유된 공기에서와 달리, 바닷물 중의 이산화탄소는 주로 칼슘과 화학적으로 결합한 중탄산염의 형태로 존재한다. 이산화탄소가 발생하면 나머지 중탄산염에서 물에 잘 분해되지 않는 탄산칼슘, 즉 석회석이 만들어진다. 이런 석회석은 산호의 동물 몸체에서 세포 호흡을 할 때 발산되는 이산화탄소에서 생성되는 것이다. 산호충 속에서 공생을 하는 조류가 광합성을 할 때 이산화탄소를 받아들이면, 거기서 석회석이 분리된다. 이런 식으로 석산호의 골격이 형성된다. 물론 이 과정은 아주 느리게 진행되지만 대신 꾸준히 수백만 번에 걸쳐서 반복된다. 이런 측면에서 산호초는 근본적으로 숲과 비슷하게 자란다고 볼 수 있다. 주요 차이는 분리 생성물에 있다. 나무는 섬유소와 펄프를 만들고 산호는 석회질 골격 혹은 어떤 종류의 산호인가에 따라 뿔 재질로 된 뼈대를 만든다.

부채꼴 산호에는 좀처럼 보이지 않는 피그미해마가 숨어 있다. 바다에서 열대의 산호초는 종이 풍요롭다는 점에서 육지의 열대우림에 해당한다.

식물 같은 산호초의 성장은 이로써 산호충이 조초라는 미세한 식물과 벌이는 공생의 결과라고 할 수 있다. 이들은 해마다 세계적으로 약 10억 톤의 산호초 물질을 분리해 낸다. 그리고 이때 열대 바다에서의 생존 조건이 형성된다. 많은 형태는, 특히 뿔산호 무리는 앞장의 그림에서 묘사한 '부채뿔산호(Muricella plectana)'처럼 섬세하고 연약하다. 이 산호의 연결망에는 자연 상태에서는 거의 알아볼 수 없는 '피그미해마(Hippocampus-bargibanti)'가 숨어 있다. 부채뿔산호의 경우, 조초와의 공생은 광합성을 위해 (빛의) 한계까지 접근한다. 산호초에서 생명의 자원으로서의 영양분은 전반적으로 부족하다. 따라서 전문화한 기능과 협동이 이들의 가장 중요한 생존 전략이라고 할 수 있다. 이 점에서 산호초는 열대우림과 같다고 볼 수 있다.

47 각종 말미잘을 식물처럼 부르는 독일어 명칭.

48 산호의 체내에 공생하는 와편모충(渦鞭毛蟲).

26. 산호초 속의 청소부

- 기생동물을 모방하는 가짜

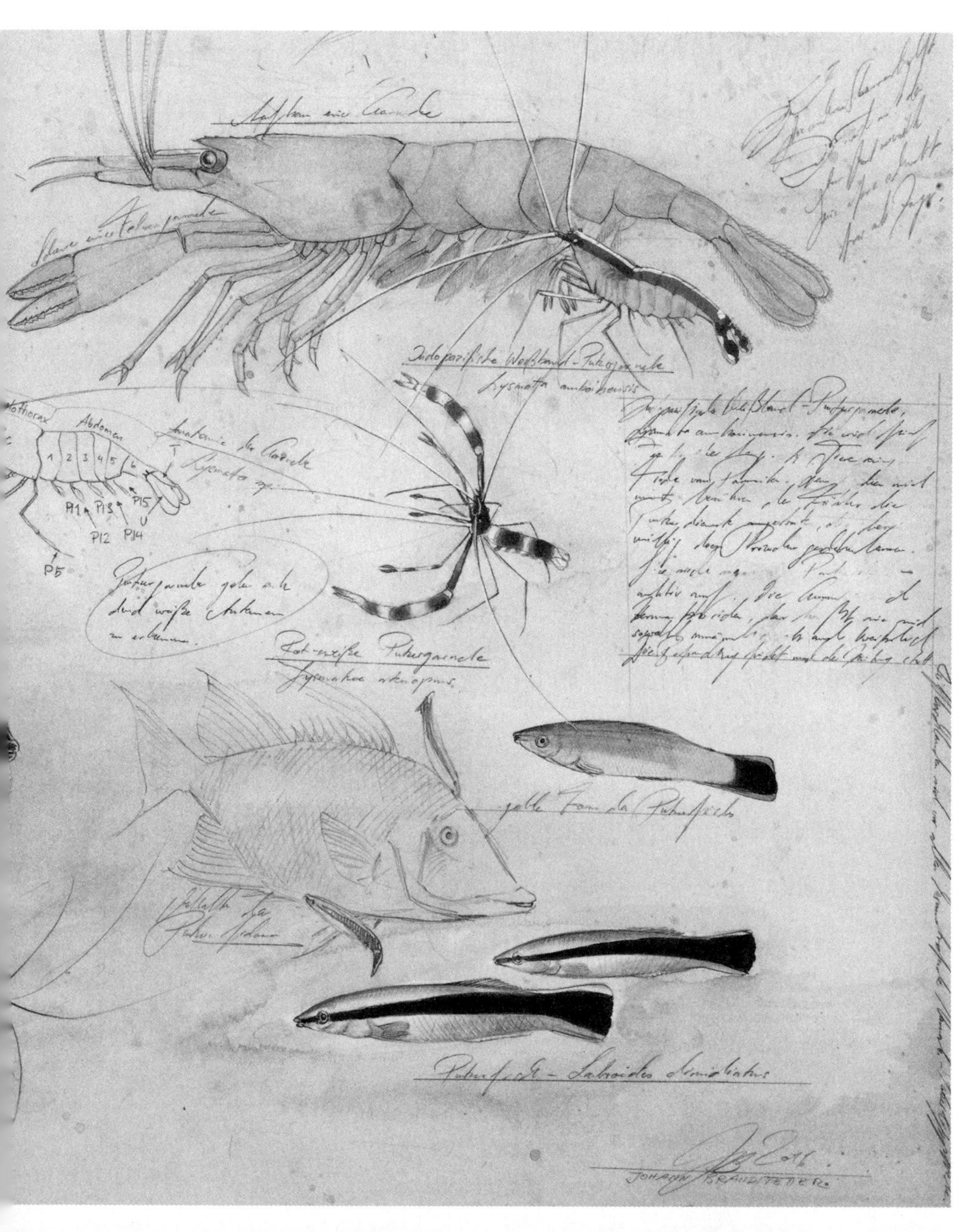
Abdomen
1 2 3 4 5 6
Pl1 Pl2 Pl3 Pl4 Pl5
U
P5
Putzerfisch - Labroides dimidiatus
JOHANN BRANDSTETTER

스킨다이빙이 요즘 큰 인기를 끌고 있다. 대중 스포츠가 된 지는 이미 오래되었다. 스킨다이빙을 시작한 것은 약 50년 전쯤이다. 제2차 세계대전 이후, 잠수를 과학적인 스포츠 활동으로 발전시킨 사람은 한스 하스(Hans Hass)와 이레네우스 아이블 아이베스펠트(Irenäus Eibl-Eibesfeldt), 자크 이브 쿠스토(Jacques-Yves Cousteau) 등이다. 물론 인류는 수천 년 전부터 잠수를 하며 해면동물이나 진주조개 따위를 찾았지만, 비교적 긴 시간을 편하게 물속에서 머무르게 해주는 장비는 없었다. 불과 1~2분 잠수하는 사이에 수중 세계를 구경하면서 놀라고 감탄할 여유는 없었다. 진주조개잡이 해녀가 된다는 것은 몸을 혹사시키며 끊임없이 목숨이 오락가락하는 위험에 노출된다는 것을 의미했다. 물고기와 조개를 잡을 때 사용하는 그물은 갈수록 개량이 되어서, 들어올리고 난 뒤 잡은 것을 편하게 분류할 수 있게 되었다. 고기잡이는 결과가 불확실하지만 노력에 보상이 따를 것이라는 희망이 있었다.

그러다가 마침내 호흡을 위한 마스크와 숨대롱이 등장하면서 산호초의 다채롭고 기이한 삶의 다양성을 보고 처음으로 깊은 인상을 받게 되었다. 스노클링 장비는 지상 최대의 생존 공간인 바다를 들여다볼 수 있게 해주는 작은 창 같은 역할을 한다. 거기서 볼 수 있는 것은 억누를 수 없는 자극을 키워 주었고 독창성을 일깨웠다. 무거운 잠수복을 입고 깊은 물로 들어가는 잠수부에게 긴 스노클은 쓸모없는 것으로 드러났다. 그러다가 등에 지는 스쿠버탱크의 압축된 산소부화 공기라는 해결책이 개발되어 자유로운 동작이 가능해졌다.

60년대에 생물학을 공부하고 강의 시간에 이레네우스 아이블 아이베스펠트의 '산호초' 탐험기를 읽은 나는 때로 거의 믿을 수 없을 것 같은 새로운 세계에 매혹되었다. 그리고 수중 촬영에서 나타난 장면이 기억에 깊이 뿌리박혔다. 그것은 줄무늬가 두드러지게 쳐진 작은 물고기가 대형 참바리의 이빨을 청소해 주는 장면이었다. 나를 비롯한 학생들은 놀라움과 웃음이 교차될 정도로 아이블 아이베스펠트가 영화에서 보여 준 장면을 무척 진기하게 보았다. 아이베스펠트나 한스 하스에게도 이 경험은 너무도 기이한 느낌을 불러일으켰기 때문에 이들 역시 눈으로 본 것을 믿으려고 하지 않았다. 그러면서도 이들은 계속해서 그 세계를 탐험했다.

청소물고기의 공생은 실제로 산호초가 있는 열대의 바다에 널리 퍼져 있다. 그것은 산호 바다에 사는 물고기의 삶에 속한다. 앞장의 그림에서 묘사한 장면은 인간적인 표현이기는 하지만 실제로 대형 물고기가 미용실을 찾는 모습이라고 할 수 있다. 그림 속 물고기는 '붉은 참바리(Epinephelus morio)'다. 붉은 참바리는 2미터 이상 자라는 가장 큰 종에 속하지는 않지만 날카로운 이빨이 촘촘히 박힌 입을 벌리기만 해도 깊은 인상을 준다. 참바리는 산호초의 낯익은 장소에 도달하면 눈에 띄는 동작으로 입을 벌린다. 녀석은 정지된 위치에서 헤엄을 치며 입을 활짝 벌린다. 그러면 짙은 색의 긴 줄무늬가 쳐진 작고 날씬한 고기가 서둘러 다가와서 경쾌한 동작을 보인다. 참바리는 작은 고기를 몸 안으로 들여보내고 입을 벌린 자세를 유지한다. 그때 큰 고기의 위생을 관리하는 작은 물고기는 이빨 사이와 입의 모든 각도와 주름을 뒤지며 참바리가 잡아먹은 고기 찌꺼기를 뽑아낸다. 몇 분간 참바리의 입을 철저히 검사하고 청소하는 것이다. 아가미도 청소 구역에 포함될 수 있다. 이곳은 기생동물이 자리 잡고 있다는 것을 큰 고기 스스로 깨달았을 때 청소가 이루어진다. 그런 경우 청소물고기는 입안으로 들어갔다가 잠시 후에 아가미의 열린 부분으로 다시 나온다. 이때 아가미 뚜껑은 옆으로 길게 내민 모양이 된다. 청소 봉사는 너무 인기가 많아서 지원 물고기는 차례가 올 때까지 길게 줄을 설 때도 있다. 청소하는 광경을 오래 관찰하다 보면, 이 일이 작은 청소물고기에게 꽤 보람이 있다는 결론에 이른다. 이 과정에서 청소물고기는 다른 작은 물고기가 어느 정도 힘들여 얻을 수밖에 없는 먹이를 쉽게 얻으니 말이다.

청소물고기는 참바리의 입안으로 들어갔다가 잠시 후에 아가미의 열린 부분으로 다시 나온다. 청소 봉사는 너무 인기가 많아서 지원 물고기는 차례가 올 때까지 길게 줄을 설 때도 있다.

청소물고기가 생김새와 태도에서 주목을 끄는 것은 이해가 된다. 고객이 되는 대형 물고기는 청소물고기가 어디에 숨어 있는지 처음에는 알지 못한다. 그래서 고객 스스로 모습을 드러낸다. 청소물고기가 머무는 장소가 따로 있기 때문에 구강 청소를 하고 싶을 때는 그곳으로 가면 된다. 청소하는 곳은 산호초의 '고정된 장소'가 된다. 그러다 대형 물고기가 오는 시간은 일정한 시간대로 발전한다. 청소물고기는 거기에 적응을 하고 청소할 준비를 한다. 사실이라기에는 너무 멋진 장면이라 곧이들리지 않는다. 공생 파트너끼리는 완벽하게 서로 적응한 모습이다.

하지만 때로 이 최선의 관계를 속임수로 이용하는 일도 벌어진다. 첫눈에 청소물고기와 똑같아 보이는 작은 물고기가 접근해 온다. 대형 육식어는 입을 벌리고 이 청소부에게, 갑자기 잡아먹는 불상사가 없을 거라는 안전 신호를 분명히 보낸다. 이때 작은 물고기는 기회를 포착하고 큰 고기의 상반신이나 지느러미 쪽에서 구강 부위의 생살을 물어뜯는다. 그리고 큰 고기가 이에 반응을 보이기 전에 작은 물고기는 사라진다. 이 녀석은 청소를 하는 것이 아니라 그저 하는 척할 뿐이다. 녀석은 생김새와 일부 행동으로 진짜 청소물고기를 모방하는 것이다. 이 가짜 '청소물고기(Aspidontus taeniatus)'는 '두줄베도라치'종에 속한다. 진짜 '청소물고기(Labroides dimidiatus)'와 너무도 닮았기 때문에 유심히 관찰을 해도 이들이 청소를 기대하는 큰 물고기의 몸에 붙어서 활동하는 모습을 확인하기 전에는 가짜와 진짜를 구분하기가 쉽지 않다.

이것이 특별한 경우에 속하는 이유는, 동물의 세계에서 수많은 예를 찾을 수 있는 모방 동물은 보통 위험하거나 독이 있는 모방 대상을 흉내 내기 때문이다. 예컨대 전혀 해롭지 않은 꽃등에가 침을 가진 말벌의 노란색과 검은색이 섞인 겉모습을 모방하는 식이다. 이런 현상을 생물학자들은 '의태(Mimikry)'라고 부른다. 가짜 청소물고기의 경우도 의태에 해당한다. 하지만 그 대상은 해롭지 않기 때문에 이 모방은 흔히 하는 말로 '양의 탈을 쓴 늑대'라고 할 수 있을 것이다.

이 같은 속임수는 진짜 청소물고기를 곤란한 상황으로 내몰 수도 있다. 참바리 같은 대형 물고기가 -청소를 받으러 오는 고기가 육식어종일 때도 흔하다- 청소물고기를 더 이상 신뢰하지 않을 수 있기 때문이다. 그러면 '성실한' 진짜 청소부는 올바른 행동을 했음에도 불구하고 한입에 희생될 수 있다. 그러므로 단순한 생김새로는 충분치 않다. 매끄러우면서도 조심스러운 태도로 호의적인 인상을 강화시켜야 한다. 이때의 신호는 청소 공생이 작동할 만큼 충분히 진지하다는 인상을 주어야 한다. 하지만 공생을 악용하는 것을 완전히 막을 수는 없다. 가짜 청소부는 행동까지도 정확하게 모방할 수 있기 때문이다. 정확하게 행동이 똑같지 않아도 처음에는 이상하지 않을 것이다. 진짜 청소부와 너무도 닮은 생김새가 적절한 행동의 빈자리를 간단히 보충해 주기 때문이다. 그러면 가짜 청소부는 공격적으로 생살을 물어뜯는 기생 행동에 성공하게 된다.

'독사의 이빨을 가진 물고기'라는 가짜 청소물고기의 학명은 독사와 관련이 있음을 의미한다. 가짜가 자주 나타나서 공격적인 행동을 통해 모방 상대를 방해하면, 공생은 끝날 것이다. 모든 사회적 기생동물은 바로 이 함정에 빠진다. 그래서 기생동물이 너무 많으면 안 된다. 이들의 기생 행위는 그 자신이 최대의 적이라고 할 수 있다. 이런 표현은 너무 인간의 윤리적인 냄새가 나지 않는가? 이에 대해서는 여러 의견이 있을 수 있다.

어쨌든 산호초에서 이루어지는 청소 공생은, 진짜 및 가짜 청소물고기와의 구강 위생이 더 이상 작동하지 않을 때, 확실한 대안을 제공한다. 그 대안은 눈에 띄는 홍백색의 줄무늬를 한 가냘픈 새우의 형상에 생생하게 들어 있다. 이 갑각류도 청소부로서 활동한다. 이들은 청소물고기와 아주 비슷하게 큰 물고기의 머리와 입으로 입장이 허용되면, 거기서 자신의 조그만 집게발로 이빨 사이에 걸려 있는 찌꺼기 혹은 작은 기생동물의 형태로 달라붙은 것들을 제거한다. 이때 새우는 긴 더듬이로 큰 물고기의 머리와 몸을 만지면서 그들을 안정시켜 주는 것으로 보인다. 이런 동작은 마치 쓰다듬어 주는 것 같은 효과를 일으킨다. 그러므로 진짜 청소물고기의 대안 역할을 하는 셈이다. 가짜 물고기는 이런 여건을 더 이상 제한하지 못한다. 새우의 존재를 통해 큰 물고기는 청소물고기를 단념할 수도 있을 것이다. 하지만 참바리가 오랫동안 청소물고기를 단념하지 않은 이유는 청소하는 속도가 차이나기 때문이다. 새우는 청소물고기에 비해 청소하는 시간이 더 오래 걸린다. 또 종종 말끔한 청소 효과를 내기 위해서는 여러 마리의 새우가 필요할 때도 있다. 하지만 산호초에 사는 육식어에게는 시간이 무한정 있지 않다. 청소를 받는 동안 참바리나 곰치는 사냥을 못하기 때문에 이들은 서둘러 청소를 끝내야 한다.

여기서 왜 청소를 할 필요가 있는지, 마지막으로 의문이 떠오른다. 송어나 곤들매기는 청소를 하지 않아도 전혀 문제가 없다. 그리고 작은 정어리나 큰 다랑어 역시 마찬가지다. 청소 공생은 열대나 양 회귀선 부근의 산호초에서만 발견되며 차가운 바다에서는 볼 수 없고 민물에서도 보이지 않는다. 바다 유기체의 엄청난 다양성이 살아 숨 쉬는 산호초의 삶에만 특별한 사정이 있는 것일까? 이 의문에 대해서는 흰동가리가 자포동물이나 말미잘과 함께 사는 똑같은 생존 공간의 또 다른 공생을 통해 답을 찾아보자.

27. 말미잘

- 특정 바다에서만 일어나는 공생

Amphiprion ocellaris f. nigra

Amphiprion ocellaris

Amphiprion clarkii

Amphiprion percula

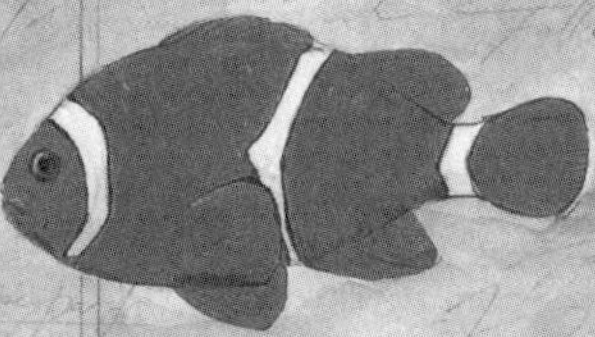

Amphiprion biaculeatus

Amphiprion frenatus

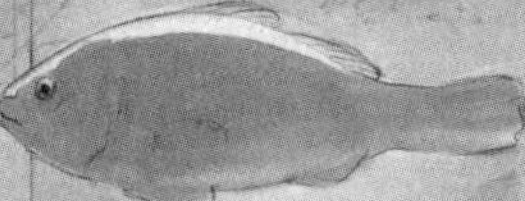

Amphiprion sandaracinos

광대처럼 그려진 흰동가리가 산호초의 조류 속에서 이리저리 휘날리는 말미잘의 촉수 가까이 있을 때 편한 느낌을 받는 것은 분명하다. 이 촉수가 자포(刺胞)로 가득 차 있다는 점에서 말미잘은 위험한 이웃이다. 물고기나 다른 동물이 접촉하면 촉수는 '자포발사'를 한다. 작살처럼 파고드는 자포의 끝에는 근 운동을 마비시키고 불타듯 뜨거우며 충격 상태를 유발하는 물질이 들어 있다. 말미잘의 촉수에 자리 잡은 자포는 구조와 기능면에서 해파리의 자포와 같다. 폴립과 해파리는 자포동물을 대표하고 세대주기 속에서 서로 교체되는 그 두 가지 형태이기 때문이다. 이들의 몸이 아주 단순한 구조라고 해도 자세포는 복잡하다. 따라서 '자포동물'이라는 표현은 폴립이나 해파리라는 말이 훨씬 잘 어울린다.

육식어가 다가오거나 잠수부의 그림자가 눈에 띄면, 노란색과 흰색이 섞인 '흰동가리(Amphiprion percula)'는 순식간에 말미잘의 촉수 사이로 사라진다. 마치 말미잘이 이 작은 고기들을 빨아들인 것 같은 느낌을 준다. 좀 더 강력한 방해를 받으면, 말미잘은 부분적으로 촉수를 오므리기까지 한다. 그러면 그 작은 물고기는 뾰족한 자포의 집중포화를 받고 사방이 막혀 그 안에 꼼짝없이 갇힌다. 하지만 잠시 후면 말미잘은 긴장을 풀고 다시 촉수를 내뻗어 작은 물고기들을 말짱한 상태로 내보낸다. 물고기는 좀 전처럼 획획 움직이면서 활기차게 헤엄을 친다. 다만 거기서 멀리 떨어지지 않으려고 주의할 뿐이다. 이 물고기에게는 말미잘이 삶의 중심축인 셈이다. 흰동가리는 말미잘의 촉수 사이에서 피난처를 구한 것이다. 천적들은 말미잘 옆으로는 다가오지 않는다. 이 물고기가 위험할 때는 그 자포동물에서 멀리 떨어질 때뿐이다. 하지만 자포동물이 촉수를 뻗치는 것은 작은 물고기를 보호하기 위해서가 아니라 사냥을 하기 위해서다. 자포동물 방식대로 자포를 발사하는 것일 뿐 작은 물고기의 생존과는 관련이 없다.

해양생물학자들은 흰동가리와 말미잘의 공동생활에 매혹되면서 의문을 푸는 데 매달려 왔다. 어떤 방법이 되었든, 머리도 없고 뇌도 없는 이 화충류가 고객이라고 할 흰동가리를 다른 사냥감 -산호초의 바다를 헤엄쳐 다니는 다른 작은 물고기나 작은 동물- 과 구분할 줄 아는 능력을 갖춘 것이 틀림없기 때문이다. 그러면 흰동가리는 어떻게 된 것인가? 이들은 자신의 말미잘을 알아보는 것인가? 이들은 어떻게 말미잘과 관계를 맺은 것일까? 촉수의 보호 기능이 이들에게 유익한 것은 분명하다. 하지만 어떻게 그런 일이 가능할까? 흰동가리를 보호해 주는 말미잘 크기의 자포동물은 흰동가리 크기의 다른 작은 물고기에게는 치명적으로 위험한 상대라고 할 수 있다. 또 흰동가리로서도 다른 말미잘종을 피하는 것은 잘 하는 일이다. 흰동가리가 '자신의' 말미잘에 의존할 때, 쫓겨나는 일은 거의 없다. 이것을 시험해 보려고 했던 연구자들은 책략이 풍부한 방법을 쓰지 않을 수 없었다. 이들은 아주 조심스럽게 말미잘 위로 물고기에게 보이지 않는 감시경을 내려 보냈다. 그동안에 흰동가리는 감시경에서 떨어진 상태에서 물속의 먹이 조각을 찾아다녔다. 그러다가도 물고기는 끊임없이 그들의 말미잘 곁으로 되돌아왔다. 흰동가리를 그물로 잡은 뒤 다시 이들이 보통 때 함께 생활하는 종류의 말미잘이 없는 곳으로 풀어 주면 흰동가리는 산호초의 틈바구니로 사라져서 다시는 나오려고 하지 않았다. 흰동가리의 몸 색깔과 무늬가 눈에 확 뜨이기 때문에 말미잘과 떨어져 있으면 쉽사리 육식어의 사냥감이 될 것이다.

흰동가리와 이들이 짝을 맺는 말미잘과의 관계는 매우 긴밀하다고 할 수 있다. 그렇다면 일방적으로 긴밀한 관계인가? 말미잘은 이 관계에서 무슨 이익을 얻을까? 작은 물고기는 말미잘을 보호해 주지 못한다. 그리고 무엇으로부터 말미잘을 보호한단 말인가? 흰동가리는 심지어 말미잘에게 적합할지도 모를 먹이 조각을 낚아챌 수도 있다. 이것이 혹시 압도적으로 혹은 거의 전적으로 물고기에게만 이익이 되는 일방적인 관계라면, 말미잘은 동종이나 아종의 많은 말미잘처럼 흰동가리와의 공생 관계를 포기할 수도 있을 것이다. 작은 물고기 떼는 관말미잘이나 꽃말미잘 등 온갖 말미잘과 관계를 맺는 것이 절대 아니기 때문이다.

'왜'라는 물음을 던지기 전에 먼저 '어떻게'라는 물음으로 관심을 돌려보자. 이 '어떻게'는 방대한 연구를 통해 설명할 수 있었다. 그 관계는 촉수가 쐐기풀처럼 서로 자포를 쏘는 것을 막는 것과 똑같은 원리에 따라 작동한다. 강장동물 몸통의 바깥층에는(자포동물은 강장동물이다) 외부 접촉 시에 자포의 발사를 막는 화학물질이 저장되어 있다. 이들은 접촉 부분이 (화학적으로) 이질적으로 느껴질 때면 스스로의 매커니즘을 통해 그것을 느끼고 조절한다. 표면적인 이유가 무엇이든, 자포동물은 촉수를 쉽게 오므리지도 않으며 쉽게 자포를 발사하지도 않는다. 이질적인 것을 자신과 잘 구분하는 것이 자포동물의 삶에서 지켜야 할 원칙이며, 삶의 기본 요구다. 특정 물고기가 자포동물의 자기방어의 영역으로 몰래 들어갔다는 것은, 자포동물의 몸통에서 나오는 화학적인 반응을 어지럽혔다는 뜻이다. 이런 결론이 논리적이기는 하지만 그 실현 과정은 쉽지 않았다. 어찌됐든, 흰동가리종 중에서 특정한 물고기는 말미잘의 화학 암호를 깨트리고 자체의 화학 기호를 만드는 데 성공한 것으로 보인다. 이후로 이들은 말미잘의 자세포로부터 더 이상 이질적인 존재로 인식되지 않기 때문이다.

최근에 와서 이런 일이 일어난 것은 분명히 아니다. 인도양 및 태평양의 열대 바다에는 말미잘과 공생하는 29종의 다양한 흰동가리가 살기 때문이다. 315쪽의 그림에 묘사한 것은 그중 일부다. 이들은 매우 크고 다양한 형태의 어군인 자리돔과에 속하는 물고기들인데 특히 열대 산호초에 서식한다. 분명 흰동가리의 색깔이 말미잘의 자세포의 발사를 막아 주는 것은 아니다. 그것은 다양한 바다 구역에 사는 흰동가리의 다양한 모습을 보면 알 수 있다. 넓적한 점 같은 띠무늬 때문도 아니다. 띠무늬는 눈이 없는 말미잘에게 보이기 위한 것이 아니라 색깔과 표본을 인식하기 위해 물고기끼리 서로의 종의 특징을 나타내는 측면이 훨씬 크다. 이 물고기를 덮고 있는 표면 점액에는 화학물질이 자리 잡고 있는 것이 틀림없다.

그런 물질은 처음부터 필요한 농도로 물고기의 표면에 있지는 않다. 이 작은 물고기들은 유난히 조심스럽게 말미잘에 접근함으로써 차츰차츰 포괄적인 화학물질의 보호를 받게 된 것이다. 이들 특유의 번식은 또 어떤 방법으로든 자포를 쏘는 말미잘과 별 문제없이 어울리는 것이 분명하다. 그 과정은 기묘하기 그지없다.

흰동가리는 처음에 수컷으로 자란다. 그러다가 알을 키울 만큼 몸이 충분히 커지고 나서야, 즉 몸속에 충분한 저장 물질을 모으고 나서야 비로소 암컷으로 변신한다. 알을 낳을 준비가 되면 곧 암컷은 수컷과 짝짓기를 하고 말미잘의 발에 점액질의 알을 낳는다. '발'이란 바닥에 있는 말미잘 몸통의 바탕을 의미한다. 수컷은 이 부분을 닦아서 이끼가 자라지 못하게 하든가, 알이 잘 자라는 데 방해가 되는 것을 제거한다. 또 이 알을 일주일간 깨끗하게 정돈하면서 지킨다. 수컷은 알을 보호하면서 필요할 때는 알이 치어로 부화할 때까지 천적에 맞서 치열하게 싸운다. 치어는 말미잘 주변에 살면서 가능하면 멀리 벗어나지 않는다. 그렇다고 해도 이들은 말미잘의 촉수로부터는 충분한 거리를 유지해야 한다. 몇 주 지나서 충분히 자랐을 때, 이들은 산호초에서 다른 흰동가리가 아직 점유하지 않는 말미잘을 찾아 나선다. '점유된' 말미잘의 경우에는 커다란 암컷이 여러 수컷과 함께 살면서 그 말미잘에 사는 흰동가리 떼를 형성하고 있기 때문이다. 활기찬 흰동가리 집단은 단순히 이 소형 물고기들이 모여 있는 것이 아니라 암컷 한 마리에 가장 크고 강한 수컷이 가세해서 성적으로 형성된 조직이라고 볼 수 있다.

이렇게 되면 말미잘과 흰동가리의 공동생활은 한층 더 명확해진다. 단 자포동물이 이 관계에서 어떤 이익을 갖는지에 대한 설명이 여전히 빠졌다. 처음에는 물고기가 자신을 보호해 주는 말미잘을 먹여 살린다고 생각했다. 하지만 이것은 입증되지 않았다. 오히려 물고기가 말미잘의 먹이를 낚아챘다. 물고기는 말미잘 부근에서 전반적인 먹이 수요를 충당하기 때문이다. 먹이는 파도가 만들어 내는 조류 혹은 산호초 옆을 흐르는 측면 조류에서 공급된다. 말미잘의 촉수는 훨씬 작은 산호충이 물에서 끌어내는 것보다 더 거친 먹이 조각의 '여과섭식자'[49] 기능을 한다. 모든 것을 실어 오는 것은 조류다. 따라서 이 소형 물고기는 어차피 말미잘의 촉수가 다 잡아내지도 못하지만, 그중에 훨씬 많은 몫을 낚아챌 수도 있다. 하지만 말미잘은 물고기도 잡는다. 이것을 해명하기 위해 실험을 해보았다. 그래서 말미잘 근처의 흰동가리를 잡았다. 흰동가리가 말미잘 근처에서 사라지자 쥐치를 비롯한 다른 물고기들이 말미잘을 공격하고 물어뜯었다. 이로써 몹시 공격적이고 경계색이 다채로운 공생 파트너인 흰동가리는 생각보다, 그리고 직접 보이는 것보다 훨씬 더 많이 말미잘의 보호 기능을 한다는 것을 알 수 있었다. 맑고 명암이 뚜렷한 표시는 어린 흰동가리에게 말미잘의 점유 여부를 알려 주는 신호이지만 동시에 말미잘의 천적에게는 방어 태세가 갖춰져 있다는 신호이기도 하다. 말미잘은 따라서 이 고객에게 대단히 호의적이다. 말미잘은 다른 어떤 생존 공간보다 먹고 먹히는 경쟁이 치열한 산호초의 세계에서 흰동가리 때문에 생존 확률을 높이는 셈이다.

이렇게 봤을 때 흰동가리가 말미잘에게 화학적인 적응을 하는 것은 보기보다 어려운 문제는 아닐 것이다. 흰동가리와 말미잘 양 파트너는 전형적인 인간의 시각으로 표현하자면, 공생 실현에 두드러진 관심을 가지고 있는 것이 틀림없다. 말미잘은 생존을 위해 폭발력이 있는 자포가 필요하다. 하지만 자신의 몸뿐만 아니라 '친구'에게도 자포를 발사해서는 안 된다. 화학적인 발사를 방지하기 위한 상호 조정은 지속적인 발전을 위한 목표로서 나온 것이다.

이 소형 물고기가 그들의 말미잘과 밀착하기까지 오랜 시간이 걸린 것은 분명하다. 이 과정에 소요된 기간은 대략 범위가 좁혀진다. 말미잘과 물고기의 공생은 오직 인도양과 서태평양에서만 존재하기 때문이다. 그 범위는 홍해까지 이어지지만, 카리브해는 물론 가장 따뜻한 곳이라고 해도 지중해는 해당되지 않는다. 말미잘 자체는 지중해에도 얼마든지 있다. 심지어 꽤 차가운 바다에도 말미잘은 있다. 그러나 우리는 카리브해가 불과 300만~500만 년 전에 생겼다는 것을 안다. 그 전에는 계절풍을 타고 밀려오는 따뜻한 대서양의 물이 남아메리카 북단을 지나 서쪽을 향해 태평양으로 흘러들었다. 남북 아메리카 사이에 지협(Landbrücke)[50]이 생기고 약 300만 년 동안 이 흐름을 차단했을 때, 대서양을 통과하는 조류는 멈추었다. 그러면서 거대한 만과 따뜻한 열대 바다로서 카리브해가 생겼다. 하지만 카리브해는 서태평양이나 대부분의 인도양과는 비교할 수도 없을 만큼 종이 빈약하다. 흰동가리를 전파하는 중심지 구실을 하는 곳은 뉴기니를 둘러싸고 있는 해역이다. 그 결과 거기서 공생이 발생했다는 것이다. 공생은 서쪽으로는 겨우 홍해까지 확산되는 데 그쳤다. 즉 공생은 아시아와 아프리카 사이에 있던 고(古)지중해(Tethys)가 사라지고 양 대륙이 서로 이어진 뒤에 비로소 실현된 것으로 봐야 한다.

그 시기는 빙하기가 시작되기 전 수백만 년 동안 이어진다. 공생이 지속적으로 작동하기 위해 필요한 섬세한 화학적 조정과 태도의 적응이 이루어지는 데는 충분한 시간이다. 그리고 이제 청소 공생과의 관계도 분명해진다. 열대의 산호초에는 조류 속에서 고도로 분산된 먹이가 떠다닌다. 양적으로 동물의 주요부를 형성하는 것은 여과섭식자의 먹이 유형이다. 이것들은 비교적 큰 식물을 위한 것이 아니라 산호초의 먹이 그물을 위한 토대다. 그런 식물은 육지에서는 인간에게 친숙하고 당연한 생존의 토대가 된다. 숲에서는, 특히 열대의 숲에서는 고도로 전문화된, 하지만 갈수록 보기 드물어지는 다수의 동물이 나무와 그 밖의 식물을 이용한다. 산호초에서도 플랑크톤에서 물고기 치어를 거쳐 특정 시간에 태어나는 벌레나 동물의 알에 이르기까지 고도로 분산된 먹이의 공급을 담당하는 전문적인 생물들이 있다.

공격적인 휜동가리를 받아들이는 것이나 육식어를 청소해 주는 일 혹은 가짜 청소부 노릇을 하며 지느러미와 피부의 살점을 뜯어내는 일은 모두 보람이 있는 것들이다. 그런 생존 방식은 자연의 변덕이 아니다. 어느 곳보다 바다에서 매혹적인 공생이 실현되었다. 본디 '물'이나 '바다'라고 불러야지, '지구'라고 불러서는 안 되는 이 파란 행성에서 최대의 생존 공간 속으로 인간이 잠수를 하게 된 이후에야 비로소 공생은 그 모습을 드러낸다.

---

49 특화된 여과 구조를 가지고 물을 통과시켜 물속의 입자나 부유물질을 걸러 먹는 포식자.
50 두 개의 육지를 연결하는 좁고 잘록한 땅.

28. 이끼
- 단일 생명체로 착각하기 쉬운 균류와 조류의 연합

[illegible]

Landkartenflechte · Rhizocarpon geographicum

„Isländisches Moos" · Cetraria islandica

[illegible]

Bartflechte
Usnea filipendula

Flechtenbär - Eilema lurideola

Lungenflechte
Lobaria pulmonaria

Schüsselflechte
Parmelia physodes

Rentierflechte
Cladonia rangiferina

lflechte
thoria parietina

Schildflechte
Peltigera canina

Becherflechte
Cladonia pyxidata

Falsche Pflaumenflechte
Pseudevernia furfuracea

바다에서 육지로. 이 식물의 육상 생활은 그렇게 시작했을 것이다. 이끼는 껍질 모양으로 강변의 바위에 빽빽하게 자라면서도 바닥에서 떨어질 줄 모른다. 게다가 매우 강인하면서도 오래간다. 가뭄과 더위도 견디고 추위에도 끄떡없다. 적어도 많은 이끼종이 그렇다. 이끼는 자디잔 것이 많다. 이끼는 암석의 갈라진 틈이나 균열을 마치 부족한 암석 결정처럼 메우면서 그 환경에 적응한다. 이끼는 열대에도 있고 높은 산에도 있으며 남극과 북극의 얼음 가장자리에도 있다. 요즘은 금속 위에서 자라는 것도 많고 주택을 뒤덮고 있는 기와나 콘크리트에서도 자라며, 믿기 어렵지만 유리 위에서도 자란다. 이끼는 뿌리나 가지도 없고 꽃도 없지만 색깔은 다양하다. 그리고 매우 더디게 자란다. 그들의 극단적인 생존 공간에 걸맞게 성장 속도가 극단적으로 느리다.

하지만 겉만 보고 속기 마련이다. 이끼는 식물이 아니기 때문이다. 이끼를 연구하는 지의류학(地衣類學)은 전통적으로 식물학에 포함되지만, 학술적으로는 이끼를 식물로 분류하지는 않는다. 이끼는, 오늘날 때로 학교에서 배우다시피, 균류(菌類)와 조류(藻類)의 이중적인 존재라고 할 수 있다. 이 양 협력 파트너는 너무도 밀접하게 결합되어 있기 때문에 둘을 따로 떼어놓고 보기 위해서는 특별한 검사 기술이 필요하다. 엽록소의 존재 여부를 식물 정의에 대한 유일한 기준으로 본다면, 아마 대부분의 산호나 녹색의 담수폴립도 식물일 것이다. 그렇게 본다면 얼마나 터무니없는 생각인가.

사실 이끼를 둘러싼 문제는 교과서에 나와 있는 것보다 훨씬 더 복잡하다. 최근의 연구에 따르면 이른바 발효균도 주로 조류와 자낭균류에서 형성되는 공동체에 속한다. 작은 효모가 이끼가 자라는 형태에 영향을 주는 것이다. 효모는 이끼 연구자들이 종을 정확하게 규정할 때 마주치는 난관의 원인이다. 효모의 성장 형태가 이끼와 종에 적용되는 고정된 규칙에 얽매이지 않는 것처럼 보이기 때문이다. 균류와 조류의 공생을 좀 더 자세하게 살펴보기로 하자. 왜 공생의 결과는 식물과의 유사성이 눈앞에 어른거리는데도 이끼가 식물이라는 답을 내놓지 않을까?

조류 파트너는 천연색소, 즉 식물의 자율적인 생존을 가능하게 해주는 엽록체를 가져다준다. 자율적이라는 말은 유기물을 함유하고 있거나 그것을 생산하는 다른 유기체에 의존하지 않는다는 뜻이다. 이런 능력을 정확하게 표현하면 자가 영양이라고 한다. 스스로 영양을 조달한다는 말이다. 식물의 몸통은 천연색소의 화학적인 과정에 물을 공급한다. 이 물은 보통 뿌리에서 흡수하며 관다발 조직을 거쳐 잎이라고 부르는 미니 공장으로 전달된다. 여기에 공기 중의 이산화탄소가 추가되면 가장 중요한 생명의 화학 반응이라고 할 광합성을 완수할 수가 있다. 햇빛이 거기에 필요한 에너지를 공급한다.

이상은 오래된 자연 수업 시간의 기본 지식이지만, 여전히 무슨 뜻인지 이해가 잘 되지 않는다. 지금까지 태양광 발전에서 빛에너지를 모으기 위한 기술 장비를 보면 그 생산 방식이 너무 서투르고 소모적이다. 태양광 발전은 값이 비싸고 공공수단을 동원해(세금) 보조금을 지급하는데도 녹색의 나뭇잎이 햇빛의 도움으로 이산화탄소와 물을 에너지가 풍부한 유기물로 바꿔 주는 매끄러운 솜씨와는 거리가 멀다. 식물의 생산을 '1차 생산'이라고 부르는 데는 다 이유가 있는 것이다. 하지만 사실 식물은 생산 과정을 위한 생물공학적인 장비에 지나지 않는다. 광합성은 천연색소인 엽록체에서 일어난다. 그리고 엽록체는, 우리가 그 사이에 거의 확신하지 않을 수 없었듯이, 식물 몸통에 들어와 공생을 한다. 처음에 엽록체는 독립적인 박테리아로, 특별한 세균군에 속하는 '남세균(시아노박테리아)'으로 살았다. 독립적으로 사는 종 중에는 여전히 시아노박테리아가 있다. 이들은 부영양화된 하천에서 이른바 녹조를 만들 때가 많다.

이끼는 식물이 아니다. 이끼는 균류와 조류의 이중적인 존재다. 양 협력 파트너는 너무도 밀접하게 결합되어 있기 때문에 둘을 따로 떼어놓고 보기 위해서는 특별한 검사 기술이 필요하다.

어떤 이유에서든 녹색의 공생자가 없는 식물은 버섯과 비슷하게 유기물 쓰레기를 통해 '부패 유기물에서 영양원을 충당하는' 방식으로 생존해야 한다. 그렇지 않을 때는 녹색식물이라면 스스로 만드는 물질을 다른 식물로부터 흡수하는 기생식물이 되었다. 따라서 식물세포에서 녹색 천연색소 형태로 시아노박테리아와 이루어지는 공생은 근본적으로 다시 해체된다. 그러면 이 식물은 스스로 영양을 공급하는 능력, 즉 자가 영양체로서의 능력을 상실한다. 모든 동물이나 버섯처럼 외부에 영양을 의존하는 종속 영양체가 되는 것이다. 일반적으로 말하는 의미에서 식물의 존재는 공생하는 시아노박테리아가 있다는 뜻이다.

식물학 강의는 이만하면 되었다. 이끼라는 이름의 이중적인 존재를 이해하기 위해 지금처럼 불가피할 때만 필요하다는 말이다. 이끼와 식물의 근본적인 차이는, 이끼의 세포벽이 식물에서처럼 섬유소나 그와 비슷한 '식물 특유의' 물질로 구성되지 않고 곤충의 키틴과 매우 유사한 물질로 이루어졌다는 데 있다. 키틴은 단백질이다. 섬유소는 당분자(사이클로덱스트린)를 기반으로 하는 탄수화물이다. 이 부분도 세밀하게 들어갈 필요는 없다. 기본적인 차이만 알면 되기 때문이다.

이끼 세포벽의 구성 물질은 버섯의 그것과 같다. 그리고 버섯은 식물이 아니다. 버섯은 극단적으로 다양한 고유 왕국을 형성한다. 말하자면 동식물과 동등한 권리를 가진 제3의 세계라고 할 만하다. 하지만 버섯은 기존의 유기물을 먹고산다. 버섯은 균류 특유의 화학적 능력을 사용해 이 유기물을 기본 단위로 분해하고 여기서 몸에 적합한 물질을 만들어 낸다. 하지만 맨 바위에서는 버섯을 볼 수 없다. 버섯도 이런 데서는 살지 못한다. 그런데 이끼는 산다. 그런 데서 살기 위한 전제 조건을 만드는 것이 바로 균류와 조류의 연합이다. 조류는 균류가 소비하는 것을 생산한다. 양 파트너가 균형을 유지하면 이들은 서로 이익을 취한다.

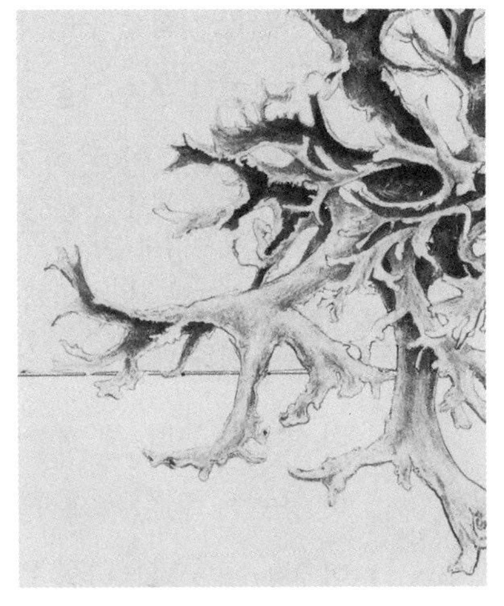

이런 설명은 듣기에는 그럴듯하지만 중요한 전제 조건을 숨기고 있다. 이런 공생을 위해 물과 광물성 영양소는 식물의 성장을 위한 것

만큼이나 필수적이라는 말이다. 무기질이라면 원칙적으로 바위에 얼마든지 있다. 다만 바위가 아무리 무기질이 풍부하다고 해도 알다시피 식물의 뿌리가 바위 위에서 살 수는 없는 노릇이다. 게다가 물이 확보되는 것도 아니다. 불모의 암석 표면에서는 하루 중의 시간이나 계절의 변화에 따른 기온의 편차가 부식토가 있는 흙바닥보다 훨씬 심하다. 부식토도 울타리도 없는 불모의 바닥이라고 할 맨 바위는 따라서 삶의 발전에 유리한 장소가 절대 아니다. 하지만 그렇게 평평한 장소는 산악 지대나 해안, 빙하와 사막의 가장자리에서 과거나 현재나 넓은 면적을 차지하고 있으며 밤이슬에 조금씩 젖기도 하는 곳이다. 전체적으로는 지구상에서 거대한 영역이라고 할 수 있다.

이끼는 수백 만 년 동안 진화를 하면서 이 특별한 생존 공간을 개척했지만 비교가 안 될 정도로 효율적인 작용을 하는 녹색식물은 여기서 번성할 기회를 누리지 못했다. 반대로 다양한 종이 있는 이끼는 지극히 다양한 생존 가능성에 전반적으로 성공하고 고도로 전문화되었음을 입증하고 있다. 이 가능성의 범위에는 나무 줄기나 잎 표면, 노출된 뿌리처럼 이끼의 수준을 능가하는 녹색식물의 일부가 포함된다.

이끼가 그토록 대대적인 성공을 거둘 수 있었던 것은 균류와 조류의 연합으로 새로운 특징이 발휘되었기 때문이다. 이 특징은 두 가지의 특별한 능력, 즉 저항력과 욕심 없는 자세로 요약된다. 이끼는 이미 강조한 대로, 녹색식물보다 더위와 추위, 가뭄에 훨씬 잘 견딘다. 이것은 균류 파트너의 능력 때문이다. 균류 파트너는 조류 파트너의 생존에 없어서는 안 될 무기질을 극단적으로 절약할 줄 안다. 무기질은 이끼가 자리 잡고 사는 바닥에서 흡수하며 때로는 바닥이 아니라 날씨와 바람에 따라 실어다 주는 공기에서 받아들이기도 한다. 그 때문에 이끼는 성장이 더디다. 다만 빨리 자라는 식물과의 경쟁이 없기 때문에 이런 환경이 단점은 아니다. 이끼는 심지어 독성 농도가 높은 바닥, 즉 독성이 있는 암석 위에서도 자랄 수 있다. 물론 전체 종은 아니지만 많은 종이 이런 능력을 갖추고 있다.

과거 수십 년간 진행된 이끼의 죽음은 면역력이 결핍되었다는 것을 보여 주었다. 도시와 산업단지의 심각하게 오염된 공기 때문에 각종 건물과 나무 줄기에 살던 대부분의 이끼가 죽었다. 이끼는 인간에게도 위험한 대기오염의 정도를 알려 주는 '생태지수'가 되었다. 다시 수십 년이 지나 공기의 질적 개선에 대한 포괄적이고 값비싼 조치 끝에 되살아난 이끼는 기술적인 측정 도구보다 더 믿음직하게 개발이 어디까지 얼마나 온당하게 진행되었는지 알려 주는 지표가 되었다. 그리고 석탄 및 기타 연료에서 황 성분을 제거한 이후 어떤 새로운 변화가 생겼는지도 알려 준다. 이끼를 죽이고 건물의 심각한 손상을 야기했던 '산성비'는 그 사이에 질소화합물의 농도가 훨씬 높은 '알칼리성비'로 바뀌었다. 노란 벽이끼나 회색 이끼 같은 일부 종은 이후로 무성하게 자라고 있으며 심지어 금속관이나 연결 고리에서도 자라고 있다. 하지만 우리가 숨 쉬는 공기는 여전히 중부 유럽 대부분의 지역에서는 자연 상태의 것과 다르다. 이끼가 그것을 극명하게 보여 준다.

영양 공급이 충분하고 때로는 지나칠 정도로 많다면, 이끼는 왜 그렇게 더디게 자라는 것일까? 좀 더 일반화된 질문으로 바꿔 표현할 때, 그토록 공생이 잘 이루어지고 있는데도, 왜 이끼는 변변찮게 존재 가능성의 변두리로 밀려나는 가짜 식물의 신세가 된 것일까? 이런 의문에 답하는 것은 쉬운 일이 아니다. 우리가 삶을 바라보는 방식은 익숙한 것에 지나친 영향을 받는다. 익숙한 것을 정상으로 여기고 익숙한 것에서 벗어나면 비정상으로 간주하기 때문이다. 잠시 그런 태도에서 벗어나 식물과 이끼를 관찰하면서 서로 비교해 보자.

이끼는 아주 더디게 자란다. 조류 파트너의 생산과 균류 파트너로 인한 소비는 거의 완벽하게 균형을 이룬다. 생명체로서 이들은 장기적으로 주변 환경과 지속적인 균형에 도달했다. 환경의 변화가 더디면, 이끼의 성장과 변화도 더디기 마련이다. 이런 이끼야말로 인간이 도달해야 할 환경과의 이상적인 균형에 대한 모범이라고 할 수 있을 것이다.

식물은 전혀 다르다. 식물은 이끼보다 훨씬 빨리 자라고 훨씬 더 강하다. 이들에게 성장은 양적 성장과 질량 증가를 의미한다. 이것은 나무의 경우, 무엇보다 목재 형태로 된 죽은 질량이다. 식물 혼자서는 그 환경과의 균형에 절대 이르지 못한다. 적당하게 먹어 주고 이용하고 잘라 주지 않는다면, 식물은 그 자체의 성장으로 질식할 때까지 자랄 것이다. 아스라이 먼 고생대에 거대한 과잉 상태가 되어 석탄과 석유를 만들어 냈던 것이 바로 식물이었다. 식물은 다양한 성장 강도에 따라 긴 시간 동안 대기 중 산소 및 이산화탄소 함량의 커다란 편차도 야기했다. 또 기온도 좌우했다. 식물은 자체의 과잉 생산으로 대형 동물 및 모든 동물 중에 가장 낭비가 심한 최대의 소비자로서 인간의 탄생을 가능케 했다.

인간은 우리 자신의 삶 및 그와 연관된 경제와 더불어 과잉 생산에 의존하고 있다. 그리고 끊임없이 필수적인 전제 조건으로 다짐함으로써 우리의 생존 방식과 경제 시스템이 작동하는 성장에 의존한다. 인간은 이끼가 보여 주는 균형으로는 살 수 없을 것이다. 많은 나비의 애벌레처럼 소수의 동물이 그런 균형을 보여 주고 있지만(324쪽 그림에 나오는 '밤나방Griposia aprilina'과 중부 유럽의 불나방류 중에 많은 나비), 나무이끼류의 빈도에 따라 남은 것은 비교적 많지 않다.

그 밖에 순록처럼 비교적 큰 소수의 동물이 툰드라의 극단적인 생존 조건에서 산다. 순록은 무엇보다 겨울에 툰드라에서 그들의 이름을 따서 지은 순록이끼를 먹고살며 사향소와 레밍도 그것을 먹는다. 먹이로서 순록이끼는 아주 기름지고 무기질이 풍부한 이끼이기 때문이다. 또 일부 북방 민족은 이것을 가공해 발효된 이끼에서 일종의 맥주를 주조하기도 한다.

29. 섭금류와 악어

- 섭금류가 물가의 나무 위에 둥지를 짓는 이유는?

WALDSTORCH
Mycteria americana
Silberreiher
Ardea alba

분명한 것 같아도 보다 정확한 조사를 해봐야 비로소 실체를 알 수 있는 것이 많다. 가령 열대 및 아열대의 아메리카에서는 황새나 왜가리, 따오기 같은 섭금류(涉禽類)가 물가의 나무 위에 둥지를 튼 곳에서 크로커다일이나 앨리게이터, 카이만악어를 흔히 볼 수 있다. 이런 광경이 별로 이상하지 않은 까닭은 무엇보다 큰 아메리카황새인 '검은머리황새(Mycteria americana)'나 거대한 '자비루 황새(Jabiru mycteria)'가 새끼에게 물고기를 먹이기 때문이다. 이때 둥지에 있는 새끼 새가 먹기에 너무 큰 물고기 중 일부는 밑으로 떨어지면서 쩍 벌린 악어의 입으로 들어간다. 게으른 악어로 볼 때는, 새들이 둥지를 튼 나무 밑에서 이렇게 진을 치고 있는 것이 현명하다.

독일에서는 왜가리 둥지 밑에서 물고기 냄새가 난다. 땅바닥에 떨어진 죽은 물고기 냄새다. 이런 냄새가 나면, 파리 떼가 그 위로 날아들 것이고 낮에 떨어져 쌓인 것은 아마 여우가 밤에 가져갈 것이다. 그리고 말똥가리 크기의 맹금류인 '솔개(Milvus migrans)'는 심지어 왜가리 서식지 안에 둥지를 틀려고까지 한다. 위의 새의 둥지에서 떨어지는 쓰레기가 이 반(半)기생 조류에게는 기름지기 때문이다. 반기생이라고 하는 것은 솔개가 작은 사냥감을 직접 잡을 수 있는데도 가능하면 동물의 쓰레기나 사체를 먹고살려고 하는 경향이 있기 때문이다. 이 때문에 중부 유럽에서는 각이 진 날개와 살짝 갈라진 꼬리로 쉽게 알아볼 수 있는 검은 솔개가 사방이 트인 쓰레기 더미에서 수십 마리씩 모여 있는 모습을 볼 수 있다. 아프리카와 인도에서는 심지어 수백 마리나 수천 마리씩 떼를 지어 몰려들기도 한다. 쓰레기 처리 방법이 개선된 뒤로 이들의 생존은 더 힘들어졌다. 이와 비슷한 행동을 카이만악어와 앨리게이터가 한다고 할 때, 이 놀라운 일은 단지 땅과 물에서 벌어진다는 차이밖에는 없다.

주의 깊게 관찰하면, 황새와 왜가리의 둥지는 인간의 시각으로 볼 때 나무가 유난히 탄탄해서 묵직한 둥지를 능히 견딜 만한 곳이 아니라 별로 유리하지 않은 곳에 지어진 것을 알 수 있다. 예컨대 물가에서 멀리 떨어져서 인간의 방해로부터 보호가 더 잘 되는 곳이 아니라 작은 섬이나 강가의 나무에 지어진 것을 볼 수 있다. 왜가리와 황새, 따오기는 둥지 가까운 곳에서 먹이를 구하는 일이 없으며, 있다 손치더라도 그런 경우는 얼마 되지 않는다. 따라서 물과 가깝다는 것은 둥지 선택의 이유가 될 수 없다.

최근에 발견된 섭금류와 악어 사이의 공생은 인간이 자연을 대할 때, 어떤 잘못을 저질렀는지 깨닫게 해주는 거울 역할을 한다. 악어가 규칙적으로 여러 마리씩 둥지 밑에 모이는 곳에서는 악어가 없는 곳보다 더 많은 새끼 새들이 날아온다.

독일 왜가리는 하천에서 수 킬로미터 떨어진 키 큰 나무, 특히 독일가문비나무나 떡갈나무 위에 둥지를 짓는다. 다른 종은 갈대숲에 짓기도 한다. 그러므로 실제로 이용 가능한 방법이 여러 가지인 것은 분명하다. 왜가리와 황새, 따오기의 종이 유난히 풍부한 아메리카에서도 마찬가지다. 최근 미국의 동물학자들은 이런 관점을 기반으로 대형 섭금류가 나무 위에 둥지를 지을 때 장소 선택을 놓고 더 중요한 이유가 무엇인지에 대한 의문을 제기했다.

이후 그들이 발견한 것은 확실했다. 악어의 휴식 장소와 새의 둥지는 우연하게 배치되거나 서로 독립된 것이 아니라 명백히 상호관계가 있다는 말이다. 즉 새의 둥지에서 떨어지는 물고기를 주목할 필요가 있다. 또 너무 연약한 일부 새끼 새도 둥지 밑으로 떨어진다. 악어는 새끼 새도 먹을 수 있으니 말이다. 하지만 왜가리 둥지 밑에서 발견되는 수많은 새끼 새의 사체는 무엇보다 물고기 포식자로서 악어나 앨리게이터가 위에서 떨어진 새에게는 별 관심이 없다는 것을, 특히 더 이상 버둥거리지 않는 새에게는 전혀 관심이 없다는 것을 보여 준다. 그렇다면 새들은 악어가 새를 단념하도록 만들기 위해 그들에게 물고기 먹이를 공급해 주는 것일까? 혹시 첫 비행을 시도하는 새끼 황새가 바닥으로 떨어지면, 어미 새가 해안호 방향으로 다시 날아오르도록 도움을 주고 물고기 사냥하는 법을 배우도록 할 수도 있지 않을까?

어쩌면 이것은 너무 인간적인 생각일지도 모른다. 섭금류의 경우, 둥지에서 바닥으로 떨어진 새끼는 모두 잃어버린 것으로 간주하니 말이다. 물로 떨어지든, 중간 높이에 있는 나뭇가지에 걸리든 상관없이 이들은 둥지에서 떨어진 새끼는 더 이상 돌보지 않는다. 새끼가 둥지를 떠나는 순간, 그것으로 끝이다. 어미에게 그런 새끼는 더 이상 존재하지 않는 것이다. 어미에게 중요한 대상은 밖으로 날아가는 것에 성공하는 새끼들이다.

그렇다면 섭금류는 악어의 존재로부터 무슨 이익을 얻는가? 그에 대한 답은 어린 새의 생존 가능성을 관찰한 놀라운 결과에서 나왔다. 놀랍게도 악어가 규칙적으로 여러 마리씩 둥지 밑에 모이는 곳에서는 악어가 없는 곳보다 더 많은 새끼 새들이 날아온다. 훨씬 더 많다!

그러면 플로리다의 에버글레이즈에 있는 앨리게이터나 브라질 판타날의 황새 둥지 밑에 있는 카이만악어는 섭금류에게 어떤 이점을 가져다주길래 새들을 모이게 하는 것인가?

여러 가지 가능성을 생각할 수 있다. 바닥으로 떨어진 물고기가 당장 소비되지 않으면 파리가 많이 꼬이고 결국 파리 떼가 위의 둥지에 있는 새끼들까지 해치게 되지 않을까? 수많은 파리의 구더기가 새끼 새를 습격하고 쇠약하게 만들 것이라는 말이다. 그렇다면 왜가리와 황새는 물속에 서 있는 나무에 둥지를 지으려고 할 것이다. 실제로 물 위로 자라는 나무에 지은 새의 둥지가 있다. 다만 이런 형태만 있는 것도 아니고 이것이 많은 것도 아니다. 결국 악어를 둘러싼 의문은 둥지 안에서 벌어지는 일을 보여 주는 비디오 촬영으로 해결되었다. 그 결과 둥지 밑에 악어가 없는 곳에서는 너구리가 손쉽게 나무를 타고 올라와서 알이나 새끼 새를 약탈하는 모습을 발견하게 되었다.

너구리는 나무를 타는 솜씨가 아주 뛰어나다. 중부 유럽에서는 공중 높은 곳에 있는 독수리 둥지에서 잠자는 너구리가 목격된 적도 있다. 또 너구리는 후각 능력도 크게 발달했다. 이들의 코는 수백 미터 떨어진 곳에서 나는 왜가리 냄새도 맡는다. 특히 물고기가 썩을 때의 악취는 이상적인 신호다. 그 냄새는 사람의 코로도 얼마든지 확인할 수 있다. 따라서 물고기를 먹고살면서 새끼도 물고기로 키우는 대형 조류(鳥類)는 그들의 둥지를 도저히 너구리의 위협으로부터 지킬 수가 없다. 둥지를 튼 나무가 물속에 있는 경우에도 냄새는 숨기지 못한다. 둥지에서 나는 악취는 밑으로 독하게 퍼진다. 밑으로 떨어진 물고기가 작은 섬이나 호반의 바닥에 그대로 있을 때는 그만큼 더 독하게 냄새가 퍼질 것이다. 먹기 좋게 싱싱한 물고기를 통해, 그리고 나무의 둥지에 있는 먹이를 떠올리며 너구리는 두 배로 매혹될 것이다.

섭금류가 짓는 둥지는 크고 무겁다. 새끼뿐만 아니라 이들에게 먹이를 주려고 날아오는 어미 새의 무게까지 감당해야 하고 또 열대 및 아열대의 폭풍우를 견뎌야 하기 때문이다. 그런 환경에 걸맞게 섭금류는 위험한 변두리에 있는 흔들리는 잔가지 대신, 하중을 안전하게 떠받치는 큰 가지에 둥지를 짓는다. 아이러니하게도 그렇기 때문에 너구리는 힘들이지 않고 나무로 기어 올라갈 수 있다. 하늘 높이 자란 소나무 (가파른) 꼭대기 혹은 고압선 전주 위에 지은 독수리 둥지는 너구리로서는 공중 높은 곳에 매달려야 하기 때문에 올라가기가 훨씬 더 힘들다. 추락할 위험도 있다. 이런 위험이 왜가리나 황새 둥지에서는 대폭 줄어든다. 더욱이 새끼들과 둥지를 통째로 밑으로 던지고 바닥에 내려와서 약탈한 것을 먹을 수도 있다.

너구리는 영리한 동물이다. 아메리카에 사는 너구리 중에 두 종은 이런 능력으로 남부 캐나다에서 북부 아르헨티나까지 서식지를 확대했다. 남아메리카에 퍼진 종은 독일에서 '게잡이라쿤(Procyon cancrivorus)'이라고 부르는데, 북아메리카의 '아메리카너구리(Procyon lotor)'에 비해 유난히 물가에 살거나 물에 의존해 사는 경우가 많다. 독일을 중심으로 중부 유럽에 서식하는 너구리는 이 남아메리카의 종에서 나온 것이다. 이 유럽 너구리는 아주 영리하고 사냥 성공률이 높다는 것이 입증되어서 멸종되는 일은 없을 것이다. 다만 진지한 연구를 통해 입증된 것보다 이들의 활동이 훨씬 더 파괴적이라는 말들을 한다. 하지만 너구리에게 잘못을 돌리기에는 아직 모르는 것이 많다. 분명한 것은 독일에서 너구리 때문에 독수리 새끼가 죽어나가는 것보다, 수십 년 전부터 '엄격하게 보호'하는데도 불구하고 총이나 독약으로 죽는 독수리가 더 많다는 사실이다.

좋은 자리에 있는 새의 둥지가 드물다고 할 때, 무엇보다 새에게 중요한 역할을 하는 것은, 또 흔히 새의 번식을 위해 결정적인 역할을 하는 것은 둥지를 노리는 적이다. 새끼 새의 생존은 적들의 적절한 선택에 좌우된다. 하지만 선택은 선택이 가능한 곳에서만 이루어진다. 적에 의해 잃는 새끼 새의 상당수는 나무가 쓰러지고 새에게 필요한 하안 지대나 우거진 숲이 사라지는 등의 이유로 좋은 서식지가 부족하기 때문에 발생한다. 둥지를 틀기에 최고의 조건을 갖춘 장소가 발견되지 않는 것은 이제 그런 곳이 존재하지 않기 때문이다.

최근에 와서 발견된 섭금류와 악어 사이의 공생은 인간이 자연을 대할 때 어떤 실수를 저질렀는지 깨닫게 해주는 거울 역할을 한다. 아직도 아메리카에는 야생의 자연이 충분히 남아 있지만 급격히 줄어드는 실정이다. 하천을 직선화하거나 댐으로 가두어 두는가 하면, 여성들의 핸드백이나 구두에 쓸 훌륭한 가죽 때문에 악어의 밀렵이 횡행한다. 우리는 브라질이나 파라과이에서 자행되는 밀렵에 대해 비난할 처지가 못 된다.

독일의 경우에는 물고기를 먹고사는 동물종의 환경이 훨씬 더 열악하다. 특히 단순한 여가 활동으로만 즐기는 낚시는 왜가리와 가마우지, 수달, 나아가 다채로운 색깔로 반짝이는 작은 물총새로부터 자연의 이치에 따라 이들이 먹고살아야 할 물고기를 빼앗는 결과로 이어지고 있다. 물고기를 먹고사는 물수리와 흰꼬리수리는 거의 멸종되다시피 했다. 독일의 하천에서 물고기를 잡아먹는 악어를 본다는 것은 상상할 수 없는 일이다. 반대로 독일보다 훨씬 빈곤한 열대 및 아열대 지역에 사는 사람들은 당연히 이들 종을 보유하고 있고 카이만악어와 황새, 너구리 사이의 조화에 관심을 기울인다고 말할 수 있다. 독일에서는 왜가리 서식지가 거의 배겨나지 못하는 실정이다. 만일 적당한 환경을 조성해 준다면 다양한 동물종이 공동의 서식지로 모일 것이다. 어쩌면 주로 동종 동물 다수의 공동생활과 관계된 공생의 두 가지 형태를 끝으로 모색해 볼 필요가 있는지도 모른다.

30. 떼베짜는새의 공동 주거 시설

- 다른 새의 둥지에 더부살이하는 새들

Siedlweber · Philetarius socius
Rosenpapagei · Agapornis roseicollis
JOHANN BRANDSTETTER

참새만 한 크기의 새들이 조류 세계에서 가장 큰 둥지를 공동으로 짓는다. 이 둥지는 아랫부분이 매끄럽게 마무리된 거대한 건초 더미처럼 나무에 걸려 있다. '떼베짜는새(Philetairus socius)'의 둥지는 직경이 5미터가 넘고 높이는 3미터에 이르니 거대하다는 말은 과장이 아니다. 무게는 수 톤이나 나간다.

이런 집을 짓는 새는 독일의 참새와 비슷하게 생겼다. 이 새는 실제로 참새와 꽤 가까운 종으로서 14센티미터의 몸길이도 참새와 같다. 100개가 넘는 둥지의 방이 들어가는 이들의 주거시설은 무게가 떼베짜는새 한 마리의 10만 배가 넘는다. 이것은 사람 한 명이 거대한 복합 주거 공간에 사는 것과 비슷한 비율이다. 떼베짜는새는 이처럼 특이한 둥지 때문에, 조류 세계에서는 유일무이하게 포유류 속의 인간과 비슷한 특징을 지닌 종이다. 다만 이들은 긴밀한 유대를 맺는 이웃의 동물과 (인간보다) 훨씬 더 평화롭게 협동적으로 지낸다.

이 거대한 둥지는 그 속에서 살 새들이 함께 지은 공동 작품이다. 둥지는 새로 짝을 지은 새들이 덧붙여 지으면서 확대된다. 이들은 동일 집단에서 새로 짝을 지은 어린 새들일 것이다. 떼베짜는새의 거대한 둥지 중에는 100년이 넘는 것도 많다. 이것으로 볼 때, 이들의 둥지는 매우 견고한 건축물이자 동시에 '사회적인 주택 건축'임이 분명하다. 한창 부화가 이루어지고 둥지에서 새끼를 돌보는 시기에 열심히 둥지를 짓는 공사가 벌어지면, 관찰자의 눈에 들어오는 전체적인 광경은 대혼란이 벌어진 것 같은 느낌을 준다. 하지만 그것은 사람이 느끼는 인상이지 새들은 전혀 그렇지 않다. 새들은 당황하지 않고 언제나 둥지 입구를 정확하게 찾아내고 자신의 새끼들에게 먹이를 준다.

떼베짜는새는 남서 아프리카의 특정 지역에서만 볼 수 있다. 그 범위는 북부 나미비아, 즉 국립공원으로 아주 유명한 에토샤 염전 동남부에서 칼라하리 사막 서쪽까지다. 나미비아 해안에 인접한, 극도로 건조한 나미브 사막은 사람이 살지 않으며 이보다 더 습하고 강수량이 많은 남아프리카의 케이프 지역과 내륙 깊숙이 들어간 동부의 칼라하리 반사막에도 사람은 살지 않는다. 이 지역에는 떼베짜는새의 존재를 결정하는 아주 특별한 생존 조건이 있는 것이 틀림없다.

가장 중요한 요인은 특정 외부 영향을 막아 주는 둥지에서 찾을 수 있다. 이 둥지는 들쑥날쑥한 외부 온도의 편차를 둔화시킨다. 이런 사실은 정확한 측정을 통해 입증되었다. 기온 편차의 둔화 기능은 부화한 알과 둥지에서 버둥대는 새끼들의 생존에 아주 중요한 의미를 갖는다. 낮에는 대기온도가 섭씨 40도를 훌쩍 넘기지만 밤에는, 특히 고지대에서는 영하로 뚝 떨어지기 때문이다. 거대한 둥지는 섭씨 40~50도에 이를 만큼 극단적인 낮과 밤의 기온 편차를 몇 도 안 되는 작은 차이로 줄여 준다. 게다가 빈틈없이 촘촘하게 짓기 때문에 억수 같은 비가 내려도 지붕을 형성하는 잔디 층을 흘러내리며 빗물이 둥지의 방으로는 들어오지 않는다. 이 점에서 떼베짜는새의 둥지는 건조한 잔디와 짚으로 지붕을 덮은 이 지역 주민들의 오두막과 같다(북부 독일 해안에서 흔히 보는 옛

떼베짜는새의 둥지는 직경이 5미터가 넘고 높이는 3미터에 이른다. 무게는 수 톤이나 나간다.

날 초가 지붕처럼). 이 정도면 떼베짜는새가 서식하는 지역을 특징짓는 독특한 기후환경에 대한 설명이 될 것이다. 즉 매우 낮은 습도로 인해, 그리고 짤막한 우기에 쏟아 붓듯이 비가 내리는데도 연중 대부분의 기간에 구름층이 형성되지 않음에 따라 낮과 밤의 기온이 극단적인 차이를 보인다는 것이다. 공동 둥지는 그런 외부 조건을 견디도록 해준다.

이 밖에도 더 많은 기능이 있다. 아프리카 베짜는새의 주요 분포 지역인 남부 및 동부 아프리카의 사바나와 나무가 별로 없는 초원 지대에는 나무를 잘 오르고 나무에서 새의 둥지를 찾는 여러 종의 뱀이 있다. 독이 많고 위험한 '블랙맘바(Dendroaspis polylepis)'도 그중의 하나다. 하지만 흔히 보이는 것은 '새뱀(텔로토르니스Thelotornis속)'이라는 독사로서 몸통이 아주 가늘고 길이는 1미터가 넘는다. 이 뱀은 유난히 나무를 잘 타며 새끼 새들을 해친다. 이 뱀이 새의 둥지에 얼마나 위험한지는(맨 바깥쪽 가시 달린 가지 끝에 걸린 둥지에도), '케이프 스윈호오목눈이(Anthoscopus minutus)'의 둥지 구조를 통해 알 수 있다.

스윈호오목눈이종과 가까운 이 작은 새는, 열려 있지만 자루처럼 끝이 막힌 가짜 둥지입구를 짓는다. 반면에 진짜 입구는 교묘하게 닫혀 있다가 부화를 하거나 새끼에게 먹이를 주는 어미 새가 드나들 때만 잠깐 열린다. 베짜는새의 솜씨가 아무리 숙련되었다고 해도, 부리가 꽤 두툼한 그들은 정확성에서 섬세한 실과 솜털로 둥지를 짓는 스윈호오목눈이의 솜씨에는 견줄 바가 못 된다.

베짜는새의 둥지는 나무를 기어오르는 뱀의 위험에 대비하여 맨 끝가지에 걸린 채 조금씩 흔들리는 형태다. 파이프 형태로 둥지 입구가 아래쪽으로 향한 형태가 많은데 길이는 그 지역에 나무에 오르는 뱀이 얼마나 많은가에 달려 있다. 이렇게 흔들리며 걸려 있는 둥지는 외부의 영향을 막아 주는 수관 부분에 지어진 것보다 세찬 돌풍이나 폭우 등 험한 날씨에 훨씬 더 크게 노출되기 마련이다. 그래도 이때 발생하는 둥지 피해는 나무에 오르는 뱀에 따른 피해보다 크지 않을 것이다.

이 두 가지 서로 다른 선택압은 한 나무의 서식처에 공동으로 지은 둥지를 통해 상쇄가 된다. 뱀은 둥지가 모여 있는 것을 보지 못한다. 뱀은 또 거기서 시끄럽게 나는 새들의 소음도 듣지 못하며 둥지가 없는 수십, 수백 그루의 나무 중에서 온통 베짜는새의 둥지로 가득 찬 한 그루의 나무를 쉽게 찾아내지도 못한다. 서식 분포도가 낮은 동아프리카에서는 케냐와 우간다, 탄자니아 국립공원 어디서나 볼 수 있듯, 대다수 떼베짜는새의 둥지가 통상적인 새의 둥지 형태로 지어진다. 이 지역은 남아프리카처럼 밤 기온이 차지 않고 낮에도 그렇게 덥지 않기 때문이다. 게다가 꽤 큰 나무도 나미비아나 칼라하리 사막의 건조 지대와 달리 그렇게 드물지 않다. 이 건조 지대에서 둥지를 틀려고 하는 베짜는새는 불가피하게 그들의 둥지가 서로 가깝게 붙을 때까지 접근해서 서로 맞물리도록 하고 더위와 추위를 막아 주는 장점을 이용하지 않을 수 없다. 이를 통해 단점을 막는 것이다.

날씨라는 외적 요인과 천적의 압박 외에 거대한 공동 둥지를 지을 때의 장점을 이해할 수 있는 제3의 주요 요인을 아직 말하지 않았다. 세 번째 측면은 먹이다. 동부 아프리카나 아프리카 대부분의 지역에서처럼 비교적 먹이가 골고루 퍼져 있는 곳이라면, 베짜는새는 드문 드문 분포된 서식지에 걸맞게 분산해서 둥지를 짓는다. 하지만 남서 아프리카에서는 비가 아주 불규칙하게 내리고 강수량도 때에 따라 큰 차이가 난다. 국지적으로 비가 오는 곳에서는 땅의 초목이 즉시 반응을 한다. 풀이 자라면서 씨가 형성된다. 식물의 씨를 먹는 새들에게는 단기적으로 공급 과잉 상태가 된다. 그런 다음에는 다시 긴 궁핍기가 온다. 유리한 공급을 재빨리 이용할 수 있는 새들은 거기서 이익을 보지만 대부분의 종은 그렇지 못하다.

떼베짜는새는 바로 이 특별한 상황에 적응한 것이다. 이들의 공동 둥지가 이들에게 적응력을 제공한다. 다른 베짜는새종처럼, 부화기 초기에 새로 둥지를 지을 필요가 없다. 둥지는 주거 공간의 기능으로 계속 남아 있기 때문이다. 심지어 여러 마리의 떼베짜는새가 하나의 둥지 방에서 서로 바짝 붙어 지내면서 나미비아 고지대의 겨울밤 추위를 넘길 수도 있다. 붙어 지내면서 공동으로 지붕을 수리한다. 그러다가 메마른 대지를 푸르게 만드는 비가 내리면, 따로 시간을 지연할 필요 없이 이 시설은 부화 장소가 된다. 그 자리에서 바로 둥지를 트는 것이다. 다른 전략을 대안으로 선택한다면, 고정된 서식지에 사는 대신 강우 지역을 찾아 광범위한 곳을 헤매고 돌아다녀야 할 것이다. 그리고 풀씨가 -혹은 인간의 곡식이- 익는 등, 유난히 유리한 조건이 조성되면 빨리 둥지를 지어야 한다. 이렇게 하는 조류가 바로 떼베짜는새보다 조금 더 작은

종인 '빨간부리베짜는새(Quelea quelea)'다. 이들은 수백만 마리씩 떼를 지어 날아다니면서 농작물을 위협하고 실제로 끊임없이 망치기 때문에 아프리카의 여러 지역에서는 메뚜기 떼만큼이나 공포의 대상이다.

유목민처럼 방랑하는 전략으로 빨간부리베짜는새는, 식물의 씨가 많지 않아서 불모지가 된 산림 지역을 제외하고 아프리카 전역에 퍼져 있다. 떼베짜는새의 생존은 이와 반대로 나미비아 고지대와 서부 칼라하리 사막의 특수한 환경에 적응되어 있다. 이들의 공동체적 생존은 더위와 추위, 그리고 불규칙한 강수량에 대한 대응책이라고 할 수 있다.

그렇다면 공생은 어디서 찾아볼 수 있는가? 먼 남서 아프리카에서 참새 크기 조류의 둥지 축조와 생존 방식이 협동 형태로 흥미로운 것은 분명하지만, 그것이 공생은 아니지 않은가? 둥지 짓는 일에 가담하는 새들이 동종의 새이기 때문이다. 이들이 보여 주는 것은 사회적 행동이다. 실제로 공동의 둥지에는 단순히 떼베짜는새 이상으로 많은 특징이 담겨 있다. 거기에는 타 종과의 공생 발달을 자극하는 요인이 있다.

작은 앵무새인 '모란앵무(Agapornis roseicollis)'는 떼베짜는새의 둥지에 더부살이하는 것을 선호한다. 그 거대한 둥지는 다른 곳의 다른 조류에게도 매력적이다. 중부 유럽의 참새도 곳곳에서 황새나 독수리의 둥지에 자리를 잡을 때가 많다. 하지만 모란앵무는 전혀 다른 행동을 한다. 이들은 몸이 떼베짜는새보다 크지 않아 점유되지 않은 둥지의 방에 알맞은 크기를 하고 있지만 행동은 떼베짜는새와 다르다.

앵무새의 특징에 걸맞게 이들은 엄청 시끄럽다. 특히 공중의 천적을 인지할 때 시끄럽다. 공중의 천적에게 노출되는 것은 떼베짜는새도 마찬가지다. 작은 매는 베짜는새 사냥을 하는데 이들이 무방비 상태에 있을 때 유난히 빈번하다. 이때 주인이 들어 있는 떼베짜는새의 둥지가 작은 새를 사냥하는 매를 끌어들이는 것이다. 그러면 경계심이 있는 앵무새는 지체 없이 경고 신호를 보낸다. 이것이 그들을 공동의 둥지를 지은 떼베짜는새의 파트너로 만들어 준다. 테베짜는새는 이 세입자를 환영하지는 않더라도 쫓아내지도 않는 것이다. 하지만 떼베짜는새처럼 강우 지역에 의존하고 이들의 둥지에 더부살이를 하려고 하는 납부리새과의 '대일홍조(Amadina erythrocephala)'에게는 다른 반응을 보인다.

이 밖에 떼베짜는새의 둥지에 더부살이를 하려고 하는 조류로는 아프리카의 '참새바다매(Polyhierax semitorquatus)'가 있다. 몸길이가 커야 30센티미터밖에 안 되는 참새바다매는 보통 떼베짜는새 가까이서 짝을 지어 있는 것이 목격되는데, 이들은 떼베짜는새의 둥지 안에서 부화를 하기도 한다. 아마 참새바다매가 있으면 새 사냥을 하는 다른 매의 공격으로부터 무방비 상태의 주인인 떼베짜는새는 보호를 받을 수 있을 것이다. 참새바다매의 주 사냥감은 큰 메뚜기나 작은 도마뱀, 작은 들쥐 따위다. 떼베짜는새의 새끼와 어미가 이 노획물을 얻는 경우는 아주 드물다. 노획물을 얻지 못하는 단점보다는 참새바다매의 보호 기능이 이들에게 더 큰 이점을 준다고 볼 수 있다.

하지만 아직 이에 대해 알려진 것은 별로 없다. 확실한 것은 떼베짜는새의 둥지가 특이한 베짜는새종의 공동 주거 시설 이상의 의미를 갖는다는 것이다. 이 둥지야말로 나미비아와 (서부) 칼리하리 사막의 광활한 자연에서 이루어지는 동물 생활 중에서 활기가 넘치는 '핫 스팟'이다. 말하자면 개별적인 둥지보다 활기가 넘칠 정도로 편리한 공동의 주거 시설에 대한 표현이라고 할 수 있다. 하지만 이런 평가는 물론 인간적인 시각에서 나온 것이다.

31. 도시와 농촌

- 가장 힘든 공생

AGRARPRODUKTE

지금까지 언급한 공생의 30가지 예를 돌아보자. 그것들은 다양한 생명체가 보여 주는 공동생활의 다양한 형태와 농도를 대표한다. 언제나 그 중심에는 참여 생물들이 목표로 하는 이익이 자리 잡고 있다. 이 이익은 절대 골고루 분배되지 않는다. 때로는 한쪽 파트너의 착취나 기생과 다를 바 없는 경우도 있다. 꽤 느슨한 것으로 입증된 공생도 많다. 그런 것들은 일시적인 효과만 낸다. 또 일부는 흥미롭게 관찰한 사람들의 희망적 시각에서 나온 것인지도 모른다. 아마 자연 속에서도 많은 것이 인간 세계와 다를 바가 없다는 인상을 계속 받았을 것이다. 갈등이 없는 공동생활은 드물다. 인간의 법칙과 문화적 인습은 분명히 저절로 나오지 않는 것을 가능하게 만들거나 강요하는 시도를 한다. 인간은 생각할 수 있고 책임을 인식해야 하는 존재로서 스스로를 돌아보는 태도에도 불구하고 동물이나 식물, 심지어 미생물의 세계보다 더 나은 조건을 이끌어 내려고 한다. 따라서 인간에게 중요한 생존 영역을 관찰 대상에 포함시키기 위하여 생물학자들이 선택한 공생의 한계를 벗어난다는 결론이 적절할지도 모르겠다. 인간 세계는 너무도 분업화되어 있다는 점에서 그 집단은 (거의) 다른 동물 종처럼 더불어 살면서 공생의 의미에서 서로 협동해야 한다. 이 사실만으로도 이른바 경계 이탈은 정당화된다.

하지만 자연 속에서는 보통 고정화된 경계라는 것이 존재하지 않는다. 거의 경계가 없다는 것은 예외적인 현상이 보여 준다. 원칙적으로 인간에 대한 생물학적인 연구의 개입을 거부하는 예외적 현상이 많다. 인간 사회에서는, 또 그 사회적 위치에서는 특별한 법칙이 적용된다. 자연은 더 이상 끼어들 여지가 없다. 자연이 인간에게 예속되어 있기 때문이다. 하지만 인간을 그렇게 높게 평가하는 사람은 현실을 보지 못한다는 것이 입증되고 있다. 인간의 태도와 행위에서는 많은 것이, 너무도 많은 것이 잘못된 길을 가고 있다. 인간적 존재와 이성이 올바른 선택을 어렵게 만든다. 때로는 굴복당하기도 한다. 인간이 인간적인 태도를 반만 줄여도 인구 폭발이나 기후 위기, 기아, 전쟁은 없을 것이다. 이미 2000년 전의 고대에도 '인간은 인간에게 늑대'[51]라는 문장이 인생의 지혜로 통했다. 선한 인간을 목표로 교육해야 한다는 원칙에서 종교는 출발한다. 인간이 천부적으로 선하고 협동적이라면 종교는 전혀 필요가 없을 것이다. 이와 반대로 인간이 서로 교류할 때는 신뢰뿐만 아니라 불신이 따라 다닌다. 민족과 국가 간에 발생하는 인류의 분열, 다른 생존 방식을 거부하거나 저급한 것으로 평가하는 독자적인 언어 및 문화의 발전은 인간 자신이 인간의 생존에 최대의 걸림돌이 되는 결과로 이어졌다. 지금보다 대폭 확대된, 그리고 훨씬 긴밀한 협동이 절실한 실정이다. 인류가 중장기적으로 존속할 수 있으려면 공생의 복합체로 계속 진화해야 할 것이다.

인간 세계는 너무도 분업화되어 있기 때문에 그 집단은 (거의) 다른 동물종처럼 더불어 살면서 공생의 의미에서 서로 협동해야 한다. 다양한 파트너 사이의 공동생활은 쉬운 것이 아니다. 공동생활은 저절로 이루어지지 않는다. 모든 참여자의 이해관계를 반영하는 공정하고 균형 있는 해결책이 절실하다.

인류가 겪는 난관은 결코 현재의 세계화와 더불어 생겨난 것이 아니다. 세계화 현상은 이미 500여 년 전부터, 즉 스페인과 포르투갈 선원들이 아메리카를 발견하고 그 직후 이어진 식민주의 시대 이래로 인류가 겪고 있다. 이때 이후로 인간과 그들의 질병, 가축, 유용식물, 여기에 동반되는 바람직하지 않은 온갖 동물 및 식물이 세계로 퍼져 나갔다. 그 결과 수많은 원주민과 그들의 문화가 황폐해지는 결과로 이어졌다. 정복자들 자신도 황폐해졌다.

이민족을 정복하고 약탈하는 이런 식민주의는, 전반적으로 식민지가 정치적인 독립을 했기 때문에 공식적으로는 더 이상 존재하지 않는다고 해도, 여전히 계속되고 있다. 식민주의는 20세기 후반에 경제적인 영역으로 옮겨 갔다. 가령 천연 자원과 노동력 착취 형태의 돈벌이가 아주 잘 되는 사업을 예로 들 수 있다. 그리고 이런 식민주의는 공개적으로 관리되고 있기 때문에 모두가 보는 앞에서 수행된다. 끝으로 이런 주장과 더불어 선택한 도시와 농촌의 관계를 예로 들어보자. 국가적인 관점에서 보면 이 관계는 단일한 문제로 취급된다. 하지만 생태적, 사회적 상호작용이라는 측면에서 보면 전혀 간단하지가 않다.

생태적인 관점은, '농촌은 생산하고 도시는 소비한다'는 인식을 기반으로 한다. 생산과 소비는 불가피하게 쓰레기와 찌꺼기를 만들어내는데 가능하면 이것들을 효율적으로 재활용해야 한다. 그러면 생산과 소비의 과정은 순환 구조로 계속 재생된다. 그러면서 이른바 생태계가 형성된다. 생산과 소비, 재활용은 모든 생태계에서 일어나는 기본 과정이다. 물소와 영양, 얼룩말은 동아프리카 사바나에서 식물이 생산한 것을 먹고산다. 이들은 자신의 거름으로 토양을 비옥하게 만들고 사바나의 생산 활동을 돕는다. 도시와 농촌에 사는 인간도 이와 비슷한 방법으로 결합되어 있다.

우리 시대의 생태 운동은 인간의 삶과 자연의 과정이 근본적으로 같다는 데 그 사고방식과 정치적 방향의 근거를 둔다. 이 운동은 가능하면 모든 인간을 위해 바람직한 생존 조건을 만들고 인간의 활동에서 나오는 공기와 물, 토양의 오염을 줄이려고 노력한다. 갈수록 쓰레기를 줄이고 차츰 재활용 구조를 개선하며 생태 순환 구조로 진입하는, 지속적이고 미래에 유익한 발전을 위해 힘을 기울인다. 모든 것을 전적으로 자연의 모범에 따른다. 20세기 마지막 4반세기에 생태 운동이 실현되고 정치적으로 중요한 힘을 얻은 것은, 산업화의 흐름에서 나타난 천연자원의 약탈과 유독물질에 따른 환경오염, 지속적으로 악화되는 삶의 조건 때문이었다. 공기는 공장 및 자동차의 배출가스로 오염되었고 토양이 더럽혀지고 지하수에는 유해물질이 들어갔다. 현대의 환경보호는 인간과 자연의 건강을 위해 필요한 개선책을 이끌어 내야 한다. 하수 및 폐기가스 정화와 소음 방지, 유독물질로 인한 식량 및 환경오염의 감시에 막대한 예산이 투입되었다. 엄청난 유해물질의 방출과 연관된 생산 방식은 대폭 제한되거나 완전히 폐지되었다. 우리는 쓰레기 처리와 하수 정화, 청정 음료수 공급, 소음 방지를 위해 많은 돈을 지불하고 있다. 50년 동안 벌인 환경 운동은 산업국가에 사는 사람들의 삶의 질을 대폭 개선했다. 산업은 가능하면 많은 이익을 내기 위해 더 이상 그들이 원하는 방식으로 생산할 수가 없었다. 산업은 그들이 보다 큰 전체의 일부이며 공생의 파트너로서 이 전체와 결합되어 있다는 사실을 받아들이지 않을 수 없었다.

이렇게 파트너로서의 협동을 제외하면, 본래 주민들, 특히 도시 주민의 기본적인 식품을 공급해야 할 분야가 남아 있다. 바로 농업이다. 기술적으로 발전된 지난 50년간의 환경 운동 과정에서 농업은 대규모 동물 사육과 고도로 산업화된 식물 생산 및 최근의 '녹색 에너지' 생산에 이르기까지 전체와의 조화를 벗어나는 식으로 발전했다. 인간의 폐수와 달리, 유용동물의 분뇨는 거름의 형태가 되어 정화되지 않은 채 농촌의 땅으로 배출되고 있다. 식물 생산에서는 과거 산업이 배출하던 양을 훨씬 능가하는 유독물질을 대대적으로 쏟아 낸다. 전체 토양에는 지나치게 많은 비료가 들어갔다. 농업 용지에서 최대의 생산 효과를 올리려고 하기 때문이다. 주민들에 대한 곡물 공급이 빠듯하던 20세기 전반 수십 년 동안 최고 농도의 비료를 뿌렸을 때, 연간 헥타르 당 30~50킬로그램의 질소가 들어갔다면, 이제는 그 비중이 연간 헥타르 당 200킬로그램을 넘어섰다. 해마다 인간의 폐수보다 많은 거름이 대규모로 독일 땅에 스며들고 있다. 이것은 고도의 기술적인 노력과 막대한 비용이 들어가는 정화 시설에 의해 처리된다.

거름 관리와 지나친 비료 사용에 따른 결과 중 하나는 식수의 질적 수준을 충족하는 데 따르는 어려움이다. 독일의 농민들은 수자원 보호구역의 확정에 온힘을 다해 저항한다. 보호구역에서는 더 이상 강력한 비료나 많은 비료를 사용할 수 없기 때문이다. 게다가 대규모 동물 사육에 투입되는 엄청난 양의 약품, 특히 항생제 문제도 있다. 이런 약품은 어떤 항생제도 듣지 않는, 즉 다내성(多耐性)의 싹을 키울 위험이 있다. 넓은 땅을 옥수수 경작에 이용할 때는, 토양이 여름까지 충분히 땅을 덮지 못하는 식물로 가득 차기 때문에 초여름의 폭우가 올 때 기름진 표토가 씻겨 내려가는 일이 늘어난다. 지표면이 유출되면 홍수의 위험은 더 커진다. 거름은 기후에 영향을 주는 가스로 공기를 오염시키고 그 악취로 농촌 지역의 마을과 소도시에 사는 사람의 삶의 질을 떨어트린다.

오랫동안 농업만큼 대대적으로 환경을 오염하고 주민에게 피해를 준 산업 분야는 없다. 무엇 때문에 농업은 특혜를 받는가? 그에 대한 보상으로 농업은 이 사회에, 특히 도시 주민에게 무엇을 제공하는가? 슈퍼마켓에서 육류와 우유, 곡물 가격이 폭락할 때, 극단적으로 값이 싼 식품을 제공할 것이다. 하지만 값싼 가격은 어떻게 그런 가격이 나오는지, 그것이 실제로 소비자에게 어떤 비용을 물리는지에 대해서는 말하지 않는다. 유럽의 농업 시스템은 세금의 수단으로 농업에 흘러들어 가는 보조금을 숨긴다. 식수 처리를 위한 비용과 농업적인 토지 이용의 결과와 관계된 식수 관리의 비용은 분리되어 있다. 그 값은 식료품 가격에 반영된 상태로 나타나지 않는다. 홍수로 큰 피해를 입어도, 본질적으로 옥수수 재배나 하천의 직선화, 하천변의 완충 지대나 큰 하천에 간척지가 부족한 데 따르는 손해인데도 불구하고 전체 주민이 보상을 받지 못한다. 농업 방식은 결과나 그에 따르는 피해를 고려함이 없이 원인을 제공하는 사람들에 의해 대형 기계농의 형태로 바뀌었다.

산업화된 농업에 따르는 자연 파괴도 무시당하기는 마찬가지다. 들판의 동물 및 식물 세계는 사라지고 보이지 않는다. 종달새도 지저귀지 않는다. 토끼와 자고새는 보기 드물고 영구 초지의 녹지대에 형형색색으로 피던 꽃도 더 이상 보이지 않는다. 실제로 들판에 다채롭게 형성되던 자연은 극히 일부만 남아 있다. 이제 나비를 보고 싶은 사람은 국가가 만든 정원이나 공원을 찾아가야 한다. 들판은 황무지가 되었고 넓은 땅이 단일한 형태로 개간되었으며 갈수록 자연의 '풍경'은 줄어들고 오로지 생산을 목표로 한 시설이 눈에 띄게 늘어나고 있다. 동식물의 감소 및 손실을 부르는 가장 큰 원인은 농업의 직간접적인 영향 때문이다. 이 모든 사실에도 불구하고 농업은 자연보호법의 제한과 요구를 벗어나 있었다. 또 유용동물 사육에서도 농업은 동물보호법을 거의 존중하지 않는다. 개와 고양이, 햄스터, 기니피그, 그 밖의 애완동물은 그들의 안정적인 생존과 관련해 돼지나 소, 닭보다 더 엄격한 규정을 적용받는다.

이뿐만 아니라 독일의 농업은 세계적으로 영향을 미친다. 독일에서는 사료를 수입하는데, 아마 수입 사료가 없다면 농업 분야에서는 평균 보유수를 훨씬 웃도는 가축을 먹일 수 없을 것이다. 남아메리카의 열대 및 아열대숲에서는 상상할 수 없이 넓은 면적이 콩 재배를 위해 개간되었다. 이런 이유로 유럽의 가축은 유난히 열대의 생물다양성을 먹어 치우는 구조라고 볼 수 있다. 이런 구조는 그곳의 빈곤층 주민들의 생존 조건을 더 악화시킨다. 사료 수출은 외화를 벌어 주지만, 열대국가에 사는 사람들을 위한 기본 식량을 제공하지는 않기 때문이다. 수백만 톤의 사료를 유럽연합으로 수출하는 사이에 열대 및 아열대의 숲이 파괴됨으로써 유럽의 농업은 세계적으로 대기오염을 유발하고 생물다양성을 파괴하는 최대의 원인이 되었다. 그리고 유럽과 북아메리카의 대량생산을 막을 수 없는 제3세계의 농업에 대해서는 최악의 경쟁 상대가 되었다.

전부터 이랬던 것은 아니다. 20세기 중반까지 유럽의 농업은 생산량이 무척 저조했고 농민들의 생활은 열악했다. 전체 주민의 다수가 그렇듯, 많은 사람이 굶주림에 시달렸다. 수확은 예측 불가능한 날씨와 병충해의 확산 범위에 좌우되었다. 18세기와 19세기의 농민들은 많은 수가 유럽의 식민지였던 신대륙으로 떠나갔다. 특히 아메리카로 이주했다. 이들이 유럽에서 경작했던 땅은 수확이 저조했다. 지구의 상당 부분은 농업을 통해 유럽화 되었다. 양분이라고는 없는 열대 습지의 토양처럼 유럽의 토지 이용 시스템에 맞지 않는 곳도 예외가 없었다. 토지의 단위생산량에 미치지 못할 때는 경작면적으로 충당해야 했다. 이것은 끝없는 개간을 의미했다. 이 때문에 300년도 되지 않아 미국(알래스카를 제외하고)은 숲의 90퍼센트 이상과 전에 초원이었던 곳의 거의 전부를 잃었다.

20세기 후반에 개간은 주로 열대우림 지역에서 이루어졌는데 그 전에 열대 및 아열대의 사바나는 대부분 경작이 된 뒤였다. 농업만큼 인간의 영향으로 지구를 변화시킨 것은 없다. 그런 의미에서 보면 지구라는 푸른 행성의 미래가 농업에 달린 셈이다. 하지만 지역이나 세계의 정치적 활동은 농업이 아니라 산업과 교통, 건축 및 주택 분야를 향하고 있다. 따라서 지금까지 했던 방식의 농업을 계속 고집한다면, 목표를 정하고 노력해온 지속 가능성에는 결코 이르지 못할 것이다.

세계 인구가 계속 증가하는 상황에서 대체 대안은 존재하는가? 현재 세계 인구는 75억 명에 이른다(2016년). 그리고 해마다 수백만 명씩 늘어난다. 20~30년 지나면 인구는 100억이나 그 이상으로 증가할 것이고 그 모두에게 식량이 필요하다. 이용할 수 있는 자원을 이용할 필요는 없는가? 독일의 농업은 발전 방향이 전혀 다른 목표를 추구하는 것은 분명하다. 그 목표가 인류의 식량 확보는 아니다. 농업은 에너지, '그린 에너지' 생산으로 구조가 전환되고 있다. 수십 년 전부터 독일의 농업은 수요와 소비가 가능한 수준을 훨씬 초과하는 과잉 생산을 하고 있기 때문이다. 집중적으로 국가 보조금을 받는 농업 생산은 바람직한 기능을 하지 못한다. 독일 농업은 땅과 물, 공기를 오염시키고 유럽이나 세계의 생물다양성을 파괴하며 제3세계의 농민들에게 극복이 불가능한 경쟁을 강요한다.

그런 이유로 농업은 세계의 기아를 퇴치하는 것이 아니라 기아를 조장하는 데 기여하고 있다. 농업은 이 책의 주제인 공생이 아니라 무분별한 개발을 이끌어 내고 있다. 이 사회와 지구에 파트너와 공급자로서가 아니라 기생적인 존재의 기능을 한다. 이것을 바꿀 필요가 있다. 그 해결책은 공생이라는 원칙에서 나온다. 도시와 농촌, 세계 공동체는 다양한 이해관계와 필수적인 것들을 조정함으로써 모든 참여자에게 이익을 안겨 주어야 한다. 독일의 농업은 다른 지역을 약탈하는 현재의 방식으로 더 이상 초과 생산을 해서는 안 된다. 본래의 땅은 삶의 터전을 형성하는 것이다. 이 터전을 보존하고 지속 가능한 형태로 이용해야 한다. 불투명한 보조금이 없다면 공정한 가격이 실현될 것이다. 그리고 일정한, 그러나 지속적으로 이용하지 않는 영농 형태를 통해 발생하는 비용은 가시화될 것이다.

농업은 20세기 후반, 환경보호 시대의 산업이 수행한 과제에 직면해 있다. 농업은 환경과 사회를 수용하는 형태가 되어야 한다. 공생이 그에 대한 틀을 제공할 것이다. 공생은, 장소에 따라 단기적인 예외를 제외한다면, 농업에서 제대로 작동하지 않았다. 대체로 농민은 빈곤층이었고 불이익을 당하거나 착취당한 계층이었다. 사회와 지구를 착취하는 구조의 시대로 회귀하는 것은 해결책이 아니다. 지나치게 기생적인 분야는 제거될 것이다. 그리고 지나치게 열악한 대접을 받는 사람은 언젠가 쓰러질 수밖에 없고 그와 동시에 사회 전체의 시스템도 무너지고 말 것이다.

서로 다른 협력 파트너 간의 공동생활은 쉬운 것이 아니다. 그것은 저절로 이루어지지 않는다. 좀 더 세밀하게 연구해 보면 자연의 모든 공생이 그것을 보여 준다. 공생의 실현은, 참여 공동체가 작동할 때까지 수천 년 혹은 수백만 년의 세월이 필요하다. 분업화한 사회와 세계화된 인류는 그 오랜 시간을 기다릴 수도 없고 그렇게 해서도 안 된다. 모든 참여자의 이해를 반영하는 공정하고 균형 있는 해결책이 절실하다.

---

51 'Homo homini lupus'라는 라틴어 경구를 옮긴 말.

글을 맺으며

즐거운 공생의 결과물

공생은 오래전부터 나의 관심 주제였다. 자연과학의 장면을 묘사하는 삽화가로서 나는 서로 다른 종의 공동생활과 관계된 주제에 반복해서 매달렸다. 나는 중앙아프리카와 아시아로 수없이 여행을 하면서 이런 자연의 특색을 스스로 경험할 수 있었다. 그러다가 코스타리카를 여행하면서 마침내 공생에 대한 내 관심이 본격적으로 불붙게 되었다. 접근이 쉬운 그곳의 열대림처럼 공생의 생존 공동체가 눈에 띄는 곳은 어디에도 없었다. 코스타리카에서 나는 암컷의 마음을 끌기 위해 난초 향기를 몸에 바르는 난초 벌을 관찰했다. 이때 그 벌은 난데없이 꽃을 수분시키는 행동을 했다. 그런 경험에 매혹된 나는 즉석에서 다양한 스케치를 했고 이것을 집으로 가지고 가서 하나하나 아주 자세하게 조사한 다음 나의 화첩으로 자연과학의 세계를 묘사해 옮겼다.

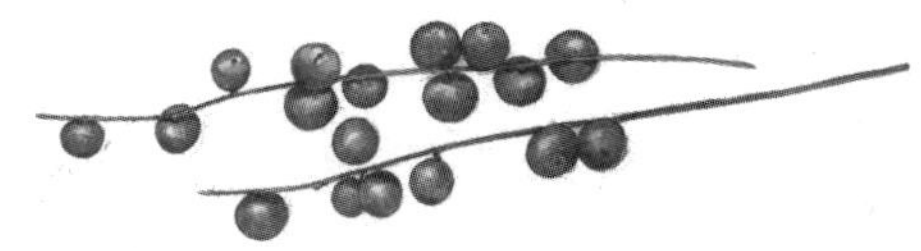

내 친구 요제프 H. 라이히홀프는 나의 그림과 주제가 무척 마음에 든다며 내게 공동으로 공생에 관한 책을 내자고 제의하였다. 공생에 대한 관심을 일깨우는 데는 나의 그림이 최고의 효과를 발휘할 것이라고 그는 말했다.

공생을 그림으로 묘사함으로써 나는 이 책의 화보를 예술적으로, 그리고 좀 더 창의적인 영역으로 옮길 수 있었다. 동시에 개인적인 자연관찰 방식을 표현할 수 있는 이 작업이 내게는 무척 즐거웠다.

이렇게 하여 마침내 본문 저자이자 진화생물학자인 요제프 H. 라이히홀프와 삽화가인 나 사이에 긴밀한 합동 작업이 이루어졌다. 나로서는 유난히 즐거운 공생 작업이었다.

2016, 8 요한 브란트슈테터

공생, 생명은 서로 돕는다

1판 1쇄 발행 2018년 6월 29일

지은이 요제프 H.라이히홀프
그린이 요한 브란트슈테터
옮긴이 박병화

펴낸이 이영희
펴낸곳 도서출판 이랑
주소 서울시 마포구 독막로 10(합정동 373-4 성지빌딩), 608호
전화 02-326-5535
팩스 02-326-5536
이메일 yirang55@naver.com
블로그 http://blog.naver.com/yirang55
등록 2009년 8월 4일 제313-2010-354호

• 잘못된 책은 구입하신 곳에서 바꾸어 드립니다.
• 책값은 뒤표지에 있습니다.

ISBN 978-89-98746-44-5 (03400)

「이 도서의 국립중앙도서관 출판예정도서목록(CIP)은 서지정보유통지원시스템 홈페이지(http://seoji.nl.go.kr)와
국가자료공동목록시스템(http://www.nl.go.kr/kolisnet)에서 이용하실 수 있습니다.
(CIP제어번호 : CIP2018015348)」